Werner Erhard

Rechnerarchitektur: Einführung und Grundlagen

Rechnerarchitektur: Einführung und Grundlagen

Von Prof. Dr.-Ing. Werner Erhard
Universität Jena

 B.G. Teubner Stuttgart 1995

Prof. Dr.-Ing. Werner Erhard

Geboren 1949 in Nürnberg. Studium der Mathematik von 1968 bis 1974, Promotion 1986 und Habilitation im Fachgebiet Rechnerarchitektur 1990 in Erlangen.
1991 bis 1993 Professur für Verteilte Systeme an der Universität Ulm.
Seit 1993 Inhaber des Lehrstuhls Rechnerarchitektur und -kommunikation an der Friedrich-Schiller-Universität Jena.

Die Deutsche Bibliothek – CIP-Einheitsaufnahme

Erhard, Werner:
Rechnerarchitektur : Einführung und Grundlagen / von Werner
Erhard. – Stuttgart : Teubner, 1995

  ISBN 978-3-519-02132-2   ISBN 978-3-322-96653-7 (eBook)
  DOI 10.1007/978-3-322-96653-7

Vorwort

Der Begriff Rechnerarchitektur und die Inhalte dieses Fachgebiets innerhalb der Informatik haben sich im Laufe der Zeit verändert. Insbesondere in den letzten Jahren ergab sich durch die enorme Leistungssteigerung bei Prozessoren eine Verwischung der Grenzen zwischen Personal Computer, Workstation und Großrechner. Weitaus stärker in den Vordergrund sind die Dezentralisierung und die Kommunikation getreten. Weiterentwickelt wurden auch die Methoden zum Entwurf und zur Bewertung von Architekturen.

Die Konzeption und der Aufbau dieses Buches weichen bewußt vom klassischen Aufbau anderer Rechnerarchitekturbücher ab. Ziel des Autors ist es, einen breiten einführenden Überblick zu geben über Kern- **und** Randbereiche der Rechnerarchitektur.

Für Kerninformatiker, die sich schwerpunktmäßig mit Rechnerarchitektur befassen wollen, werden die notwendigen Begriffe eingeführt und knapp erklärt. Dieses Grundwissen befähigt sie zum Studium weiterführender Literatur.
Für Nebenfachinformatiker und andere an Rechnerarchitektur Interessierten reicht dieses Wissen aus, um sich mit Problemen und Fragestellungen aus diesem Fachgebiet zu befassen.

Nach einem historischen Überblick werden im klassischen Teil zunächst die unterschiedlichen Architekturkonzepte behandelt und klassifiziert. Für den Entwurf neuer Rechner oder Komponenten werden Entwurfsziele und -kriterien definiert und die Vorgehensweise beim Entwurf dargestellt. Am Beispiel unterschiedlicher Mikroprozessoren werden anschließend die einzelnen Architekturkomponenten eines Prozessors beschrieben und ihre wesentlichen Funktionen erklärt.

Wer sich Gedanken zu einer neuen Architektur macht, wird zunächst ein Modell entwerfen. Dieses Modell muß in irgendeiner Form beschrieben werden. Liegt diese

Beschreibung vor, dann muß geprüft werden, ob der Entwurf logisch richtig ist, ob die Realisierung dieses Modells tatsächlich der Modellbeschreibung entspricht und ob die erwartete Leistung erbracht wird.

Formale Entwurfsmethoden und Verfahren zur Leistungsbewertung bilden deshalb einen Schwerpunkt dieses Buches. Unter Entwurfsmethoden verstehen wir die Beschreibung des Modells, die Überprüfung der logischen Struktur und die Verifikation der Realisierung. Es werden vier sehr unterschiedliche Methoden ausführlich dargestellt.

Zunächst betrachten wir zwei unterschiedliche Transitionssysteme, Automaten und Petrinetze. Die Darstellung durch Automaten ist seit langem bekannt und weit verbreitet. Allerdings lassen sich damit keine Nebenläufigkeiten, wie sie in parallelen Strukturen auftreten, beschreiben. Um diesen Mangel zu beheben, werden wir als zweites Transitionssystem Petrinetze einführen.

Eine ganz andere Darstellung läßt sich mit Sprachen oder sprachähnlichen Hilfsmittel erreichen. Zur Verifikation unseres Modells werden wir uns beispielhaft mit der Rechnerentwurfssprache VHDL, die im industriellen Bereich inzwischen einen gewissen Standard darstellt, befassen. Das Kapitel wird abgerundet durch CSP (Communicating sequential processes), eine auf mathematischen Gesetzen und der Verknüpfung logischer Aussagen basierenden Beschreibungsmöglichkeit.

Die Leistungsbewertung kennt sehr unterschiedliche Methoden. Dies reicht von der Betrachtung von Kennzahlen, beim Auto würde man von PS, Höchstgeschwindigkeit, Beschleunigung usw. sprechen, über das Beobachten (Monitoring) und Messen (Benchmarking) von Systemen bis zur Bewertung von Modellen durch theoretische Methoden. Die wichtigsten Methoden werden dazu im Kapitel über Leistungsbewertung ausführlich erläutert.

Eine kurze Einführung in parallele Strukturen und ein Ausblick auf optische Rechnerarchitekturen runden den Inhalt dieses Buches ab.

Jena, im Juni 1995   Werner Erhard

Inhaltsverzeichnis

1 Einleitung

Die Entwicklung von Rechnern hat in den letzten zwanzig Jahren rasant an Tempo zugenommen. Dies gilt für alle Bereiche: Die Prozessoren als eigentliche Rechenknechte werden immer schneller, die Kapazität der Speicher steigt genauso wie die Zugriffszeiten sinken, in Parallelrechnern kommt die Anzahl der Prozessoren, die noch sinnvoll eingesetzt und beherrscht werden können, in Größenordnungen von vielen Zweierpotenzen.

Wenn wir uns mit Fragestellungen zu diesen und anderen Themen im Bereich der Rechnerarchitektur befassen wollen, dann müssen wir zunächst den Begriff Rechnerarchitektur definieren und von anderen Bereichen der Informatik abgrenzen.

1.1 Der Begriff Rechnerarchitektur

Der Begriff Rechnerarchitektur wird heute oftmals gleichgesetzt mit einem Teilgebiet der Informatik, das als Technische Informatik bezeichnet wird. Es beinhaltet

den Entwurf und die Realisierung von Schaltnetzen, Schaltwerken und Mikroprozessoren (Hardwarekomponenten)

das Zusammenwirken einzelner Komponenten und den Entwurf kompletter Rechensysteme (Rechnerarchitektur und -organisation)

den Entwurf und die Realisierung der Programmausführung (Mikroprogrammierung)

die Kommunikation mit Peripherie und anderen Rechnern (Schnittstellentechnik und Rechnernetze).

Die Definition des Begriffs Rechnerarchitektur hat sich im Lauf der Zeit gewandelt.

Amdahl, Blaauw und Brooks definieren 1964, daß die Rechnerarchitektur das äußere Erscheinungsbild, wie es sich dem Benutzer darstellt, behandelt [Amda64]. Interne Vorgänge werden hier nicht behandelt.

Foster bezeichnet 1970 die Rechnerarchitektur als eine Kunst: "...the art of designing a machine that will be a pleasure to work with...." [Fost70] und Chu betont 1972 den Einfluß technologischer Entwicklungen auf die Rechnerarchitektur [Chu72].

Bell sieht 1973 die Rechnerarchitektur als einen Kompromiß aus Technologie, Implementation und Marktverhalten: "....Computer architecture can be thought of as the satisfaction of constraints imposed by technologists (component providers), implementers (logical designers and system programmers) and market-user-buyer-programmer (problem being solved)" [Bell73].

Wenn wir heute von Rechnerarchitektur sprechen, dann betrachten wir nicht nur die Hardwarekomponenten und deren Zusammenwirken in einem Rechner, sondern auch die Auswirkungen beim Einsatz vieler Prozessoren bei der Lösung einer bestimmten Problemstellung.

Moderne Rechnerarchitektur ist die Synthese von Struktur und Organisation, Kommunikation und Algorithmus.

1.2 Historischer Überblick

Ein Hilfsmittel für die vier Grundrechnungsarten, das noch heute millionenfach in Gebrauch ist, ist der Abakus. Er entstand ca. 1000 v. Chr. in China und orientiert sich am 5-Finger-Abzählsystem. Er besteht aus einer Reihe von vertikal angeordneten Stäben mit fünf bzw. zwei Perlen wie dies in Bild 1.1 dargestellt ist.

Bei der Addition von zwei Zahlen (z.B. 35 + 26) wird zunächst die erste Zahl am Abakus eingestellt. Danach wird von links nach rechts addiert, eventuelle Überträge werden weitergegeben (Bild 1.2).

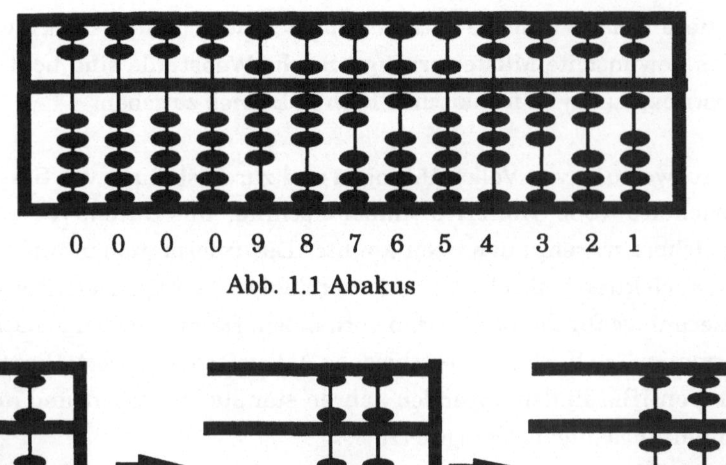

Abb. 1.1 Abakus

Abb. 1.2 Addition mit dem Abakus

Im Jahr 1623 wurde von Wilhelm Schickard die erste mechanische Rechenmaschine vorgestellt. Sie bestand aus zwei Rechenwerken, eines für die Addition/Subtraktion und eines für die Multiplikation/Division.

Das Additionswerk bestand aus 6 Zählrädern und arbeitete im Dezimalsystem. Die Addition wurde durch Drehen dieser Räder ausgeführt. Durch einen Übertragungszahn wurde ein Übertrag in die nächst höhere Stelle weitergegeben. Das Werk für die Multiplikation arbeitete nach dem Prinzip des Rechenschiebers.
Ähnliche Rechenmaschinen entwickelten Pascal 1641 und Leibniz 1673. Allen gemeinsam war das Problem die Toleranzen bei der Herstellung der Feinmechanik.

Durch die Vorstellung des ersten programmgesteuerten Webstuhls 1805 von Jacquard in Lyon wurde erstmals die Technik der Programmierung in der Industrie angewandt. Er nutzte das bereits von Falcon 1728 entwickelte Prinzip, Webmuster mittels Lochmuster auf Holzplättchen zu übertragen. Damit stand der erste ROM-Speicher zur Verfügung. Die Holzplättchen wurden verkettet und über einen mechanischen Ablesemechanismus am Webstuhl geführt.

Auf diese Weise wurden je nach Lochmuster die Schnüre gehoben und gesenkt und so das gewünschte Muster erzeugt. Solche Webstühle sind heutzutage noch im Industriemuseum im fränkischen Roth in Betrieb zu sehen.

Zur Auswertung von Volkszählungen und zur Erstellung von Statistiken hieraus entwickelte 1886 Hollerith eine Maschine, die Daten, die auf Lochkarten gespeichert waren, auswerten konnte. Die Informationen auf den Lochkarten wurden elektrisch abgetastet und über Zählwerke registriert. Zusätzlich war eine Sortieranlage für die Lochkarten vorhanden. Damit wurden je nach gespeicherter Information die Karten in verschiedene Ablagefächer sortiert. Diese Technik wurde dann von IBM in den folgenden Jahren ständig verbessert und insbesondere für Buchhaltungsaufgaben eingesetzt.

Bereits 1822 hatte Charles Babbage ein Modell seiner "difference engine" vorgestellt und in den Folgejahren Gedanken zur Konstruktion eines digitalen Rechenautomaten entwickelt. Seine Maschine sollte ein Rechenwerk, ein Steuerwerk, einen Zahlenspeicher und eine Ein-/Ausgabemöglichkeit enthalten. Konrad Zuse entwarf 1934 eine Rechenmaschine, die diesem Konzept von Babbage sehr ähnlich war. Die Elemente dieser Maschine waren mechanisch realisiert und mit all den bekannten Problemen der Feinmechanik belastet.

In den vierziger Jahren entwickelte Zuse einen relaisgesteuerten Rechner mit Lochstreifen als Programmträger. Etwa zur gleichen Zeit wurde an der Harvard Universität von Aiken eine ähnliche Maschine fertiggestellt, die elektromechanisch funktionierte. Auch hier diente ein Lochstreifen als Programmträger. Beim Entwurf von Zuse dauerte eine Multiplikation etwa vier Sekunden bei 22 Dualstellen, bei Aiken sechs Sekunden bei 23 Dezimalstellen.

An der Moore School of Electrical Engineering (University of Pennsylvania) wurde 1946 von I.P. Eckert und J.W. Mauchly der erste funktionsfähige Röhrenrechner ENIAC gebaut. Beide machten sich später selbständig und bauten für die amerikanische Regierung aus Anlaß einer Volkszählung einen Rechner auf der Grundlage des ENIAC.

Danach begann eine stürmische Rechnerentwicklungszeit, die man in fünf Perioden oder Generationen einteilt.

1. Generation 1953 - 1958

In dieser Periode begann der kommerzielle Einsatz der Rechner. Schlagworte hierzu sind Vakuumröhre, Magnettrommel, Handverdrahtung, Kernspeicher, keine Betriebssysteme, keine Compiler. Die Speicherzugriffszeit lag etwa bei 10^{-3} Sekunden. Die Rechner wurden fast ausschließlich im Finanzwesen (Buchhaltung, Lohnabrechnung) eingesetzt. Es entstand bei vielen Beschäftigten eine Angst um den Arbeitsplatz durch den Einsatz dieser Rechner. Ein neuer Beruf war im Entstehen, der des Programmierers.

2. Generation 1958 - 1966

Die Rechner dieser Generation arbeiteten im Stapelbetrieb und wurden durch die Entwicklung von Transistoren als Ersatz für die Röhren leistungsfähiger und kleiner. Die Speicherzugriffszeiten lagen bei 10^{-6} Sekunden. Sie wurden meist für Routineaufgaben bei großen Datenmengen eingesetzt. Auch im wissenschaftlichen Bereich kamen sie zum Einsatz. Es entstanden die ersten universell einsetzbaren Betriebssysteme und Sprachen wie COBOL oder FORTRAN. In dieser Zeit begann auch die Dezentralisierung der Rechenleistung. Dadurch konnte in vielen Abteilungen Personal eingespart werden. Gleichzeitig entstanden jedoch neue Arbeitsplätze im Bereich der Rechner, die eine entsprechende Ausbildung voraussetzten. Es entstand das Berufsbild des Informatikers und an den Universitäten wurden die ersten Studiengänge hierzu angeboten.

3. Generation 1966 - 1974

Erste integrierte Schaltungen und Halbleiterspeicher führten zum einen zu weiterer Leistungssteigerung und zur Verdrahtung auf dem Chip, zum anderen zu drastisch sinkenden Hardwarepreisen. Die Speicherzugriffszeiten lagen bei etwa 10^{-9} Sekunden. Neben dem Stapelbetrieb wurde der Dialogbetrieb eingeführt. Dies führte zu einer Dezentralisierung der Aufgaben hin zu verteilten Rechensystemen. Erstes Auftreten von Kleinrechner, die später unter der Bezeichnung Personal Computer bekannt wurden. In dieser Periode gab es einen chronischen Mangel an EDV-Fachkräften.

4. Generation 1974 - 1982

Durch die Einführung hochintegrierter Schaltkreise wurde es möglich, Prozessoren in hohen Stückzahlen zu produzieren. Damit waren Rechner auch für Privatleute erschwinglich. Der Personalcomputer (PC) oder Homecomputer war geboren. Aber auch superschnelle Höchstleistungsrechner nach dem Pipelineprinzip wurden entwickelt. Rechner wurden durch den Einsatz von Netzwerken zusammengefaßt und in immer mehr Bereichen eingesetzt (CAD, CIM, CAE usw.). Während die Hardware immer billiger wurde, war es zunehmend ein Problem, entsprechende Software zu schreiben.

5. Generation seit 1982

Weiterentwicklung der Höchstintegration (VLSI), verteilte und parallele Systeme, weltweite Vernetzung, Expertensysteme und Sprachein- und ausgabe kennzeichnen diese Periode.

1.3 Architekturprinzipien

Über lange Zeit war die Entwicklung von Rechenmaschinen mit dem Serienprinzip verbunden. **Ein** Rechenwerk war zuständig für alle anfallenden Aufgaben wie z.B. die Bearbeitung der Daten oder Adreßberechnungen. Algorithmen, die auf solchen Rechnern ablaufen sollten, mußten serialisiert werden. Erst später wurden Architekturen entwickelt, die mehr als einen Prozessor für die Bearbeitung der Daten zur Verfügung hatten.

Wir kennen im wesentlichen vier unterschiedliche Architekturprinzipien. Wir wollen im folgenden diese unterschiedlichen Strukturen betrachten und uns am Beispiel eines Skalarprodukts $S = \sum_{i=1}^{n} a(i) \cdot b(i)$ den Zeitaufwand für die Berechnung verdeutlichen.

1.3.1 Serielle Verarbeitung

Bei der seriellen Verarbeitung wird zu einem bestimmten Zeitpunkt ein Befehl ausgeführt. Bei der Berechnung des Skalarprodukts wird dadurch zunächst das Produkt a(i)•b(i) berechnet und dann zur Summe S, die zu Beginn 0 ist, addiert. Den zeitlichen Ablauf zeigt Bild 1.3. Wir benötigen n Multiplikationen und n Additionen, insgesamt 2n Zeitschritte für die Berechnung des Skalarprodukts.

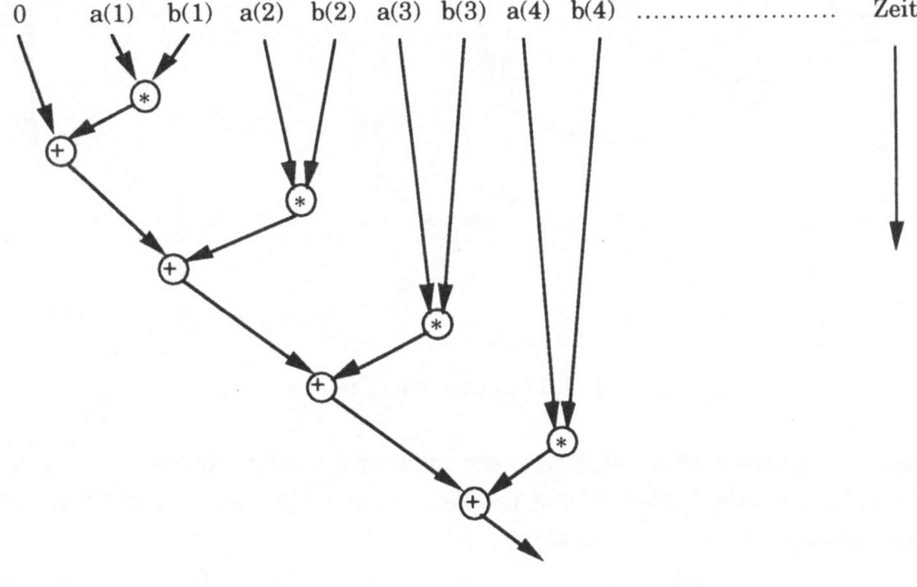

Abb. 1.3 Serienprinzip

1.3.2 Pipelineprinzip

Das Pipelineprinzip ist aus einem anderen Architekturprinzip entstanden, der multifunktionalen ALU oder dem funktionalen Trennen. Die ALU wird dabei in Funktionseinheiten aufgespalten, die unabhängig voneinander arbeiten können. Die CD6600 hatte 10 Funktionseinheiten, z.B. für die Addition, die Multiplikation, Komplementbildung, Shifts usw.

Theoretisch war es möglich pro Zeiteinheit damit 10 Ergebnisse aus diesen Funktionseinheiten zur Verfügung zu haben. In der Praxis können aber immer nur wenige dieser Einheiten tatsächlich parallel arbeiten. Bild 1.4 zeigt dabei den zeitlichen Verlauf.

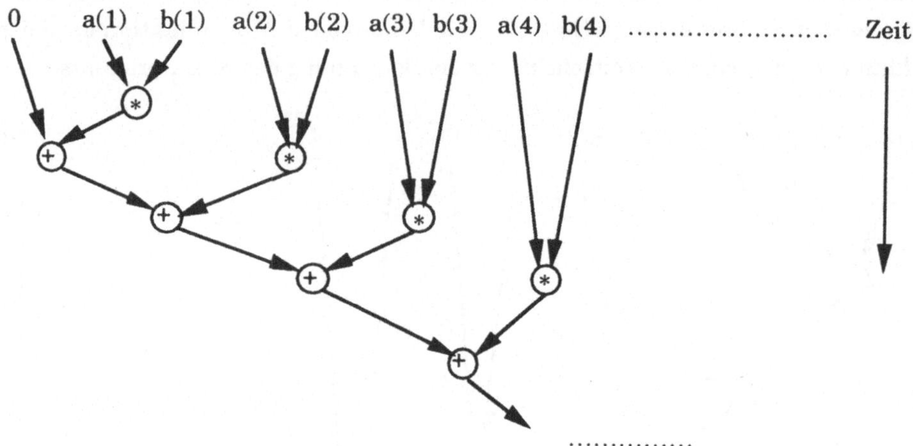

Abb. 1.4 Funktionales Trennen

Aus der Idee des Funktionalen Trennens entstand dann das Pipelineprinzip. Dabei wird eine Aufgabe in viele kleine Teilaufgaben etwa gleicher Verarbeitungszeit zerlegt und hintereinander ausgeführt.

Ein Beispiel hierfür ist die Automontage. Das Auto fährt im Takt an den Arbeitsstationen vorbei und an jeder Station wird ein Teil hinzugefügt. Ist das Arbeitsband einmal mit Autos gefüllt, dann fährt pro Takteinheit ein fertiges Auto vom Band. Dabei wird an jeder Arbeitsstation gerade an einem anderen Auto gearbeitet. Obwohl ein bestimmtes Auto mehrere Stunden oder Tage am Band unterwegs ist, steht pro Takteinheit (z.B. 10 Minuten) ein fertiges Auto am Ende des Montagebandes zur Verfügung. Dieser Prinzip kann man nun auf die Rechnerarchitektur übertragen und z. B. bei der Befehlsabarbeitung oder bei arithmetischen Operationen anwenden.

Betrachten wir die Gleitpunktaddition. Sie läßt sich beispielsweise in die vier Teiloperationen

- Exponentenvergleich und Mantissenanpassung
- Mantissenaddition
- Normieren des Ergebnisses
- Runden des Ergebnisses zerlegen.

Wir erhalten eine Pipeline mit vier Verarbeitungsstationen:

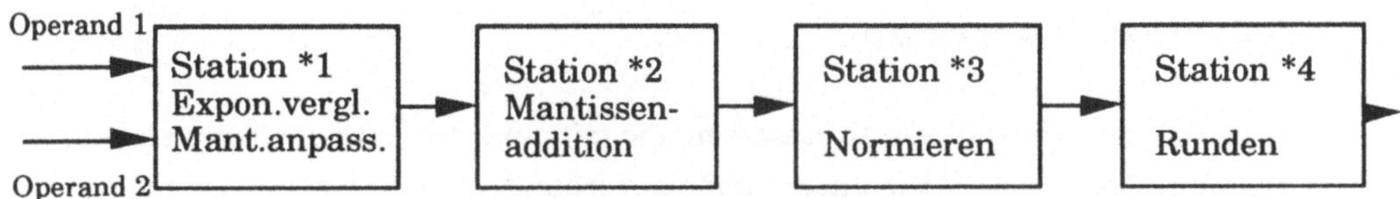

Abb. 1.5 Gleitpunktaddition

Auf ähnliche Weise können wir auch alle anderen Operationen zerlegen. Damit ergibt sich folgendes Zeitdiagramm. Dabei wurde nur der Teil der Multiplikation dargestellt.

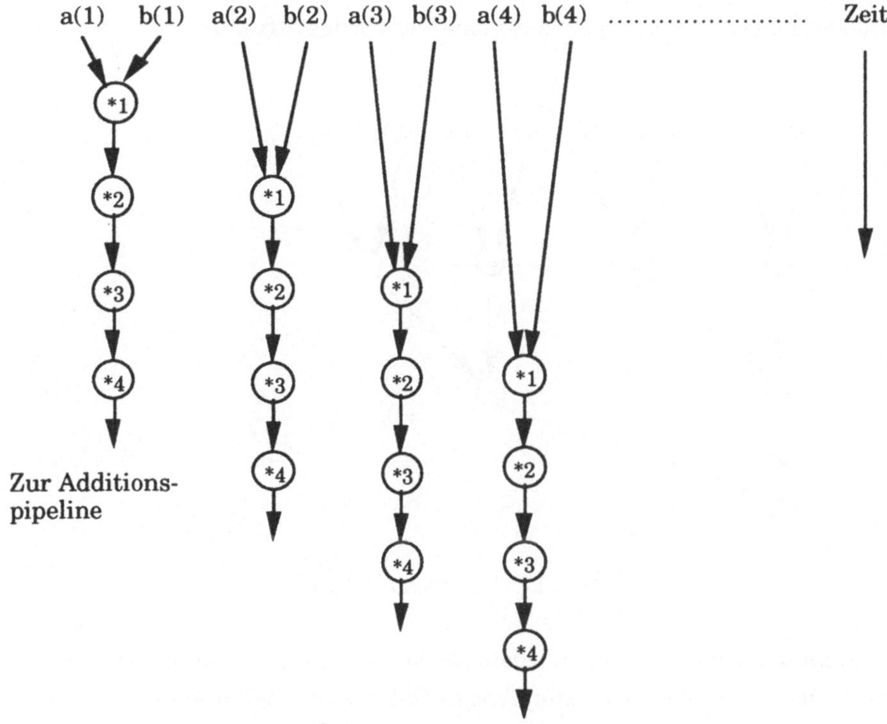

Abb. 1.6 Pipelineprinzip

Dabei ist zu beachten, daß die Verarbeitungszeit pro Schritt wesentlich kleiner ist als in den beiden vorhergehenden Zeitdiagrammen und das Pipelineprinzip nur dann gut zum Tragen kommt, wenn eine große Anzahl gleichartiger Operationen hintereinander ausgeführt wird.

1.3.3 Feldrechnerprinzip

Arbeiten eine Vielzahl von Prozessoren, die mit einer ein- oder mehrdimensionalen Kommunikationsstruktur untereinander verbunden sind, derart zusammen, daß alle Prozessoren zu einem bestimmten Zeitpunkt denselben Befehl auf unterschiedlichen Daten ausführen, dann spricht man von einem Feldrechner. Die einzelnen Prozessoren können dabei sehr einfach aufgebaut sein (1-Bit-ALU) oder dem Leistungsstand heutiger Mikroprozessoren entsprechen (32-Bit-ALU). Das Leitwerk ist nur einmal vorhanden und steuert als Master alle Prozessoren im Gleichtakt. Bei der Abarbeitung eines Befehls können Teile des Prozessorfeldes ausgeblendet werden, d.h. sie nehmen an der Befehlsausführung nicht teil. Das Zeitdiagramm des Feldrechners zeigt eine baumartige Struktur.

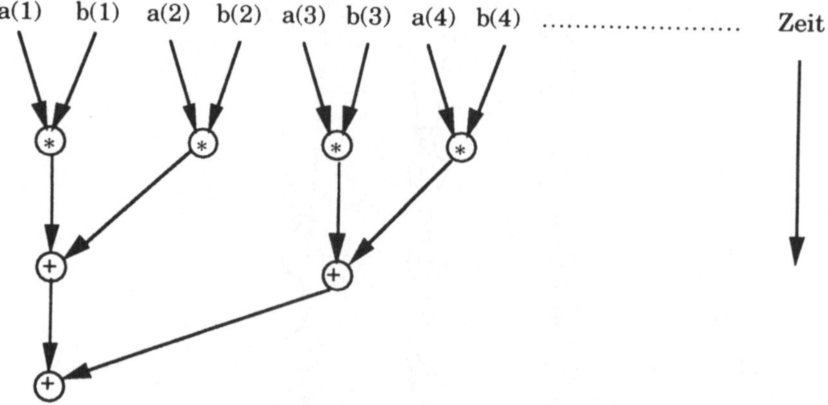

Abb. 1.7 Feldrechnerprinzip

Zu beachten ist hier, daß nach jedem Rechenschritt ein Kommunikationsschritt notwendig ist, um die zu verknüpfenden Daten zum ausführenden Prozessor zu bringen. Dies ist insbesondere bei der Leistungsbewertung zu beachten.

1.3.4 Multiprozessorprinzip

Beim Multiprozessorprinzip arbeiten mehrere Prozessoren gemeinsam an der Lösung des Problems und sind durch ein Kommunikationsnetz miteinander verbunden. Im Gegensatz zum Feldrechner führen die Prozessoren zu einem bestimmten Zeitpunkt im allgemeinen unterschiedliche Befehle oder Befehlsfolgen aus. Vor der Ausführung einer Befehlsfolge wird den Prozessoren durch einen Master eine bestimmte Bearbeitungslast zugeteilt, nach Abarbeitung müssen sich die Prozessoren wieder synchronisieren. Für unser Beispiel der Berechnung des Skalarprodukts gehen wir von vier Prozessoren in unserem Multiprozessorsystem aus. Dann wird die Berechnung in vier Teile zerlegt und jeder berechnet einen Teil des Skalarprodukts.

$$\text{Prozessor P1 berechnet } S1 = \sum_{i=1}^{k} a(i)b(i), \quad P2 \text{ berechnet } S2 = \sum_{i=k+1}^{l} a(i)b(i),$$

$$P3 \text{ berechnet } S3 = \sum_{i=l+1}^{m} a(i)b(i) \text{ und } P4 \text{ berechnet } S4 = \sum_{i=m+1}^{n} a(i)b(i).$$

Die Anzahl der Operanden pro Prozessor kann dabei beliebig sein. Allerdings bestimmt der langsamste Prozessor die Ausführungszeit des Systems. Die einzelnen Prozessoren verhalten sich zeitlich dabei wie Monoprozessoren. Deshalb können wir auf das Zeitdiagramm dort verweisen. Nach der Berechnung der Teilsummen werden diese über das Kommunikationsnetz einem Prozessor übertragen, der dann die Endsumme daraus berechnet.

1.3.5 Klassifikation

Eine einfache Klassifikation, die eine Einordnung unserer Architekturprinzipien sehr anschaulich erlaubt, hat Flynn angegeben [Flyn66]. Er unterscheidet zwei Datenströme, SD = single data und MD = multiple data, und zwei Befehlsströme, SI = single instruction und MI = multiple instruction. Daraus ergeben sich die vier Klassifikationsgruppen SISD, SIMD, MISD und MIMD. Die Zuordnung von Architekturprinzipien zu Klassifikationsgruppen zeigt Bild. 1.8.

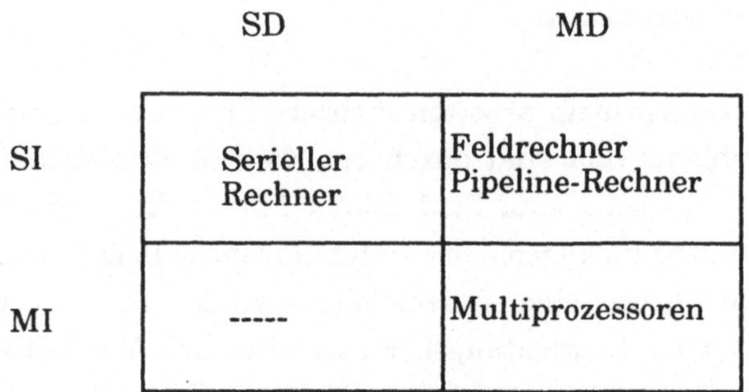

Abb. 1.8 Klassifikation nach Flynn

In der Vergangenheit wurden Rechner nach anderen Kriterien, z. B. nach der Größe (Mini-, Mikro-, Großrechner), nach der Art des Betriebs (Einzel-, Stapel-, Dialogbetrieb) oder nach der Art der Anwendung klassifiziert. Diese Grenzen sind aber durch die große Leistungsfähigkeit moderner Mikroprozessoren fließend geworden und sollen hier nicht weiter verfolgt werden.
In diesem Buch werden wir uns hardwaremäßig den seriellen Rechnern zuwenden, zu den anderen Strukturen sei auf weiterführende Literatur verwiesen [Erha90].

1.4 Entwurfziele

Beim Entwurf einer neuen Rechnerstruktur oder eines Mikroprozessors spielen folgende Ziele eine Hauptrolle: Leistung, Zuverlässigkeit und Fehlertoleranz, Kosten, Erweiterbarkeit und die Handhabbarkeit für den Endbenutzer. Weiterhin müssen eventuell berücksichtigt werden: die Kompatibilität zu anderen Produkten, die Umweltverträglichkeit und die Einsetzbarkeit neuer Technologien.

1.4.1 Leistung

Beim Rechnerentwurf spielt die zu erwartende Leistung eine besondere Rolle. Niemand wird Prozessoren entwickeln die langsamer sind als bereits vorhandene. Leistungssteigerung läßt sich erreichen durch

- Einsatz neuer Technologien

historisch: Übergang von der Röhre zum Transistor, von TTL-Logik zu
VLSI-Schaltkreisen,

zukünftig: durch Einbeziehung von optischen Elementen

- Erhöhung der Prozessoranzahl

Seit etwa 1980 entstanden zunehmend auch kommerziell erhältliche
Parallelrechner. Bis zu diesem Zeitpunkt gab es meist nur Entwürfe bzw.
Labormuster in Forschungsstätten. Dabei werden die leicht beherrschbaren
Feldrechner zunehmend von universell einsetzbaren Multiprozessoren
verdrängt, da es den Herstellern verstärkt gelingt, die bei diesen Strukturen
vorhandenen Probleme Lastverteilung und Synchronisation in den Griff zu
bekommen.

Methoden zur Leistungsbewertung von Architekturkonzepten bzw. fertigen
Rechnern werden in Kapitel 5 besprochen.

1.4.2 Zuverlässigkeit und Fehlertoleranz

Bei der Zuverlässigkeit spielt die Ausfallrate einzelner Teile als auch des
Gesamtsystems eine Rolle. Dabei spielen die Größen MTBF (mean time between
failure), der Mittelwert der Zeit zwischen zwei Ausfällen, und MTTR (mean time to
repair), der Mittelwert für die Reparaturzeit eine Rolle. Daraus läßt sich die
Verfügbarkeit einer Komponente berechnen zu V = MTBF/(MTBF+MTTR). Auch
darauf werden wir im Kapitel 5 näher eingehen.

Fehlertoleranz (siehe Kap. 5) gibt an, wie gut ein System mit auftretenden Fehler
fertig wird. Dies kann z. B. erreicht werden durch Rücksetzen auf einen bekannten
fehlerfreien Zustand oder durch Umschalten auf mehrfach vorhandene gleichartige
Hardwarekomponenten.

Neben der Architektur eines Systems spielen bei Zuverlässigkeit und Fehlertoleranz auch Betriebssystemfragen eine wichtige Rolle.

1.4.3 Kosten

Bei allen Entwicklungen spielen die Kosten eine wichtige Rolle. Diese müssen in einem ausgeglichenen Verhältnis zu der zu erwartenden Leistung stehen. Mit zunehmender Komplexität der Systeme werden insbesondere die Softwarekosten immer höher und majorisieren die Kosten der reinen Hardwareentwicklung.

1.4.4 Erweiterbarkeit

Die Erweiterbarkeit und damit Leistungssteigerung von Systemen ist für den Nutzer sehr wichtig. Einschränkungen in diesem Bereich, z. B. eine festgeschriebene Busstruktur für die Kommunikation oder eine festgefügte Speicherstruktur und -hierarchie können sich bei geänderten Anforderungen sehr stark negativ auswirken bis hin zum kostspieligen Austausch des gesamten Systems.

1.4.5 Handhabbarkeit

Die Handhabbarkeit eines Systems für den Nutzer ist sowohl von der Hardware-struktur mehr noch aber von den Softwaremöglichkeiten abhängig.
Beim Einsatz mehrerer Prozessoren ist es z. B. wichtig, daß die Auftragslast automatisch auf die Prozessoren verteilt wird und sich nicht der Nutzer darum kümmern muß. Das Betriebssystem muß den Benutzer durch entsprechende Hilfsmittel (z.B. Fenstertechnik) bei der Nutzung unterstützen.

1.5 Entwurfskriterien

Um die genannten Entwurfsziele zu erreichen, ist es sinnvoll, bestimmte Entwurfskriterien einzuhalten. Dazu zählen Orthogonalität, Angemessenheit, Sparsamkeit, Virtualität, Kompatibilität, dynamische Erweiterbarkeit und All-Anwendbarkeit.

1.5.1 Orthogonalität

Orthogonalität bedeutet, daß funktionell unabhängige Teile unabhängig spezifiziert und realisiert werden. Die Verbindung der Teile erfolgt durch genormte

Schnittstellen. Bei Änderungen in der Spezifikation und Implementierung eines Teils sind die anderen Teile nicht betroffen. Ein Beispiel für eine Änderung der Implementierung ist der Austausch eines Kernspeichers durch einen Halbleiterspeicher.

Bei Einhaltung des Orthogonalitätsprinzip ergeben sich dadurch nur Änderungen im Speicherwerk, weil sich durch diesen Austausch etwa die Organisation des Speichers geändert hat.

Der Aufbau der CD3300 entsprach nicht diesem Prinzip. Dieser Rechner hatte kein Leitwerk, die Funktion des Leitwerks war über alle anderen Komponenten des Rechners verteilt. Änderungen am Leitwerk müssen sich dann auf alle Komponenten auswirken. Bei komplexen Systemen sind damit Änderungen praktisch ausgeschlossen.

1.5.2 Angemessenheit

Dies bedeutet, daß alle Teile oder Elemente eines Systems angemessen genutzt werden. Es macht keinen Sinn, z.B. einen schnellen Prozessor mit einem langsamen Kommunikationsbus zu kombinieren.

Die Daten können dem Prozessor dadurch nicht schnell genug zur Verfügung gestellt werden, der Prozessor hat einen Großteil der Zeit nichts zu tun (idle, wait state).

1.5.3 Sparsamkeit

Alle Elemente und Funktionen eines Systems werden mit minimalen Kosten konstruiert. Wenn z.B. die Kosten für den Multiplizierer in einem System genauso hoch sind, wie die Kosten für das restliche System (Telefunken TR4), dann ist das Prinzip der Sparsamkeit verletzt.

1.5.4 Virtualität

Virtualität bezeichnet die Eigenschaft, die Begrenzung einer Implementierung vor dem Benutzer zu verbergen. Dies kommt beim virtuellen Speicher, der dem Benutzer vom System zur Verfügung gestellte Speicher ist wesentlich größer als der real vorhandene Speicher, ebenso zum Tragen wie die Einsparung eines Multiplizierers und die Ausführung der Multiplikation durch sukzessive Addition.

1.5.5 Kompatibilität

Zwei Systeme sind kompatibel, wenn sie bei gleichem Auftrag unabhängig von der Zeit und der Anordnung ihrer Elemente gleiche Ergebnisse liefern.
In der Literatur werden immer wieder Beispiele angeführt, wo dies nicht der Fall ist. Hiervon ist sehr stark die Arithmetik in den Rechner betroffen, z.B. durch unterschiedliche Rundungs- und Normierungsverfahren.

1.5.6 Dynamische Erweiterbarkeit

Erweist sich ein System in Teilen als zu leistungsschwach, dann muß es hier erweiterbar sein. Dies kann sich durch die Erweiterung des Hauptspeicher ausdrücken, durch die Hinzunahme weiterer Prozessoren oder durch Vergrößerung des Plattenspeichers.

1.5.7 All-Anwendbarkeit

Rechner sollen so konstruiert sein, daß sie sich nicht nur für Spezialprobleme, sondern für alle auftretenden Aufgaben einsetzen lassen (general purpose). Gegen diesen Prinzip wird gelegentlich bewußt verstoßen, um Spezialrechner besonders leistungsfähig zu machen. Als Beispiel seien hier Analogrechner genannt zur schnellen Berechnung von Fourier-Transformierten.

1.6 Vorgehensweise beim Entwurf

Beim Entwurf von Rechnern gibt es sowohl die Top-down- als auch die Bottom-up-Vorgehensweise.

1.6.1 Top-down-Architektur

Bei dieser Vorgehensweise hat man zunächst einen Architekturentwurf gefolgt von der Implementierung und der Realisierung. Dies zeigt Bild 1.9 für die Architektur des Universalrechenautomaten (URA) mit unterschiedlichen Implementierungen und Realisierungen.

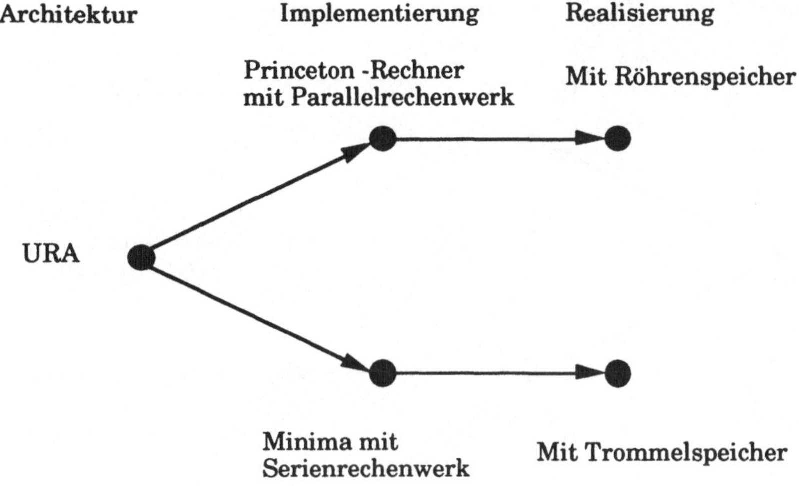

Abb. 1.9 Top-down Entwurf

1.6.2 Bottom-up Architektur

Neue Technologien machen es oftmals notwendig, diese in bestehende Systeme zu integrieren. Man hat also eine neue Realisierung und muß die Implementierung und den Architekturentwurf entsprechend anpassen. Damit hat man ein bottom-up Vorgehen.

Bild 1.10 zeigt dies an einem Architekturentwurf von IBM. Dieser Entwurf führte zur IBM709 in der Realisierung mit Röhrenspeicher. Nach der Entwicklung von Ferritkernspeichern wurden die Implementierung (IBM 7090) und der Entwurf angepaßt. Eine weitere Anpassung war mit der Einführung von Transistoren notwendig (IBM 7094).

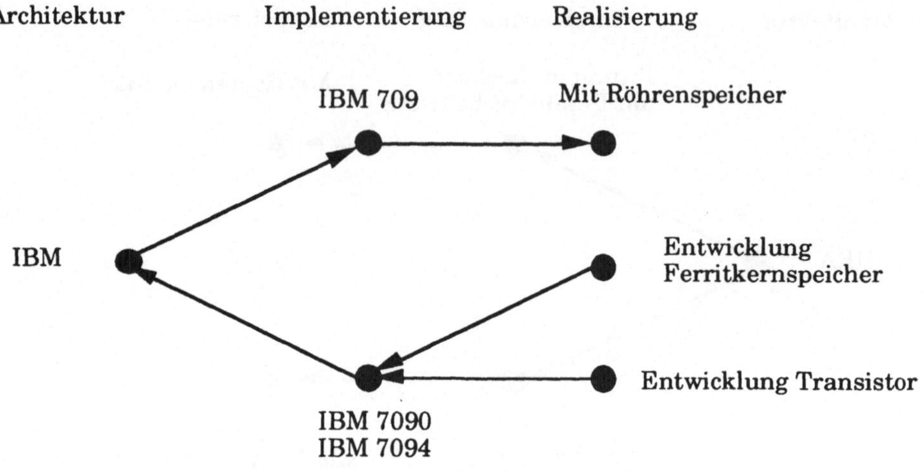

Abb. 1.10 Bottom-up Entwurf

2 Aufbau typischer Serienrechner

In diesem Kapitel betrachten wir den Aufbau moderner Mikroprozessoren. Ausgehend vom Modell des klassischen Universalrechenautomaten (URA) werden wir die dort vorhandenen Werke soweit möglich wieder in der Struktur der Mikroprozessoren identifizieren.

2.1 Der klassische Universalrechenautomat (URA)

Der Entwurf des klassischen Universalrechenautomaten geht zurück auf ein Papier von Burks, Goldstine und v. Neumann [BGN46]. Dabei war der Rechner aufgeteilt in die vier Werke

Leitwerk, Speicherwerk, Rechenwerk und E/A-Werk.

Diese werden gesteuert durch Steuerbefehle, die von der Operationssteuerung im Leitwerk stammen. Durch Kontrollinformationen erhält das Steuerwerk Statusinformationen von den übrigen Werken. Bild 2.1 zeigt den prinzipiellen Aufbau des URA. Bidirektionale Verbindungen sind dabei ohne Pfeile eingezeichnet. Es bedeuten

FB   Befehlsregister mit Befehlsteil F und Adreßteil B
Z   Befehlszählregister
FE   Funktionsentschlüsselung
OS   Operationssteuerung
S   Speicherregister
W   Speicherwahlregister
ASP   Arbeitsspeicher (normalerweise außerhalb des URA)
M   Multiplikandenregister
Q   Quotientenregister

A   Akkumulator
V   Arithmetische und logische Verknüpfungsschaltung
E/A   Ein-/Ausgaberegister

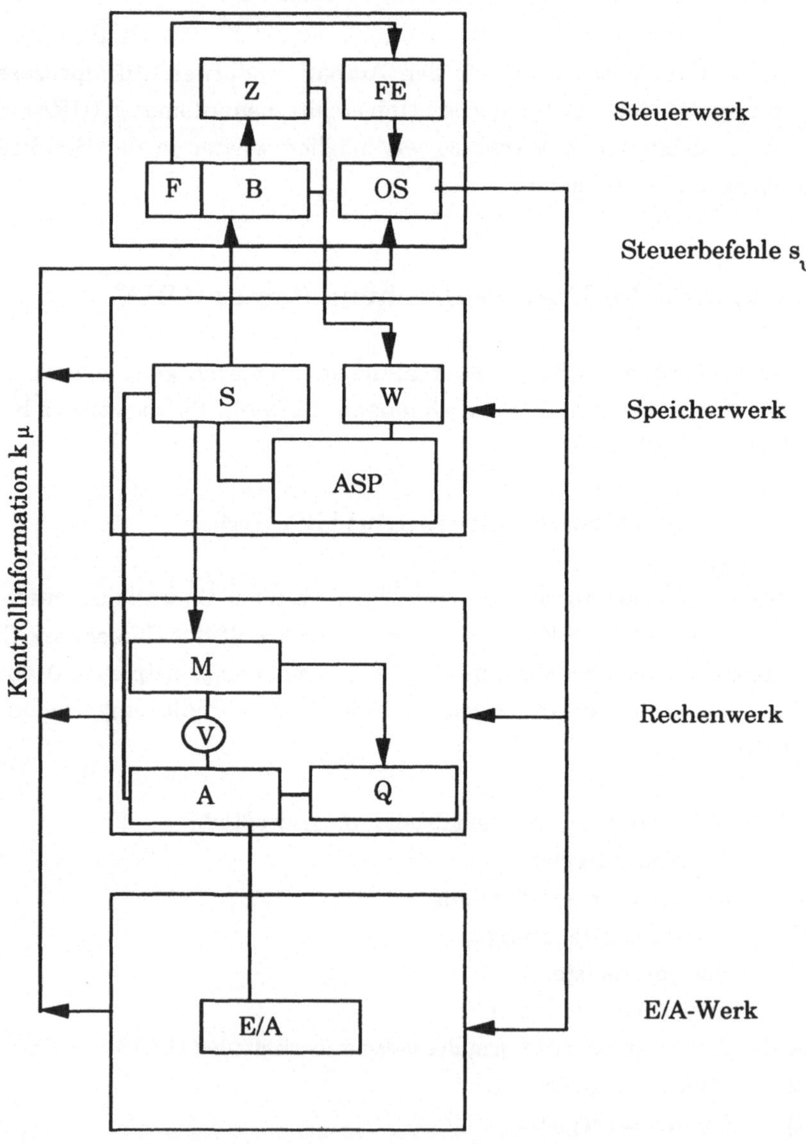

Abb. 2.1 Universalrechenautomat (URA)

2.2 Historische Entwicklung

Die Entwicklung der Mikroprozessoren beginnt 1971 mit der Vorstellung des 4004
von Intel. Vorher wurden Prozessoren aus TTL-Schaltkreisen aufgebaut. Der 4004
hat eine 4-Bit-ALU, die mit BCD-Arithmetik arbeitet. Der Prozessor hat 45
Assemblerbefehle, die Busbreite beträgt vier Bit. Die Entwicklungszeit war etwa
ein Mannjahr. Bereits 1972 folgte dann der 8008 mit 8-Bit-ALU.
Von Konkurrenzunternehmen wurde 1976 der TMS9900 (Texas Instruments) und
der Z80 von Zilog entwickelt. Im selben Jahr brachte Intel den 8085 auf den Markt.
Das Zeitalter der 16-Bit-Prozessor begann 1978 mit dem 8086 von Intel und 1979
kamen von Motorola der 68000 und von Zilog der Z8000 hinzu. 1984 kamen dann
fast zeitgleich die neuen 32-Bit-Prozessoren auf den Markt: 80386 von Intel,
68020 vom Motorola und 32332 von National Semiconductor.
1993 erschienen dann als bisher letzte Entwicklungen der Pentium von Intel und
der Alpha von DEC. Der Entwicklungsaufwand dieser Prozessoren beträgt je etwa
100 Mannjahre.

2.3 Modelle für Mikroprozessoren

Bei diesen Modellen unterscheidet man zwischen Funktionsmodell und
Programmiermodell.
Beim Funktionsmodell werden die einzelnen Hardwareteile des Prozessors und ihre
Verbindungen untereinander dargestellt. Man kann damit den Daten- und Befehls-
fluß innerhalb des Prozessors nachvollziehen. Mit zunehmender Komplexität der
Prozessoren geht man über zum Programmiermodell, in dem nur noch die Teile
angegeben werden, die der Benutzer sieht und die ihm zugänglich sind. Im
wesentlichen sind dies Register, Status- und Kontrollinformationen. Wir werden im
folgenden beide Modelle betrachten.

2.3.1 Das Funktionsmodell des Siemens SAB 8080

Der Siemens-Prozessor SAB 8080 ist eine Lizenzfertigung des Intel 8080 und
unterscheidet sich von diesem nur geringfügig. Die einzelnen Werke des URA
lassen sich dabei noch gut identifizieren. So besteht das Rechenwerk aus der ALU,
dem Akkumulator, den Zwischenspeichern, der Dezimalkorrektur für BCD-
Arithmetik und den Bedingungsflipflops.

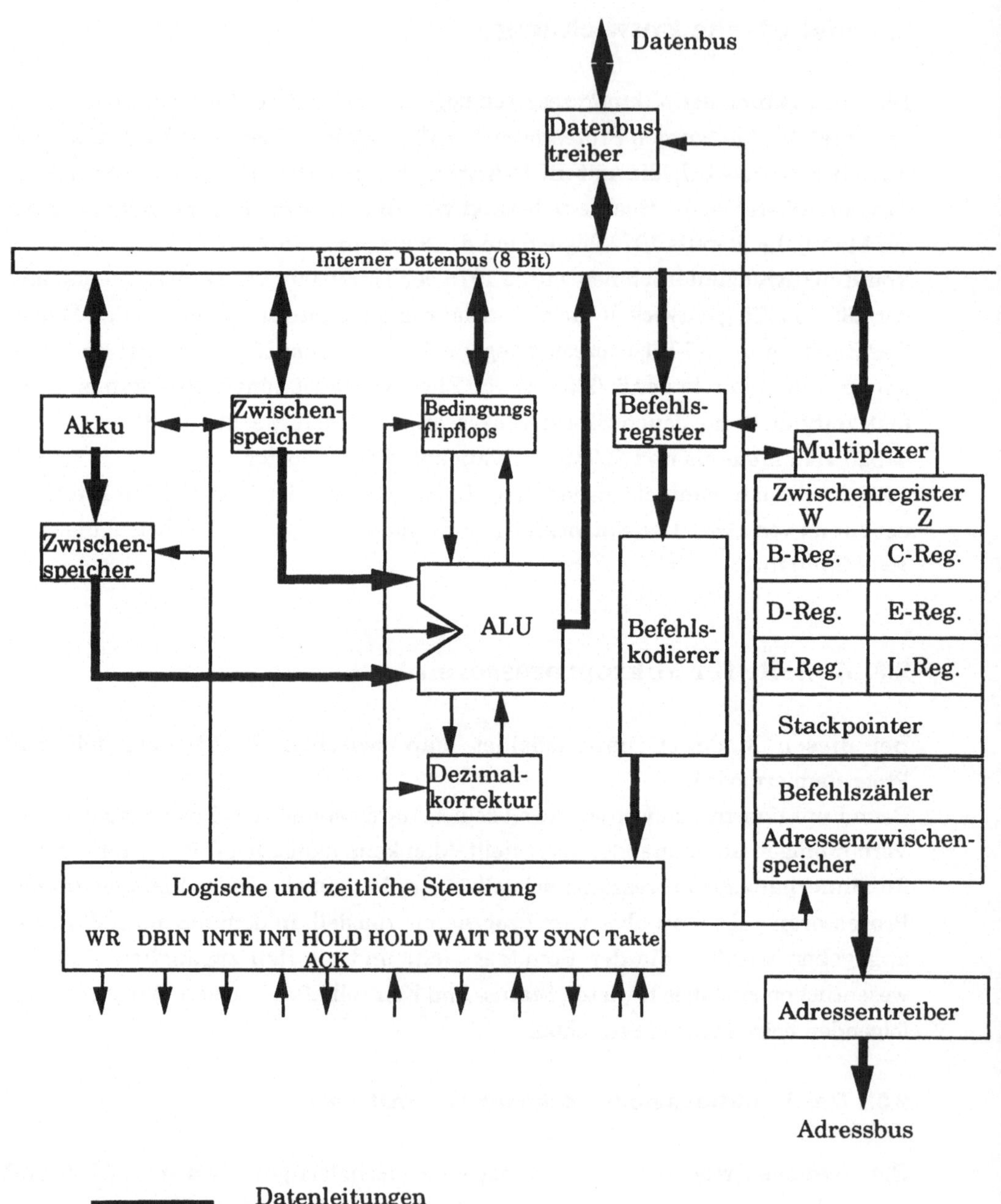

Abb. 2.2 SAB 8080

Das Steuerwerk wird realisiert durch das Befehlsregister, den Befehlsdekodierer
und die zeitliche und logische Steuerung. Das Speicherwerk und das E/A-Werk ist
zusammengefaßt im Datenbus- und Adressentreiber. Neu hinzugekommen ist ein
Registersatz, den man aber als schnellen Teil des Arbeitsspeichers interpretieren
kann.

2.3.2 Das Programmiermodell des Intel 80386/80486

Das Modell nimmt Rücksicht auf die Abwärtskompatibilität innerhalb der Intel-
Familie. Programme, die auf dem 8-Bit-Prozessor 8080 oder dem 16-Bit-Prozessor
8086 liefen, sollen auch auf einem 80486 laufen können. Deshalb finden sich in der
Registerstruktur der 32-Bit-Prozessoren 80386/80486 Aufteilungen bis zur
Bytestruktur, wie sie im 8080 verwendet wurden.

Betrachtet man den Registersatz des 80386/80486 dann findet man die Register
des 8080 unter den Bezeichnungen AL, DH, DL, CH, CL, BH und BL wieder, für
den 8086/80186/80286 sind es die Register mit dem Postfix X.

Die allgemeinen Register des 80386/80486 beginnen alle mit dem Präfix E und
haben einen Umfang von 32 Bit. Grundsätzlich kann der Benutzer alle 8
allgemeinen Register gleichermaßen ansprechen. Bestimmte Assemblerbefehle
benutzen die Register für bestimmte Funktionen. Dem trägt die Bezeichnung der
Register Rechnung.

Mit dem Befehlszählregister IP kann ein realer Adreßraum von 2^{32} Speicherzellen
adressiert werden. Dies entspricht 4 Gbyte. Virtuell kann ein Adreßraum von 2^{46}
benutzt werden. Dies sind 64 Tbyte.

Für die Verwaltung des Arbeitsspeichers werden die Segmentregister, alle 16 Bit
breit, verwendet. Sie werden vor der Ausführung eines Programms geladen und
verwalten das Maschinencodesegment durch das Register CS, den Kellerspeicher
durch SS und die Datensegmente durch DS, ES, FS und GS.

Das Flag-Register EFR enthält

die Status Flags

OF: Overflow
SF: Sign
ZF: Zero
AF: Auxiliary carry
PF: Parity
CF: Carry,

die bestimmte Bedingungen nach der letzten ausgeführten Operation anzeigen. Sie können abgefragt werden und werden für bedingte Sprungbefehle eingesetzt.

die System Flags

VM: Virtual 86 Mode
RF: Resume
NT: Nested Task
IOPL: I/O Privilege Level
IF: Interrupt enabled

Mit IF wird eine mögliche Interrupt-Behandlung ein- bzw. ausgeschaltet.

VM gibt an, ob 8086-Programme im Real-Mode oder im Virtual 86 Mode betrieben werden. Der Unterschied besteht hauptsächlich in der Ausführungsgeschwindigkeit.

Durch die Angabe des Levels IOPL wird erreicht, daß Ein-/Ausgabebefehle nur von Tasks benutzt werden können, deren eigenes privilege level kleiner oder gleich IOPL ist.

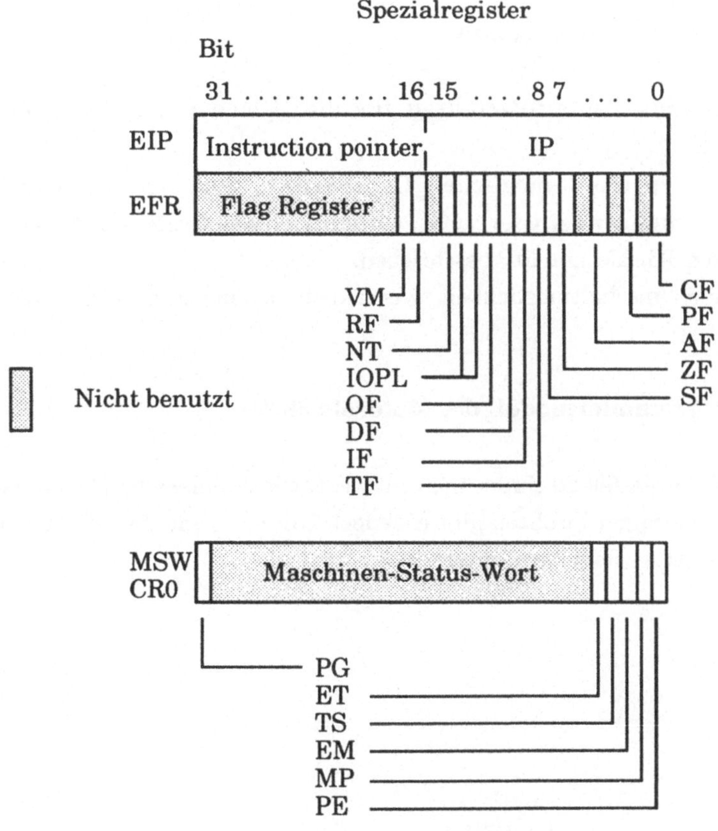

Abb. 2.3 Intel 80386/80486

und die Control Flags

DF: Direction
TF: Trap

DF gibt an, ob Zeichenketten in auf- oder absteigender Reihenfolge im Speicher bearbeitet werden.

Mit TF kann zur Fehlersuche der Prozessor durch Setzen dieses Flags im Einzelschrittverfahren betrieben werden. Dadurch ist es möglich nach jeder Befehlsausführung den Inhalt der Register anzuzeigen.

Im Maschinenstatuswort ist vermerkt

PG: Paging enabled
ET: Processor Extension
TS, EM, MP: Task switched, Emulate Coprocessor, Monitor Coprocessor
PE: Protection enabled

Mit PG wird das Paging-Verfahren für die Speicherverwaltung ein- und ausgeschaltet.
ET legt den Typ eines möglichen Coprozessors fest. Je nachdem ob ein Coprozessor vorhanden ist oder nicht, verhält sich das System unterschiedlich. Dies wird durch TS, EM und MP beschrieben.
PE erlaubt eine Umschaltmöglichkeit zwischen virtuellen oder realen Adressen.

2.3.3 Das Programmiermodell des Motorola 68020

Auch beim Motorola 68020 findet man im wesentlichen dieselben Teile wie beim Intel 80486. In einigen Punkten gibt es jedoch Unterschiede. So wird das Cache-Konzept mit eigenen Registern unterstützt.

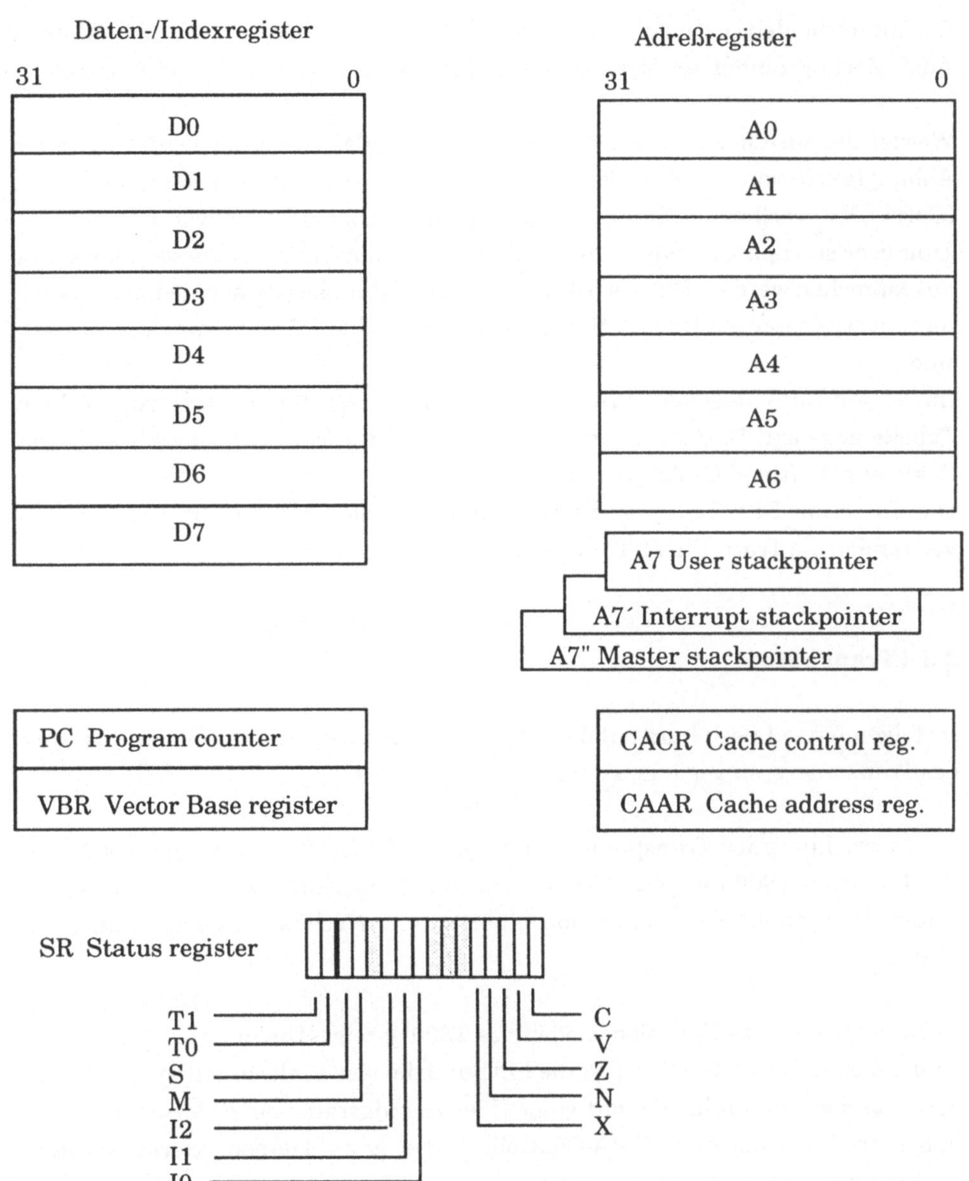

Abb. 2.4 Motorola 68020

Die acht Daten-/Indexregister und die sieben Adreßregister sind als general purpose Register ausgelegt.

Sie unterscheiden sich jedoch darin, daß bei den Daten-/Index-registern die kleinste Adressierungseinheit ein Byte ist und bei den Adreßregistern ein Wort zu 16 Bit.

Werden die Adreßregister als Datenregister verwendet, so werden in diesem Fall in Abhängigkeit von einer ausgeführten Operation im Statusregister die Bits C (Carry), V (Overflow), Z (Zero), N (Negative) und X (Extend) nicht verändert.
Zum user stackpointer gibt es zwei Schattenregister, die unter derselben Adresse angesprochen werden. Dabei wird A7, A7´ oder A7" angesprochen, je nachdem wie im Statusregister die Bits S (Supervisor/User) und M (Master/Interrupt) gesetzt sind.
Im Vector Base Register (VBR) ist die Basisadresse für die Interrupt-Vektor-Tabelle abgelegt. Die Benutzung eines instruction cache wird durch die Cache-Register CACR und CAAR gesteuert.
Die Interrupt-Bits I2-I0 im Statusregister werden zur Interruptmaskierung verwendet, die Trace-Bit T1-T0 zur Einzelschrittsteuerung.

2.3.4 Transputer

Im folgenden soll noch kurz auf die Hardwarestruktur eines speziellen Prozessors, des Transputers, eingegangen werden.

Die Entwicklung des Transputers durch die Firma INMOS, zunächst das Modell T404, danach T800 und jetzt T9000, ermöglicht asynchron zur Bearbeitung von Daten eine schnelle Kommunikation mit bis zu vier Nachbarprozessoren über sog. Links.

In Bild 2.5 wird das Funktionsmodell des T800 gezeigt. Die internen Datenpfade sind dabei 32 Bit breit. Die CPU, die FPU und die vier Links arbeiten unabhängig voneinander. Die Links, die mit einer Übertragungsrate von 20 MBit/s arbeiten, haben pro Richtung einen DMA-Controller. Über Event können externe Geräte in die Kommunikation einbezogen werden.

Zusammen mit einem ebenfalls von INMOS angebotenen Kreuzschienenverteiler C004 mit 32 Ein-/Ausgängen lassen sich beliebige Strukturen aufbauen.

Als Programmiersprache dient OCCAM.

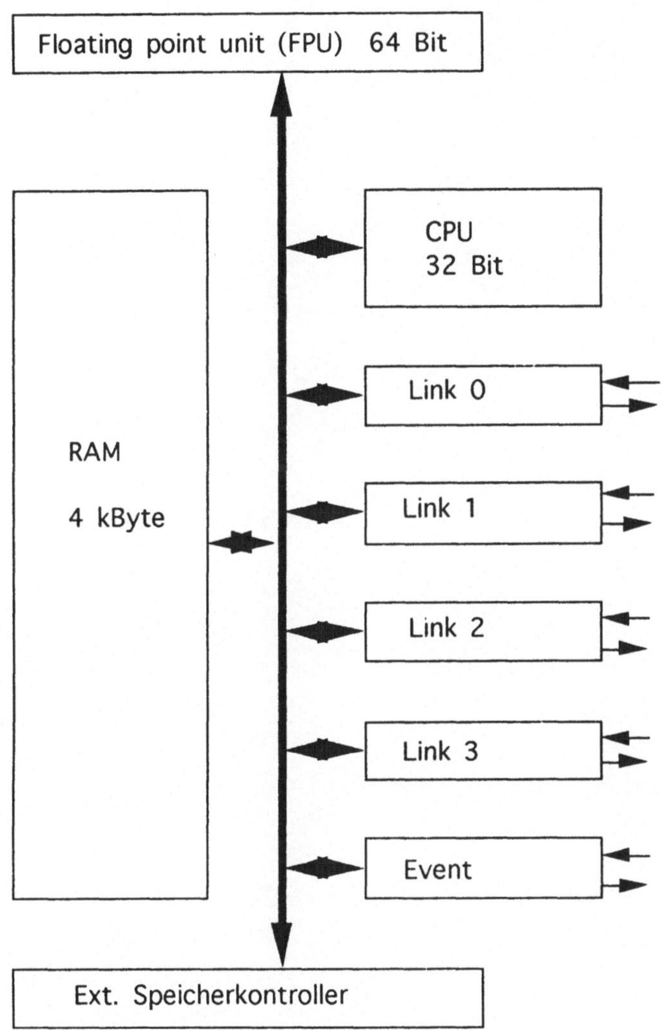

Abb. 2.5 Transputer T800

3 Komponenten eines Rechners

Ausgehend von den vier Werken des Universalrechenautomaten, die sich mehr oder weniger genau in allen modernen Mikroprozessoren lokalisieren lassen, werden wir die Komponenten eines Rechners näher betrachten. Wir werden Fragestellungen hierzu aufgreifen und Realisierungen in modernen Mikroprozessoren betrachten.

3.1 Das Rechenwerk

Die Betrachtung des Rechenwerks führt zur Betrachtung der implementierten Arithmetik. Wir wollen uns hierbei auf die vier Grundrechenarten beschränken. Beim Entwurf der entsprechenden Hardware steht die Leistung, die Geschwindigkeit mit der eine Operation ausgeführt werden kann, den notwendigen Kosten hierfür gegenüber. Sehr schnell bedeutet meist sehr teuer. Aufgrund von Randbedingungen muß meist ein Mittelweg gegangen werden.

Bis vor einigen Jahren haben die Hersteller ihre eigene Vorstellung von Arithmetik implementiert. Damit sind Rechner verschiedener Hersteller untereinander oftmals nicht kompatibel (siehe 1.5.5). Bei gleichen Eingabedaten werden unterschiedliche Ergebnisse erzielt. Dies liegt an der unterschiedlichen internen Darstellung der Zahlen, an verschiedener Komplementdarstellung oder unterschiedlichen Rundungs- und Normierungsverfahren.

Erst in jüngerer Zeit hat die Norm ANSI-IEEE 754 Floating Point Representation zu einer Vereinheitlichung geführt. Besonders die Hersteller von Mikroprozessoren implementieren diese Norm für ihre Arithmetik.

Für unsere späteren Beispiele gehen wir von einer Darstellung der ganzen Zahlen von der Form $b_{n-1}\, b_{n-2} \ldots\ldots\ldots b_1\, b_0$ aus. Für Gleitpunktzahlen gilt die Darstellung $m\, B^{\,e}$.

Dabei entspricht die Darstellung der Mantisse m einer ganzen Zahl mit dem B-Punkt ganz links (für B=10 sprechen wir vom Dezimalpunkt), die Darstellung des Exponenten e einer ganzen Zahl und B ist die Basis.

Wir lassen beim Exponenten eine Charakteristik zu, bei negativen Zahlen sowohl das B^n - Komplement (z. B. IBM 360) als auch das $(B^n - 1)$ - Komplement (z.B. CD6600).

3.1.1 Normieren und Runden

Mantissen sollen normiert sein, d.h. führende Nullen werden eliminiert. Die Normierungsbedingung ist dabei abhängig von der Basis der Mantisse. Ist die Basis z.B. $b_m=2$, dann ist eine Mantisse normiert, wenn die erste Stelle hinter dem B-Punkt eine 1 ist. Ist $b_m=16$, dann ist eine Mantisse normiert, wenn die ersten vier Stellen $\neq 0000$ sind.

Bei der Normierung wird die Mantisse um soweit nach links verschoben bis die Normierungsbedingung erfüllt. Entsprechend der Anzahl der Shifts muß der Exponent erniedrigt werden.

Für die Rundung eines Ergebnisses gibt es unterschiedliche Verfahren. Hier seien die vier wichtigsten erwähnt (alle Beispiele gehen von $b_m = 2$ aus. Für andere Mantissenbasen gilt entsprechendes Vorgehen):

Abschneiden
Dabei wird der Teil der Mantisse, der die Anzahl der Mantissenstellen überschreitet, einfach abgeschnitten. Der Rest bleibt unverändert.

Normales Runden
Dabei gibt die erste Ziffer, die über der Anzahl der zulässigen Mantissenstellen liegt den Ausschlag. Ist sie gleich 0, dann wird abgeschnitten, ist sie gleich 1, dann wird abgeschnitten und auf die letzte verbleibende Stelle eine 1 addiert.

Jamming
Wie abschneiden, die letzte verbleibende Stelle wird immer auf 1 gesetzt.

R*-Runden
Wie Normales Runden, mit der Ausnahme, daß 1.0..............0 zu 1.0......01
wird.

Wie der Leser leicht selbst nachvollziehen kann, führt die Implementierung
unterschiedlicher Rundungsverfahren durchaus zu unterschiedlichen Ergebnissen.
Wichtig ist noch, daß die Normierung immer vor der Rundung ausgeführt wird.

3.1.2 Addition und Subtraktion

Betrachten wir im folgenden die Addition (Subtraktion). Bei der Verwendung von
Halbaddierern (HA) oder Volladdierern (FA) haben wir Durchlaufzeiten von 2τ pro
HA oder FA, wenn τ die Schaltzeit eines Gatters ist.

Die kostengünstigste Form der Addition, aber auch die langsamste ist der
ripple-carry-Addierer (Addierer mit durchlaufendem Übertrag). Dabei werden
bei der Addition von n Bitstellen n Volladdierer in Serie geschaltet. Dies zeigt
Bild 3.1.

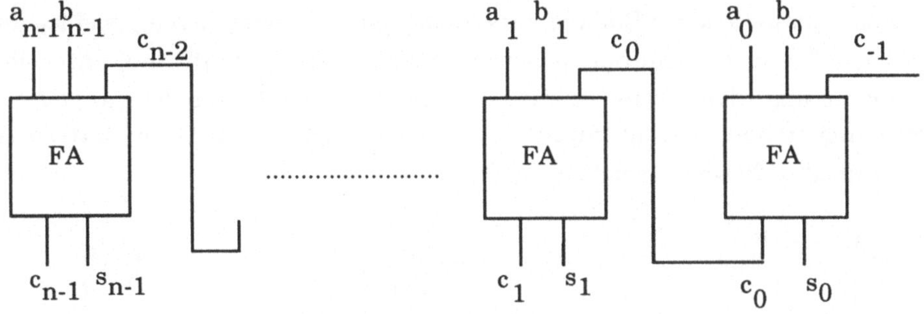

Abb. 3.1 Ripple carry Addierer

Dabei ist $c_{-1} = 0$ bei der Addition und gleich 1 bei der Subtraktion. Der Zeitaufwand
für die Addition ist hierbei von der Stellenzahl n abhängig und gleich $2n\tau$. Dies ist
vergleichsweise langsam.

Dasselbe Ergebnis, aber mit geringerem Hardwareaufwand erzielt man, wenn man
zum **Carry-save-Addierer (CSA)** übergeht.

Dabei benötigt man nur einen Volladdierer, ein D-Flipflop zur Speicherung des Übertrags und zwei Schieberegister, die die Bitstellen der beiden Operanden seriell am Volladdierer anliefern. Nach n Schritten steht das Ergebnis in dem ersten Schieberegister zur Verfügung. Der Zeitaufwand ist auch hier $2n\tau$.

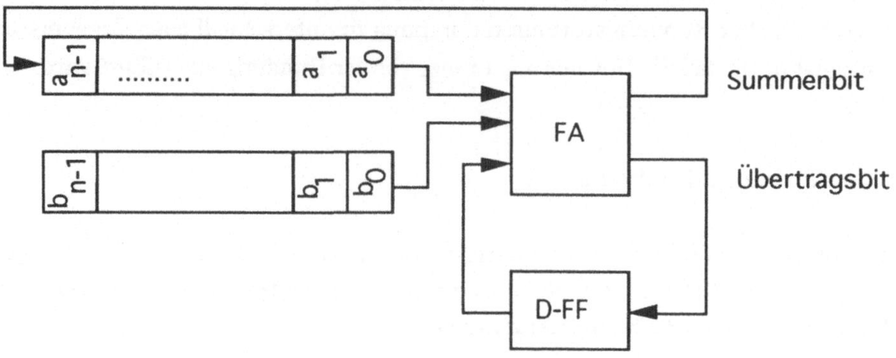

Abb. 3.2 Carry save Addierer

Brauchen wir auf Kosten keine Rücksicht zu nehmen und ist Schnelligkeit das höchste Gebot, dann hilft uns eine Addierer mit minimaler Übertragsverzögerung. Dabei wird von Stelle zu Stelle kein Übertrag weitergegeben. Dies bedeutet, daß in der Additionsstelle k zur Bildung des Summenbits alle Bitstellen a_m und b_m mit $0 \leq m \leq k$ zur Berechnung benötigt werden. Der Zeitaufwand unter der Voraussetzung, daß Gatter mit einer beliebigen Anzahl von Eingängen zur Verfügung stehen, beträgt dann 2τ. Der notwendige Aufwand an Gattern ist proportional zu 2^n bei n Bitstellen.

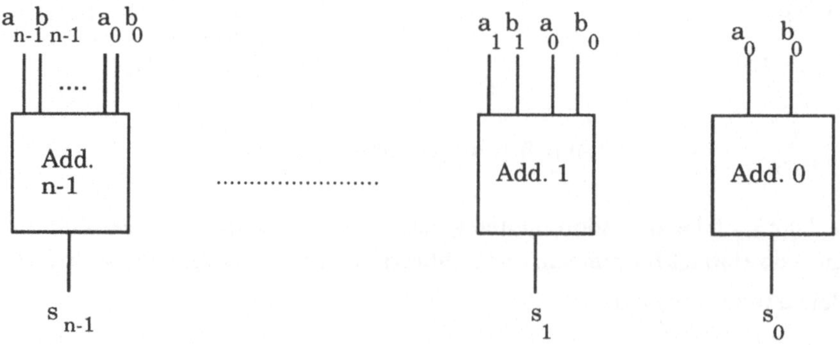

Abb. 3.3 Addierer mit minimaler Übertragsverzögerung

Bei der Realisierung von Addierern werden wir uns normalerweise zwischen den beiden Extremen, Addierer mit minimaler Übertragsverzögerung und Ripple-carry-Addierer, bewegen.

Ein Beispiel hierfür ist der **Carry-look-ahead-Adder** (Addierer mit vorab ermittelten Überträgen). Dazu führen wir die beiden Funktionen g_i (carry generate) und p_i (carry propagate) ein. Betrachten wir hierzu in Bild 3.4 einen Volladdierer aufgebaut aus Halbaddierern, dem die Operanden auch in ihrer negierten Form am Eingang zur Verfügung stehen.

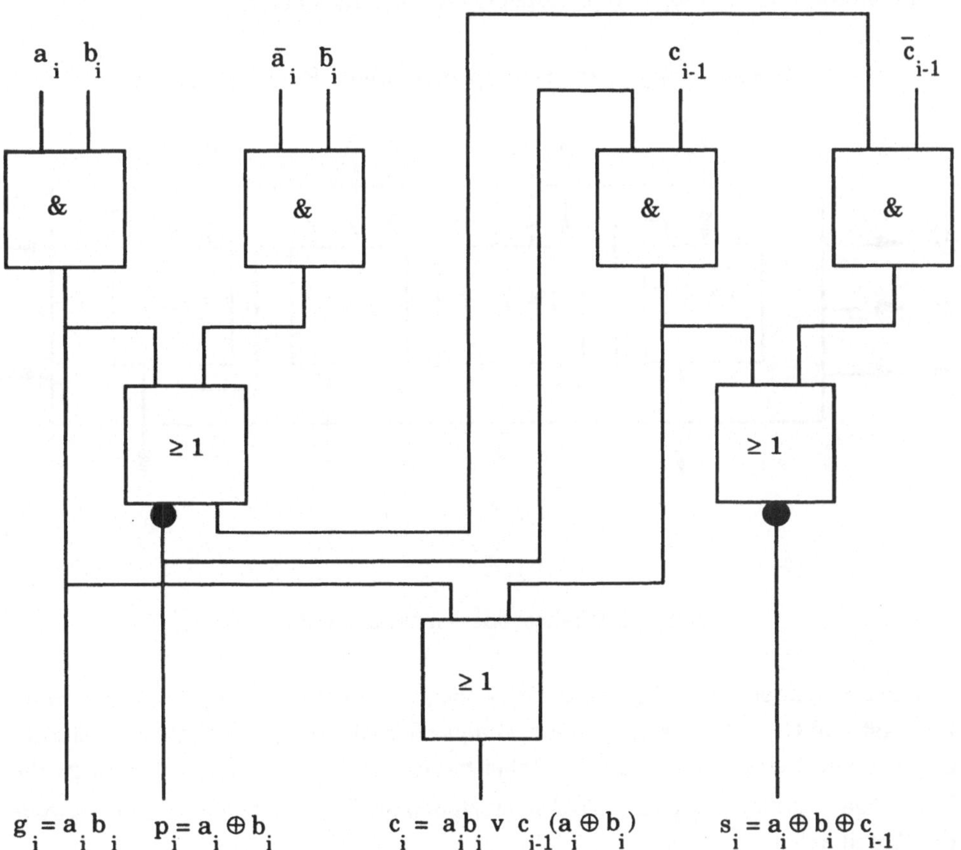

Abb. 3.4 Volladdierer mit carry-propagate und -generate

Dabei gilt für $g_i = a_i\, b_i$ = 1: Carry wird in dieser Stelle erzeugt

   = 0: Carry wird in dieser Stelle nicht erzeugt

und für $p_i = a_i \oplus b_i$ = 1: Carry aus niedriger Stelle wird weitergeleitet

   = 0: Carry aus niedriger Stelle wird nicht weitergeleitet

Dies macht man sich jetzt bei der sogenannten Gruppen- oder Bitslice-Addition zunutze. Dabei werden jeweils vier Bitstellen mit vier Volladdierern zu einem Bitslice-Baustein zusammengefaßt. Aus diesen Bausteinen baut man dann den Addierer auf. Bild 3.5 zeigt den prinzipiellen Aufbau. Dabei gilt:

$$G = g_3 \vee g_2 p_3 \vee g_1 p_3 p_2 \vee g_0 p_3 p_2 p_1 \quad \text{und} \quad P = p_3 p_2 p_1 p_0$$

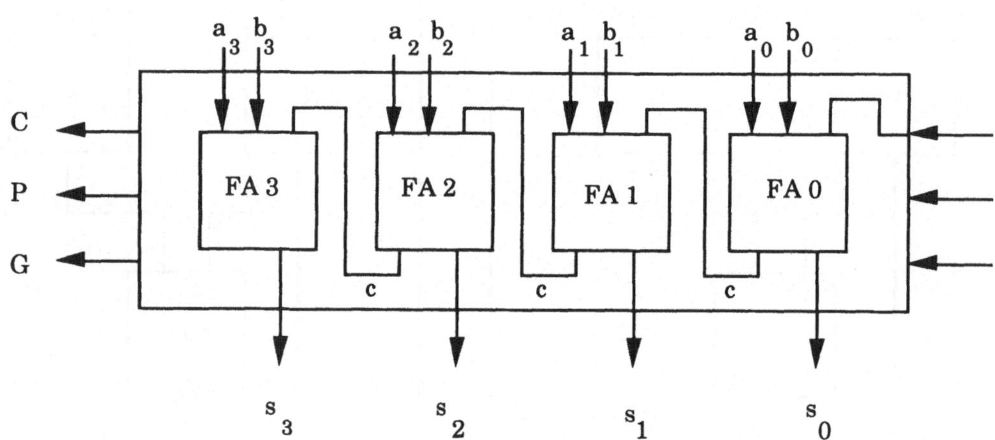

Abb. 3.5 Bitslice- oder Gruppenaddition

Ein neuer Gruppenübertrag ergibt sich dabei, wenn entweder $G = 1$ ist oder wenn $P = 1$ ist und $C_{-1} = 1$ ist. Eine genaue Analyse der zugehörigen Schaltung [Klar89] ergibt einen Zeitaufwand von 6τ. Dabei haben die Erzeugung der p_i und g_i, die Überträge zwischen den einzelnen Addierern und die Erzeugung von G und P jeweils den Anteil 2τ.

Bei P = 1 kann ein vorhandener Übertrag diese Bitscheibe überspringen und der nächsten direkt zur Verarbeitung angeboten werden. Dies wird durch den **Carry-skip-adder** realisiert. Die einzelnen Bitscheiben entsprechen hierbei dem Aufbau nach Bild 3.5.

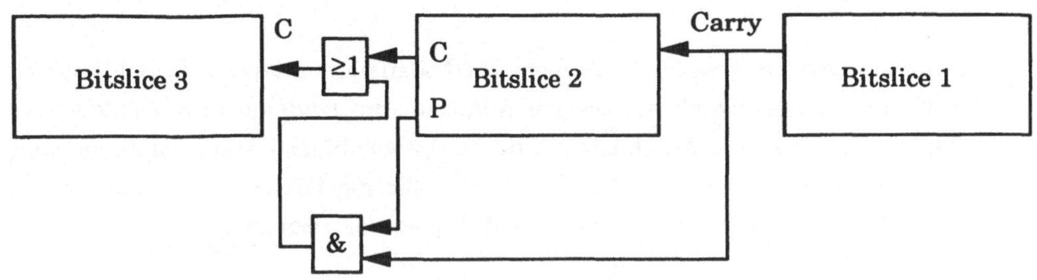

Abb. 3.6 Carry skip adder

Ist in der Bitscheibe 2   P = 1, dann wird der Übertrag, der in Bitscheibe 1 entsteht, zur Verarbeitung sofort an Bitscheibe 3 weitergereicht. Es ist sicherzustellen, daß das Oder-Gatter vor Bitscheibe 3 nicht an beiden Eingängen gleich 1 ist, da sonst ein Übertrag verloren geht. Dies wird aber durch die Definition von G und P implizit geleistet.

In der folgenden Tabelle stellen wir für die unterschiedlichen Addierer den Zeitaufwand und den Gatteraufwand gegenüber.

Typ des Addierers	Zeitaufwand	Gatteranzahl
Ripple carry	$O(n)$	$O(n)$
Minimale Übertragsverz.	$O(2)$	$O(2n)$
Carry look ahead	$O(\log n)$	$O(n\log n)$
Carry skip	$O(\sqrt{n})$	$O(n)$

In der Literatur sind eine Vielzahl weiterer Realisierungen bekannt. Dies gilt auch für die im folgenden betrachtete Multiplikation/Division. Einen Überblick hierzu kann man sich bei [Hwan79] verschaffen.

3.1.3 Multiplikation und Division

Es gibt viele Möglichkeiten, einen leistungsfähigen Multiplizierer zu bauen. Für Mikroprozessoren steht hier meist ein Coprozessor zur Verfügung, der für Gleitpunktarithmetik optimiert ist.

Wir wollen aber zunächst sehr einfache Methoden kennenlernen. Dabei läßt sich die Multiplikation durch sukzessive Addition, die Division durch sukzessive Subtraktion erreichen. An Hardware benötigen wir hierzu drei Schieberegister, einen carry-save-adder, ein Und-Gatter und für die Division zusätzlich einen Komplementbilder. Die Hardware für die Multiplikation zeigt Bild 3.7.

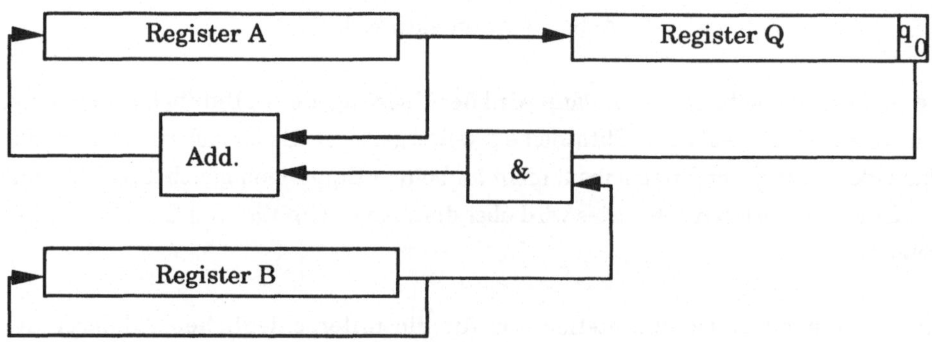

Abb. 3.7 Multiplizierer

Die beiden Operanden für die Multiplikation stehen in den Registern B und Q, Register A ist zu Beginn auf Null gesetzt.

Abhängig von der niedrigstwertigen Stelle in Q werden die Inhalte von B und A addiert oder nicht. Anschließend erfolgt ein Rechtsshift um eine Stelle in A und Q. A und Q sind dabei verbunden, d. h. die Stelle die bei A rechts herausfließt, fließt bei Q links hinein.

Es sind folgende Operationen auszuführen:

1. $q_0 = 1$: $A + B \to A$

   $q_0 = 0$: $A + 0 \to A$ (Diese Operation wird natürlich nicht ausgeführt,

   Register A bleibt unverändert)

2. $AQ/2 \to AQ$ (Rechtsshift um eine Bitstelle in AQ)

Nach n Durchläufen (n ist die Anzahl der Registerstellen) ist die Multiplikation beendet und das Ergebnis steht in AQ (doppelt lang).

Bei der Division Q/B geht man analog vor.

1. $2* AQ \to AQ$ (Linksshift um eine Bitstelle in AQ)

2. $A - B \to A$

   Fallunterscheidung:

   $A \geq 0$: $q_0 = 1$

   $A < 0$: $q_0 = 0$ und $A + B \to A$ (Restaurierung von A)

Das Ergebnis steht nach n Schritten in Q.

Wir stellen uns nun die Frage, ob wir im Fall $A < 0$ tatsächlich die Restaurierung vornehmen müssen oder ob wir die Addition in diesem Fall sparen können?

Wenn wir bei obigem Vorgehen 1. und 2. zusammenfassen, dann gilt für diesen Fall $2 \cdot AQ - B < 0$. Ohne Restaurierung und nach Ausführung von 1. im nächsten Schritt (Linksshift von AQ) enthält das Register A den Wert $2 \cdot (2 \cdot AQ - B) = 4 \cdot AQ - 2 \cdot B$. Wenn wir nun 2. modifizieren und B addieren, dann erhalten wir $4 \cdot AQ - B$. Dieses Ergebnis entspricht der Vorgehensweise mit Restaurierung.

Wir können also die Restaurierung sparen und müssen nur im nächsten Zyklus B subtrahieren, wenn die Abfrage einen Inhalt $A < 0$ ergeben hat. Im anderen Fall bleibt es bei der Addition.

Läßt sich die Multiplikation weiter beschleunigen? Wir haben bereits bei der Multiplikation vermerkt, daß im Fall $q_0 = 0$ die Addition unterbleiben kann. Dies ist in der Literatur auch unter dem Begriff "skip over zeros" bekannt.

Eine weitere Beschleunigung ergibt sich, wenn wir im Register Q eine Folge von Einsen gemeinsam behandeln. Betrachten wir einen Operanden der zwischen den Stellen k-1 und k-x eine Folge von Einsen hat.

$$k-1 \qquad\qquad k-x$$
$$.............0\;0\;0\;0\;1.................\;1\;0\;0........$$

Dabei ergibt sich folgende Wertigkeit:

$$2^{k-x} + 2^{k-x+1} + ... + 2^{k-1} = 2^k - 2^{k-x}$$

Damit läßt sich die Multiplikation modifizieren. Beim Auftreten der ersten Eins in einer Folge (Stelle k-x) wird B von A subtrahiert. Beim Auftreten der ersten Null nach dieser Folge von Einsen (Stelle k) wird B addiert. Alle Stellen dazwischen werden übersprungen, d.h. es wird nur der Shift ausgeführt.

3.1.4 Coprozessoren

Eine weitere Beschleunigung läßt sich durch den Einsatz von Coprozessoren erreichen. Dabei werden Gleitpunktoperationen nicht vom Mikroprozessor selbst, sondern vom dafür optimierten Coprozessor ausgeführt. Am Beispiel des Coprozessors Weitek 3364 seien hier einige Leistungsdaten aufgeführt:

Zykluszeit:	50 ns
Addition:	2 Zyklen
Multiplikation:	2 Zyklen
Division:	17 Zyklen
Wurzel:	30 Zyklen

Für die Kommunikation zwischen Prozessor und Coprozessor gibt es zwei Möglichkeiten.

1. Direkte Verbindung

Dabei überträgt der Prozessor die Operanden an den Coprozessor und erhält das Ergebnis auf dem gleichen Weg zurück.

Bild 3.8 zeigt dies am Beispiel AM29000/AM29027. Alle Datenleitungen sind 32 Bit breit. Zunächst werden die Operanden in die Register S und R des Coprozessors übertragen.
Anschließend wird die auszuführende Operation ins Register I übertragen. Das Ergebnis wird aus dem Register F in den Prozessor zurücktransferiert.

Die 7 Steuerleitungen zum und die 3 Steuerleitungen vom Coprozessor sind der Übersichtlichkeit wegen nur pauschal angedeutet. Sie steuern im wesentlichen den Austausch der oben genannten Daten.

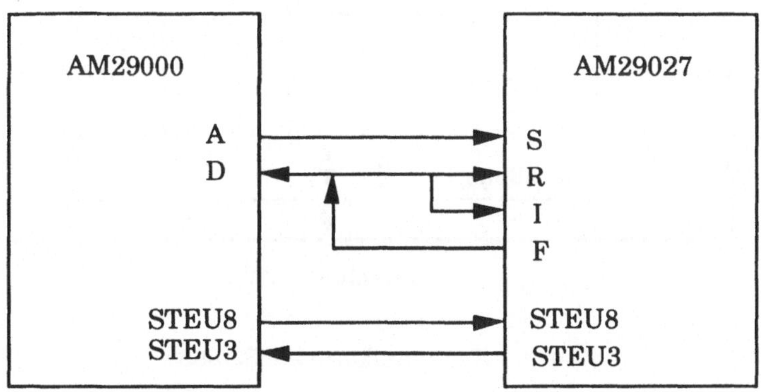

Abb. 3.8 Prozessor AM29000/ Coprozessor AM29027

2. Kommunikation über gemeinsamen Speicher

Bei der Kommunikation über einen gemeinsamen Speicher kann der Coprozessor selbständig auf den Systembus zugreifen. Bild 3.9 zeigt dies für System Intel 8086/8087.

Der Coprozessor 8087 hört ständig den Systembus ab. Aus den Statussignalen des Prozessors 8086 ist ersichtlich, wann ein Befehl aus dem Speicher geladen wird. Dieser Befehl wird synchron ebenfalls vom Coprozessor übernommen und dahingehend untersucht, ob es sich um einen Arithmetikbefehl handelt.

Ist dies der Fall, so überträgt er die vom Prozessor auf den Adreßbus gelegte Operandenadresse in seinen Adreßpuffer. Danach übernimmt er den vom Speicher auf den Datenbus gelegten Operanden. Der Prozessor selbst übernimmt diesen Operanden nicht. Durch Inkrementieren der Adresse im Adreßpuffer kann der Coprozessor nun selbständig weitere Operandenteile aus dem Speicher holen. Der Prozessor kann in der Zwischenzeit bereits weitere Befehle aus seiner Befehls-Queue abarbeiten, sofern er dabei nicht auf den Bus zugreifen muß.

Nach Ausführung der Operation informiert der Coprozessor den Prozessor hiervon über eine Steuerleitung.

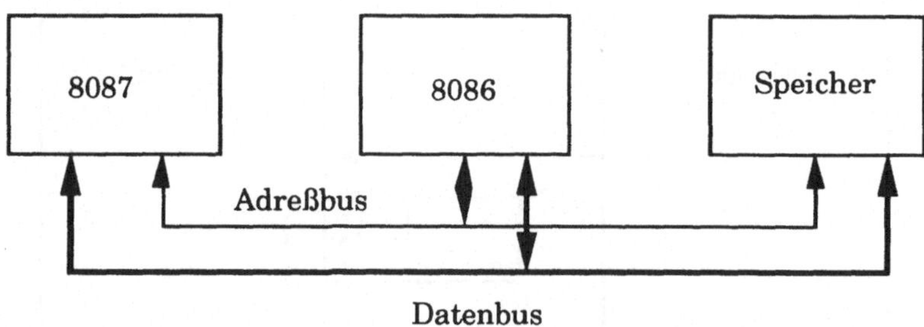

Abb. 3.9 Kommunikation 8086/8087

3.1.5 Bitalgorithmen

Die Berechnung elementarer Funktionen wie Quadratwurzel, Logarithmus, Exponentialfunktion, Sinus oder Kosinus geschieht in Rechenanlagen meistens durch Reihenentwicklung oder iterative Verfahren.

Aber bereits 1959 hat Volder <Vold59> ein CORDIC (Coordinate Rotating Digital Computer) genanntes Verfahren angegeben, mit dem trigonometrische Funktionen durch eine Folge von Koordinatentransformationen berechnet werden. Bei diesen Koordinatentransformationen werden wie bei den später beschriebenen Bitalgorithmen schnelle Operationen wie Addition, Schiebebefehle und Tabellenzugriff verwendet. Am Algorithmusende muß dann noch mit einer Konstanten multipliziert werden.

Durch Spezialisierung dieser Methode für bestimmte Funktionen kam J.E. Meggitt <Megg62> 1962 auf ein Verfahren, wie man unter Verwendung einfacher Rechenoperationen wie Addition, Schiebebefehle und Tabellensuche solche elementaren Funktionen ohne Reihenentwicklung noch schneller berechnen kann. Das angegebene Verfahren war ausgelegt auf die damals teilweise verwendete BCD-Arithmetik und die damit zusammenhängende Möglichkeit, auf jede Ziffer des Arguments zugreifen zu können.

Mit steigender Leistungsfähigkeit der Prozessoren und der Einführung der Gleitpunkt-Arithmetik und der damit verbundenen Einschränkung, daß man nur noch auf ein ganzes Wort und nicht mehr auf einzelne Ziffern zugreifen konnte, erschien die Reihenentwicklung der elementaren Funktionen zweckmäßiger.

Das Verfahren von Meggitt für BCD-Arithmetik läßt sich zunächst ohne Probleme auf jede B-Arithmetik mit B als Basis übertragen <Sark71>, <Chen72>. Für B=2 werden in diesem Kapitel einige Beispiele angegeben.

Kann man den Speicher eines Rechners bitweise adressieren, wie dies zum Beispiel beim DAP möglich ist, dann lassen sich Verfahren angegeben, die z.B. die Quadratwurzel in einer Zeit berechnen, die kleiner ist als die Zeit, die für eine Gleitpunktmultiplikation am selben Rechner benötigt wird. Für die anderen Elementarfunktionen erhält man Berechnungszeiten von 1 - 3 Gleitpunkt-multiplikationszeiten.
In diesem Fall spricht man von Bitalgorithmen zur Berechnung elementarer Funktionen.

Da diese Berechnungszeiten erheblich unter denen liegen, die bei einer Reihenentwicklung auftreten (ca. 10-12 Gleitpunktmultiplikationszeiten), liegt es nahe, zu prüfen, ob sich diese Verfahren nicht auch auf Rechner übertragen lassen, die im Byte- oder Wortmodus arbeiten. Im letzten Teil dieses Kapitels wird gezeigt, daß die Übertragung auf Bytemaschinen möglich ist und die Berechnungszeiten im Rahmen der oben genannten Zahlen bleiben.

3.1.4.1 Reihenentwicklung von Standardfunktionen

Die Mathematik stellt für die Reihenentwicklung von Funktionen eine Vielzahl unterschiedlicher Methoden zur Verfügung, die sich hinsichtlich Konvergenz,

Fehlergenauigkeit und Programmieraufwand unterscheiden. Einige bekannte Methoden werden im folgenden beschrieben.

Taylor-Reihe

Eine Funktion f(x), die stetig ist und deren Ableitungen für x=a existieren läßt sich als Taylor-Reihe darstellen mit

$$f(x) = f(a) + \sum_{n=1}^{\infty} \frac{(x-a)^n}{n!} f^{(n)}(a) \qquad (\,3.1\,)$$

Bricht die Berechnung bei n=m ab, so gilt für das Restglied

$$r_m = \frac{1}{n!} \int_a^x (x-t)^n f^{(n+1)}(t)\, dt \qquad (\,3.2\,)$$

Will man für den Funktionswert d signifikante Stellen erhalten, so muß gelten:

$$r_m < 5 \times 10^{-(d+1)} \qquad (\,3.3\,)$$

MacLaurin-Reihe

Diese Reihenentwicklung ist ein Spezialfall der Taylorreihe für a = 0. Es gilt

$$f(x) = \sum_{n=0}^{\infty} \frac{x^n}{n!} f^{(n)}(0) \qquad (\,3.4\,)$$

Für das Restglied r_m gilt: $r_m = \dfrac{x^{n+1}}{(n+1)!} f^{(n+1)}(tx) \quad \text{mit } 0 < t < 1 \qquad (\,3.5\,)$

Da die MacLaurin'sche Reihenentwicklung in vielen Rechner zur Berechnung von Standardfunktionen verwendet wird, wollen wir uns an einem Beispiel den Rechenaufwand betrachten.

Die Reihenentwicklung der Sinusfunktion hat folgende Gestalt

$$\sin(x) = x - \frac{x^3}{3!} + \frac{x^5}{5!} - \frac{x^7}{7!} + \frac{x^9}{9!} - \frac{x^{11}}{11!} + \frac{x^{13}}{13!} \pm \dots \qquad (3.6)$$

Wir bestimmen nun die Anzahl der notwendigen Reihenglieder, die für eine bestimmte Genauigkeit notwendig sind.

Sei $0 \leq x \leq \pi/4$, dann gilt für das erste vernachlässigbare Glied s_m

$$s_m \leq \frac{(\pi/4)^{2m+1}}{(2m+1)!} \qquad (3.7)$$

Benötigen wir r Stellen hinter dem Komma, die exakt sein sollen, so gilt:

$$\frac{(\pi/4)^{2m+1}}{(2m+1)!} < 5 * 10^{-(r+1)} \qquad (3.8)$$

Durch Umformen und Logarithmieren erhält man die Ungleichung

$$(2m+1)\log(4/\pi) + \log(2m+1)! > r + \log(2) \qquad (3.9)$$

Durch Einsetzen der Stellengenauigkeit r kann man nun m berechnen. Für r=10 erhält man z.B. m > 5 und damit die Reihenentwicklung für die Sinusfunktion.

$$\sin(x) = x - \frac{x^3}{3!} + \frac{x^5}{5!} - \frac{x^7}{7!} + \frac{x^9}{9!} - \frac{x^{11}}{11!} + \frac{x^{13}}{13!} \qquad \text{für } 0 \leq x \leq \pi/4 \qquad (3.10)$$

Aus dieser Reihenentwicklung läßt sich die Anzahl der Multiplikationen durch Abzählen ermitteln.

3.1.4.2 Theorie der Bitalgorithmen

Im Jahr 1962 entwickelte J.E.Meggitt eine Methode <Megg62>, um bei Rechnern mit BCD-Arithmetik Standardfunktionen ziffernweise aus dem Argument mit Hilfe einfacher Rechenoperationen unter Vermeidung der zeitaufwendigen Multiplikation zu berechnen.

T.C.Chen <Chen72> hat diese Methode 1972 verallgemeinert, so daß sie insbesondere für Argumente angewendet werden kann, die im Dualsystem abgespeichert sind.

Die Methode besteht darin eine iterative Folge von Paaren (x_0,y_0), (x_1,y_1), ...,(x_k,y_k) zu finden, die eine Funktion $F(x,y)$ invariant lassen, d.h. es gilt $F(x_0,y_0)=F(x_1,y_1)=.....=F(x_k,y_k)$.

Man startet mit einem bekannten Wertepaar (x_0,y_0) und läßt die Folge der x_i gegen einen bekannten Wert x_k konvergieren. Das y_k ist dann der gesuchte Funktionswert.

Die Methode umfaßt die folgenden Bedingungen:

1. Für die zu berechnende Funktion existiert ein bekannter Startwert $y=y_0$ mit $F(x_0,y_0) = z_0$.

2. Es gibt eine Rechenvorschrift, die das Paar (x_i, y_i) nach (x_{i+1}, y_{i+1}) überführt. Dabei gilt $F(x_i, y_i)=F(x_{i+1}, y_{i+1})=z_0$.

3. Die Folge der x-Transformationen konvergiert gegen einen bekannten Wert $x=x_k$, die zugehörigen y-Transformationen führen zu $y=y_k$. Dabei gilt $F(x_k,y_k)=y_k=z_0$.

4. Die Transformationen nach 3. sind möglich, ohne z_0 zu kennen.

Wir definieren die Funktion $F(x,y)$ als

$$F(x,y) = y*g(x) + h(x) \text{ mit } g(x_k)=1 \text{ und } h(x_k)=0 \qquad (3.11)$$

Damit gilt $F(x_k,y) = y$.

Als Transformationen lassen wir nur solche zu, die einen Wert nur vom vorherigen Wertepaar abhängig machen:

$$x_{i+1} = \sigma(x_i, y_i) \quad \text{und} \quad y_{i+1} = \varphi(x_i, y_i) \qquad (3.12)$$

Aus (3.11) und σ ergibt sich φ, da gilt:

$$y_{i+1}*g(x_{i+1})+h(x_{i+1}) = y_i*g(x_i)+h(x_i) \text{ und damit } y_{i+1}= (y_i*g(x_i)+h(x_i)-h(x_{i+1}))/g(x_{i+1}) =$$

$$(y_i*g(x_i)+h(x_i)-h(\sigma(x_i,y_i)))/g(\sigma(x_i,y_i))=\varphi(x_i,y_i) \qquad (3.13)$$

Damit ist auch die Bedingung 4 erfüllt, da sich y_{i+1} ohne Kenntnis von z_0 berechnen läßt.

Die Wahl von $h(x)$ und $g(x)$ ist abhängig von der Funktion $f(x)$, die berechnet werden soll. Die folgende Tabelle enthält dazu vier Beispiele, die verdeutlichen, daß diese Methode nicht nur für die Berechnung von Standardfunktionen sondern z.B. auch für die Division angewendet werden kann.

$f(x)$	$g(x)$	$h(x)$	$F(x,y)$	x_k
e^x	e^x	0	ye^x	0
$\ln(x)$	1	$\ln(x)$	$y+\ln(x)$	1
x^{-1}	x^{-1}	0	y/x	1
$x^{-1/2}$	$x^{-1/2}$	0	$y/\sqrt{x}$	1

Für die Schnelligkeit und Konvergenz des Verfahrens ist die Wahl der Transformation σ ausschlaggebend. φ ergibt sich dann aus (3.13). Geben wir nun die Funktionen σ und φ für die Beispiele aus obiger Tabelle an.

Exponentialfunktion

$$F(x_0,y_0) = y_0 \cdot e^{x_0}$$
$$x_{i+1} = x_i - \ln(a_i), \quad y_{i+1} = y_i \cdot a_i$$

Daraus erhält man:

$$F(x_{i+1},y_{i+1}) = y_{i+1} \cdot e^{x_{i+1}} = y_i \cdot a_i \cdot e^{x_i - \ln a_i} = y_i \cdot a_i \cdot e^{x_i}/a_i = y_i \cdot e^{x_i} = F(x_i,y_i)$$

Logarithmus

$$F(x_0,y_0) = y_0 + \ln(x_0)$$

$$x_{i+1} = x_i \cdot a_i \, , \quad y_{i+1} = y_i - \ln(a_i)$$

und damit

$$F(x_{i+1},y_{i+1}) = y_{i+1} + \ln(x_{i+1}) = y_i - \ln(a_i) + \ln(x_i a_i) = y_i - \ln(a_i) + \ln(x_i) + \ln(a_i) = F(x_i,y_i)$$

Reziprokwert

$$F(x_0,y_0) = y_0/x_0$$

$$x_{i+1} = x_i \cdot a_i \, , \quad y_{i+1} = y_i \cdot a_i$$

$$F(x_{i+1},y_{i+1}) = y_{i+1}/x_{i+1} = y_i \cdot a_i / x_i \cdot a_i = F(x_i,y_i)$$

Wurzelfunktion

$$F(x_0,y_0) = y_0 / \sqrt{x_0}$$

$$x_{i+1} = x_i \cdot a_i^2 \, , \quad y_{i+1} = y_i \cdot a_i$$

$$F(x_{i+1},y_{i+1}) = y_{i+1} / \sqrt{x_{i+1}} = y_i \cdot a_i / \sqrt{x_i \cdot a_i^2} = y_i / \sqrt{x_i} = F(x_i,y_i)$$

Wir wollen jetzt für die 4 Beispiele die a_i angeben und zeigen, daß die Folge der x_i gegen x_k konvergiert. Alle Zahlen sollen in Gleitpunktdarstellung gegeben sein, d.h. für die Mantisse m gilt $0 \leq m < 1$.

Sei a_i von der Form $1+2^{-i}$. Das bedeutet, daß eine Multiplikation mit a_i durch einen Shift und eine Addition realisiert werden kann.

Exponentialfunktion

Sei i die Position des höchstwertigen 1-Bits und $x_k = 0$. Für x_i gilt dann

$x_i = 2^{-i} + p$ mit $0 \leq p < 2^{-i}$.

$x_{i+1} = x_i - \ln(1+2^{-i}) = 2^{-i} + p - (2^{-i} - 2^{-2i}/2 + 2^{-3i}/3 \pm ....) = p + O(2^{-2i})$

Die Werte $\ln(1+2^{-i})$ sind in einer Tabelle gespeichert, die r Werte enthält, wobei r die Anzahl der Mantissenstellen ist.

$y_{i+1} = y_i \cdot a_i = y_i \cdot (1+2^{-i}) = y_i + 2^{-i} \cdot y_i$

Dies bedeutet, daß sich y_{i+1} aus der Addition von y_i mit dem um i Stellen verschobenen y_i ergibt.

Logarithmus

Sei i die Position des führenden 1-Bits in $1 - x_i$ und $x_k = 1$.

$x_i = 1 - 2^{-i} - p$ mit $0 \leq p < 2^{-i}$.

$x_{i+1} = x_i \cdot a_i = (1 - 2^{-i} - p) \cdot (1 + 2^{-i}) = 1 - p + 2^{-i} \cdot (2^{-i} + p) = 1 - p + O(2^{-2i})$

$y_{i+1} = y_i - \ln(a_i) = y_i - \ln(1+2^{-i})$

Diese Werte sind wie unter 1. aus der Tabelle zu entnehmen.

Reziprokwert

Für x_{i+1} gilt dasselbe wie beim Logarithmus, für y_{i+1} dasselbe wie bei der Exponentialfunktion.

Wurzelfunktion

Sei $i = 1 +$ Position des führenden 1-Bits in $(1 - x_i)$ und $x_k = 1$.

$x_i = 1 - 2 \cdot (2^{-i} + p)$, $0 \leq p < 2^{-i}$

$x_{i+1} = x_k \cdot a_k{}^2 = (1 - 2 \cdot (2^{-i} + p)) \cdot (1+2^{-i})^2 =$

$\qquad = 1 - 2 \cdot p \cdot (1 + 2 \cdot 2^{-i} + 2^{-2i}) - 2^{-2i} \cdot (3 + 2 \cdot 2^{-i}) = 1 - 2 \cdot (p + O(2^{-2i}))$

$y_{i+1} = y_i \cdot a_i = y_i + 2^{-i} \cdot y_i$

Für alle 4 Beispiele gilt:

Jeder Iterationsschritt macht die führende 1 in $|x_i - x_k|$ zu 0.

Damit ist spätestens nach r Schritten in der Iteration x_k und damit die Lösung y_k berechnet. Dabei ist r die Anzahl der Mantissenstellen. Statistisch gesehen braucht man r/2 Schritte, da das Auftreten von 0 und 1 in der Mantisse gleich wahrscheinlich ist.

Wie bei allen arithmetischen Operationen sind hier auch Rundungsfehler zu betrachten, die insbesondere in Ausdrücken wie $y_{i+1} = y_i + 2^{-i} \cdot y_i$ auftreten. Durch den in diesem Ausdruck enthaltenen Shift von y_i um i Stellen nach rechts gehen signifikante Bitstellen verloren. Man kann dies vermeiden, in dem man mit längeren Zwischenergebnissen arbeitet. Der Zeitbedarf steigt dadurch nur unwesentlich an.

3.1.4.3 Leistungsmerkmale und Realisierungen

Die Realisierungsmöglichkeit dieser Methoden zur Berechnung von Standardfunktionen hängt zunächst vordergründig davon ab, daß jede Ziffer in der entsprechenden Zahlendarstellung adressierbar ist.
Für das Dualsystem bedeutet dies, daß jedes Bit adressierbar sein muß. In modernen Großrechnern ist die Adressierungseinheit meist jedoch das Wort bzw. das Byte.
Eine Ausnahme macht hier der DAP, bei dem die Daten senkrecht im Speicher abgelegt sind (Vertikalverarbeitung). Jede Speicherebene ist adressierbar und damit ist jedes Bit in einem beliebig langen Wort adressierbar.

Durch die Übertragung der Methode auf den DAP erhält man interessante Leistungskennzahlen (in Vielfachen der Ausführungszeit für eine Gleitpunktmultiplikation):

Quadratwurzel	0.65
nat. Logarithmus	1.15
Sinus oder Kosinus	2.5
Sinus und Kosinus	3

Betrachten wir die Realisierung dieser Methode am DAP an vier Beispielen:

Quadratwurzel

Gegeben sei $N = x^2$, gesucht x. $N = m \cdot 2^k$ mit $0 \leq m < 1$.

Behandlung des Exponenten:

k gerade: Halbiere den Exponenten. Exponent für die Wurzel ist k/2.
k ungerade: Addiere 1 zum Exponenten und halbiere anschließend. Exponent für die
Wurzel (k+1)/2. Verschiebe Mantisse m um 1 Stelle nach rechts

Behandlung der Mantisse:

Sei im i-ten Schritt $x_i^2 < N$ mit $r_i = N - x_i^2$.

Frage: $(x_i + b_{i+1})^2 < N$

Dabei ist b_{i+1} diejenige Mantisse mit 1 an der i+1-ten Stellen und sonst 0.
Wir berechnen hierzu

$$r_{i+1} = N - (x_i + b_{i+1})^2 = N - (x_i^2 + 2x_i \cdot b_{i+1} + b_{i+1}^2) = N - x_i^2 - (2 \cdot x_i + b_{i+1}) \cdot b_{i+1} = r_i - (2 \cdot x_i + b_{i+1}) \cdot b_{i+1}$$

Dabei läßt sich der Term $(2 \cdot x_i + b_{i+1}) \cdot b_{i+1}$ durch einfache Operationen
berechnen:

$2 \cdot x_i$ erhält man durch Schieben von x_i um eine Stelle nach links,
$+ b_{i+1}$ durch das Setzen des Bits an der Stelle i+1,
$\cdot b_{i+1}$ durch Schieben um i+1 Stelle nach rechts.

Es gilt:
$r_{i+1} = 0$ Rechnung beendet, Bit i+1 in x_{i+1} ist 1
$r_{i+1} > 0$ Bit i+1 in x_{i+1} ist 1, berechne r_{i+2}
$r_{i+1} < 0$ Bit i+1 in x_{i+1} ist 0, $r_{i+1} = r_i$, berechne r_{i+2}

Für den Startwert gilt: $x_0 = 0$

Numerisches Beispiel:

Sei $N = 25_{10} = 11001_2 = 0.11001_2 \cdot 2^5 = 0.011001_2 \cdot 2^6$

$x_0 = 0$ $\qquad r_0 = 0.011001$

$\qquad\qquad r_1 = 0.011001 - (2 \cdot x_0 + b_1) \cdot b_1$

$\qquad\qquad\quad = 0.011001 - (0.0 + 0.1) \cdot 0.1$

$\qquad\qquad\quad = 0.011001 - 0.01$

$\qquad\qquad\quad = 0.001001$

$\qquad\qquad r_1 > 0$

$x_1 = 0.1$ $\qquad r_2 = r_1 - (2 \cdot x_1 + b_2) \cdot b_2$

$\qquad\qquad\quad = 0.001001 - (1.0 + 0.01) \cdot 0.01$

$\qquad\qquad\quad = 0.001001 - 0.0101$

$\qquad\qquad r_2 < 0 \quad r_2 = r_1$

$x_2 = 0.10$ $\qquad r_3 = r_2 - (2 \cdot x_2 + b_3) \cdot b_3$

$\qquad\qquad\quad = 0.001001 - (1.0 + 0.001)*0.001$

$\qquad\qquad\quad = 0.001001 - 0.001001$

$\qquad\qquad\quad = 0$

$r_3 = 0$, damit Rechnung beendet. $x = x_3 = 0.101$, $\sqrt{N} = 0.101*2^3$

Logarithmus

Gegeben sei x mit $0 < x < 1$ und gesucht $\ln(x)$.

Sei $a_i = 1 + 2^{-i}$. In einer Tabelle werden die Werte $\ln(a_i)$ für $1 \le i \le k$ gespeichert. Dabei ist k die Anzahl der Mantissenstellen.

Verfahren:
Suche Konstanten $a_1, a_2, \ldots a_n$, so daß $x \cdot a_1 \cdot a_2 \cdot \ldots \cdot a_n = 1$.
Aus $x \cdot a_1 \cdot a_2 \cdot \ldots \cdot a_n = 1$ folgt:

$$x = \frac{1}{a_1 \cdot a_2 \cdot \ldots \cdot a_n} \quad \text{und} \quad \ln(x) = \ln \frac{1}{a_1 \cdot a_2 \cdot \ldots \cdot a_n} = -\ln(a_1) - \ln(a_2) - \ldots - \ln(a_n)$$

Sei $x_i = x \cdot a_1 \cdot a_2 \cdot \ldots \cdot a_i < 1$ und $y_i = -\ln(a_1) - \ln(a_2) - \ldots - \ln(a_i)$
Dann ist $x_{i+1} = x_i \cdot a_{i+1} = x_i \cdot (1 + 2^{-(i+1)})$

Diese Multiplikation läßt sich wieder mit einfachen Operationen ausführen, da x_i und ein um i+1 Stellen nach rechts verschobenes x_i addiert werden.

$$x_{i+1} \leq 1 : \quad y_{i+1} = y_i - \ln(a_{i+1})$$
$$x_{i+1} > 1 : \quad x_{i+1} = x_i; \ y_{i+1} = y_i$$

Numerisches Beispiel:

$$x = 0.625_{10} = 0.101_2$$

$$x_1 = x \cdot a_1 = x \cdot (1 + 2^{-1}) = 0.101 + 0.0101 = 0.1111 < 1$$
$$y_1 = -\ln(a_1) = -0.4054651_{10}$$

$$x_2 = x_1 \cdot a_2 = 0.1111 \cdot (1 + 2^{-2}) = 0.1111 + 0.001111 = 1.001011 > 1$$
$$y_2 = y_1; \ x_2 = x_1$$

$$x_3 = x_2 \cdot a_3 = 0.1111 \cdot (1 + 2^{-3}) = 0.1111 + 0.0001111 = 1.0000111 > 1$$
$$y_3 = y_2; \ x_3 = x_2$$

$$x_4 = x_3 \cdot a_4 = 0.1111 \cdot (1 + 2^{-4}) = 0.1111 + 0.00001111 = 0.11111111 < 1$$
$$y_4 = y_3 - \ln(a_4) = -\ln(a_1) - \ln(a_4) = -0.4660897_{10}$$

$$x_5 = x_4 \cdot a_5 = 0.11111111 \cdot (1 + 2^{-5}) = 0.11111111 + 0.0000011111111 > 1$$
$$y_5 = y_4; \ x_5 = x_4$$

$$x_6 = x_5 \cdot a_6 = 0.11111111 \cdot (1 + 2^{-6}) = 0.11111111 + 0.00000011111111 > 1$$
$$y_6 = y_5; \ x_6 = x_5$$

$$x_7 = x_6 \cdot a_7 = 0.11111111 \cdot (1 + 2^{-7}) = 0.11111111 + 0.000000011111111 > 1$$
$$y_7 = y_6; \ x_7 = x_6$$

$$x_8 = x_7 \cdot a_8 = 0.11111111 \cdot (1 + 2^{-8}) = 0.11111111 + 0.0000000011111111 < 1$$
$$y_8 = y_7 - \ln(a_8) = -\ln(a_1) - \ln(a_4) - \ln(a_8) = -0.4699883_{10}$$

Wie man leicht sieht, entfällt die Berechnung von y_9 bis y_{15}

$$x_{16} = x_{15} \cdot a_{16} = 0.1111111111111111 \cdot (1+2^{-16}) =$$
$$= 0.1111111111111111+0.0000000000000000111111111111111111 < 1$$
$$y_{16} = y_{15} - \ln(a_{16}) = -0.4700035_{10}$$

Betrachten wir Mantissen mit 32 relevanten Stellen, so sind wir mit der Berechnung von y_{16} fertig.

Das Ergebnis mit Hilfe einer Reihenentwicklung berechnet lautet $\ln(0.625) = -0.4700037$. Wir haben eine Abweichung in der letzten Stelle. Wir können dies noch verbessern, in dem wir während der Berechnung die Anzahl der relevanten Mantissenstellen vergrößern.

Exponentialfunktion

Die bitweise Berechnung der Exponentialfunktion läßt sich direkt aus der Berechnung des Logarithmus ableiten. Benötigt werden hierzu wieder die Tabellenwerte $\ln(a_i)$.

Gegeben sei x mit $0 \leq x < 1$, gesucht e^x.
Wir suchen Konstanten a_i derart, daß $x - \ln(a_1) - \ln(a_2) - \ldots\ldots - \ln(a_n) = 0$
Dann gilt:

$$e^x = e^{\ln(a_1) + \ln(a_2) + \ldots\ldots + \ln(a_n)} = e^{\ln(a_1 \cdot a_2 \cdot \ldots\ldots \cdot a_n)} = a_1 \cdot a_2 \cdot \ldots \cdot a_n$$

Die Multiplikation der $a_i=1+2^{-i}$ ist wieder einfach, da sie sich als Shift und Addition ausführen läßt.

Sei $x_i = x - \ln(a_1) - \ln(a_2) - \ldots\ldots -\ln(a_i) > 0$ und $y_i = a_1 \cdot a_2 \cdot \ldots \cdot a_i$
Dann ist $x_{i+1} = x_i - \ln(a_{i+1})$.

$$x_{i+1} \geq 0 : \quad y_{i+1} = y_i \cdot a_{i+1}$$
$$x_{i+1} < 0 : \quad y_{i+1} = y_i; \; x_{i+1} = x_i$$

Auf ein numerisches Beispiel soll hier verzichtet werden. Analog zur Berechnung des Logarithmus kann dies der interessierte Leser selbst vornehmen.

Sinus und Kosinus

Eine Besonderheit dieser Methode zur bitweisen Berechnung des Sinus und des Kosinus ist es, daß immer beide Werte für ein Argument anfallen.

Betrachten wir zunächst die Additionstheoreme für die beiden Funktionen.

$$\sin(A \pm B) = \sin(A) \cdot \cos(B) \pm \cos(A) \cdot \sin(B)$$
$$= \cos(B) \cdot (\sin(A) \pm \cos(A) \cdot \sin(B)/\cos(B))$$
$$= \cos(B) \cdot (\sin(A) \pm \cos(A) \cdot \tan(B))$$

$$\cos(A \pm B) = \cos(A) \cdot \cos(B) \quad \sin(A) \cdot \sin(B)$$
$$= \cos(B) \cdot (\cos(A) \mp \sin(A) \cdot \sin(B)/\cos(B))$$
$$= \cos(B) \cdot (\cos(A) \mp \sin(A) \cdot \tan(B))$$

Wir wählen die $\tan(a_i) = 2^{-i}$ und speichern die $a_i = \arctan(2^{-i})$ in einer Tabelle. Zur Berechnung der beiden Funktionen beschränken wir das Argument auf den 1. Quadranten, so daß gilt: $0 < x < \pi/2$.

Wir beginnen mit den Startwerten $\sin(0) = 0$ und $\cos(0) = 1$.
Sei eine Näherung x_i berechnet, dann gilt für den $(i+1)$-ten Berechnungsschritt:

$$\text{Falls } x_i < x: \quad x_{i+1} = x_i + a_{i+1}$$
$$x_i > x: \quad x_{i+1} = x_i - a_{i+1}$$

$$\sin(x_{i+1}) = \sin(x_i \pm a_{i+1}) = \cos(a_{i+1}) \cdot (\sin(x_i) \pm \cos(x_i) \cdot \tan(a_{i+1})) =$$
$$= \cos(a_{i+1}) \cdot (\sin(x_i) \pm 2^{-i-1} \cdot \cos(x_i))$$

$$\cos(x_{i+1}) = \cos(x_i \pm a_{i+1}) = \cos(a_{i+1}) \cdot (\cos(x_i) \mp \sin(x_i) \cdot \tan(a_{i+1})) =$$
$$= \cos(a_{i+1}) \cdot (\cos(x_i) \mp 2^{-i-1} \cdot \sin(x_i))$$

Man sieht, daß sowohl $\sin(x_{i+1})$ als auch $\cos(x_{i+1})$ von $\sin(x_i)$ und $\cos(x_i)$ abhängen. Dies erklärt, daß bei der Berechnung immer beide Funktionswerte für ein Argument berechnet werden.

Die Berechnung bricht ab, wenn $x_i - x < \varepsilon$, wobei ε eine vorgebbare Fehlerschranke ist.

Die Berechnung des Terms $2^{-i-1} \cdot \sin(x_i)$ bzw. $2^{-i-1} \cdot \cos(x_i)$ ist durch einen Rechtsshift um i+1 Stellen möglich.

Die in jedem Berechnungsschritt vorkommende Multiplikation läßt sich zu einer abschließenden Multiplikation zusammenfassen.
Man speichert die Produkte $p_i = \cos(a_0) \cdot \ldots \cdot \cos(a_i)$ für i=0,1,2,......k in einer Tabelle. Dabei ist k das Maximum der notwendigen Berechnungsschritte. Bei Abbruch des Verfahrens durch Unterschreiten der Fehlerschranke wird dann eine einzige Multiplikation mit dem entsprechenden Tabellenwert durchgeführt.

Numerisches Beispiel:
Sei x = 1 und $p_i = \cos(a_0) \cdot \ldots \cdot \cos(a_i)$ i=0,1,2....   Die Startwerte sind sin(0) = 0 und cos(0) = 1.

$x_0 = 0 + a_0 = 0.7854 < x$
$\sin(x_0) = \cos(a_0) \cdot (\sin(0)+2^0 \cdot \cos(0)) = \cos(a_0) = p_0$
$\cos(x_0) = \cos(a_0) \cdot (\cos(0)-2^0 \cdot \sin(0)) = \cos(a_0) = p_0$

$x_1 = x_0 + a_1 = 0.7854 + 0.4636 = 1.249 > x$
$\sin(x_1) = \cos(a_1) \cdot (\sin(x_0) + 2^{-1} \cdot \cos(x_0)) = p_1 \cdot (1 + 0.5) = 1.5{*}p_1$
$\cos(x_1) = \cos(a_1) \cdot (\cos(x_0) - 2^{-1} \cdot \sin(x_0)) = p_1 \cdot (1 - 0.5) = 0.5{*}p_1$

$x_2 = x_1 - a_2 = 1.249 - 0.2450 = 1.004 > x$
$\sin(x_2) = \cos(a_2) \cdot (\sin(x_1) - 2^{-2} \cdot \cos(x_1)) = p_2 \cdot (1.5 - 0.125) = 1.375 \cdot p_2$
$\cos(x_2) = \cos(a_2) \cdot (\cos(x_1) + 2^{-2} \cdot \sin(x_1)) = p_2 \cdot (0.5 + 0.375) = 0.875 \cdot p_2$

$x_3 = x_2 - a_3 = 1.004 - 0.1244 = 0.8796 < x$
$\sin(x_3) = \cos(a_3) \cdot (\sin(x_2) - 2^{-3} \cdot \cos(x_2))=p_3 \cdot (1.375 - 0.1094) = 1.2656 \cdot p_3$
$\cos(x_3) = \cos(a_3) \cdot (\cos(x_2) + 2^{-3} \cdot \sin(x_2))=p_3 \cdot (0.875 + 0.1719) = 1.0469 \cdot p_3$

$x_4 = x_3 + a_4 = 0.8796 + 0.0624 = 0.9420 < x$
$\sin(x_4) = \cos(a_4) \cdot (\sin(x_3) + 2^{-4} \cdot \cos(x_3)) = p_4 \cdot (1.2656 + 0.0654) = 1.331 \cdot p_4$
$\cos(x_4) = \cos(a_4) \cdot (\cos(x_3) - 2^{-4} \cdot \sin(x_3)) = p_4 \cdot (1.0469 - 0.0791) = 0.9678 \cdot p_4$

$x_5 = x_4 + a_5 = 0.9420 + 0.0312 = 0.9732 < x$
$\sin(x_5) = \cos(a_5) \cdot (\sin(x_4) + 2^{-5} \cdot \cos(x_4)) = p_5 \cdot (1.331+0.0302) = 1.3612 \cdot p_5$
$\cos(x_5) = \cos(a_5) \cdot (\cos(x_4) - 2^{-5} \cdot \sin(x_4)) = p_5 \cdot (0.9678 - 0.0416) = 0.9262 \cdot p_5$

$x_6 = x_5 + a_6 = 0.9732 + 0.0156 = 0.9888 < x$
$\sin(x_6) = \cos(a_6) \cdot (\sin(x_5) + 2^{-6} \cdot \cos(x_5)) = p_6 \cdot (1.3612 + 0.0145) = 1.3757 \cdot p_6$
$\cos(x_6) = \cos(a_6) \cdot (\cos(x_5) - 2^{-6} \cdot \sin(x_5)) = p_6 \cdot (0.9262 - 0.0213) = 0.9049 \cdot p_6$

$x_7 = x_6 + a_7 = 0.9888 + 0.0078 = 0.9966 < x$
$\sin(x_7) = \cos(a_7) \cdot (\sin(x_6) + 2^{-7} \cdot \cos(x_6)) = p_7 \cdot (1.3757 + 0.0071) = 1.3828 \cdot p_7$
$\cos(x_7) = \cos(a_7) \cdot (\cos(x_6) - 2^{-7} \cdot \sin(x_6)) = p_7 \cdot (0.9049 - 0.0107) = 0.8942 \cdot p_7$

$x_8 = x_7 + a_8 = 0.9966 + 0.0039 = 1.0005 > x$
$\sin(x_8) = \cos(a_8) \cdot (\sin(x_7) + 2^{-8} \cdot \cos(x_7)) = p_8 \cdot (1.3828 + 0.0035) = 1.3863 \cdot p_8$
$\cos(x_8) = \cos(a_8) \cdot (\cos(x_7) - 2^{-8} \cdot \sin(x_7)) = p_8 \cdot (0.8942 - 0.0054) = 0.8888 \cdot p_8$

Bei einer Fehlerschranke von $\varepsilon = 10^{-3}$ können wir an dieser Stelle abbrechen, da
$x_8 - x = 1.0005 - 1 = 0.0005 < \varepsilon$.

Stellen wir unsere Berechnung des Sinus/Kosinus einer Reihenentwicklung gegenüber, so ergibt sich mit

$p_8 = \cos(a_1) \cdot \cos(a_2) \cdot \cos(a_3) \cdot \cos(a_4) \cdot \cos(a_5) \cdot \cos(a_6) \cdot \cos(a_7) \cdot \cos(a_8) =$
0.60725

	Bitweise Berechnung	Reihenentwicklung
sin(1)	0.84183	0.84147
cos(1)	0.53972	0.54030

Wir sehen, daß die Fehlerschranke $\varepsilon = 10^{-3}$ nicht ausreicht und wir noch weiter iterieren müssen. Wir wollen an dieser Stelle aber darauf verzichten.

3.1.4.4 Übertragung des Prinzips Bitalgorithmus auf serielle Rechner

Bei seriellen Rechnern, aber auch bei Pipeline-Maschinen und Multiprozessoren ist die Adressierungseinheit nicht das Bit sondern das Byte oder das Wort.
Auf den ersten Blick eignen sich diese Rechner nicht für die Methode der Bitalgorithmen. Alle Standardfunktionen werden deshalb durch Reihenentwicklung berechnet.

Wir wollen am Beispiel des 8080-Prozessors von Intel zeigen, daß sich das Prinzip der Bitalgorithmen auch auf Rechner übertragen läßt, deren Speicher nicht bitweise adressierbar sind.

Betrachten wir zunächst die einzelnen Befehlsgruppen des 8080 und ihre Möglichkeiten, die Bearbeitung eines Bits zu unterstützen.

Gruppe 1: Speicher- und Registerbefehle
Sie dienen dem Austausch von Bytes zwischen dem Speicher und den Registern bzw. zwischen den Registern. Die Adressierungseinheit ist zwingend das Byte.

Gruppe 2: Arithmetische Befehle
Sie dienen zur Addition und Subtraktion von Konstanten und Speicherinhalten zum Akkumulator. Auch hier ist die Adressierungseinheit das Byte.

Gruppe 3: Logische Befehle
In dieser Gruppe wird der Inhalt des Akkumulators logisch verknüpft mit Konstanten und Speicherinhalten. Auch hier ist zwar die Adressierungseinheit das Byte, durch geschickte logische Verknüpfung mit speziellen Konstanten lassen sich einzelne Bits ausfiltern.

Gruppe 4: Schiebebefehle
Schiebebefehle lassen den Akkumulator rotieren mit oder ohne Einschluß des Carrybits. Mit Befehlen dieser Gruppe lassen sich einzelne Bits an bestimmte Positionen im Akkumulator oder im Carrybit bringen und leicht abfragen.

Gruppe 5: Vergleichs- und Sprungbefehle
Hier werden bedingte Sprünge ausgeführt. Die Sprungbedingungen sind vom Zustand eines einzelnen Bits wie z.B. Carrybit, Zerobit oder Signbit abhängig. Hier ist eine bitweise Verarbeitung implizit vorgegeben.

Die Befehle der Gruppen 3, 4 und 5 ermöglichen es relativ einfach auf einzelne Bits in einem Byte zuzugreifen. Die Ausführungszeiten dieser Befehle sind sehr kurz, so daß dieser Zugriff auf einzelne Bits schnell ist.
Für die Realisierung der Bitalgorithmen wird deshalb bevorzugt auf Befehle aus diesen 3 Gruppen zurückgegriffen.

Bei modernen Prozessoren, wie z.B. Intel 80486, gibt es die Befehle Test bit und Set bit, mit denen ein noch schnellerer Zugriff auf einzelne Bits möglich ist.
Damit lassen sich Bitalgorithmen mit ähnlichen Berechnungszeiten auch bei Verwendung moderner Mikroprozessoren effizient implementieren [Erha90].

3.2 Das Steuerwerk

Das Steuer- oder Leitwerk ist für die Abarbeitung der Befehle zuständig. Dazu wird der Befehl aus dem Speicher geladen (Befehlsholphase), dekodiert und ausgeführt (Ausführungsphase). Die einzelnen Mikroprozessoren unterscheiden sich hier hinsichtlich der Anzahl der Assemblerbefehle, des Umfangs der Befehle und der Realisierung des Steuerwerks. So hat z. B. der iAPX432 insgesamt 222 Assemblerbefehle, deren Umfang von 6 - 321 Bit schwankt.

Für den Umfang der Befehle ist mit ausschlaggebend, wieviel Adressen im Befehl angegeben werden können. Wir unterscheiden

Stack-Maschinen: keine Adresse im Befehl
Ein Operator arbeitet auf den Operanden im Stack und schreibt das Ergebnis ebenfalls in den Stack (Kellerspeicher)

Einadreß-Maschinen (Minima, Z22): Im Befehl ist maximal eine Adresse enthalten. Der Operator verknüpft den Inhalt des Akkumulators mit dem Inhalt der adressierten Speicherzelle (<A> := <A> op <Adr.>).

Zweiadreß-Maschinen (Intel 80486, Motorola 68020): Im Befehl sind maximal zwei Adressen enthalten. Der Operator verknüpft den Inhalt der adressierten Speicherzellen und schreibt das Ergebnis in den Akkumulator (<A> := <Adr.1> op <Adr.2>).

Dreiadreß-Maschinen (RISC-Prozessor): Im Befehl sind maximal drei Adressen enthalten. Der Operator verknüpft die Inhalte von zwei der adressierten Speicherzellen und schreibt das Ergebnis in die dritte adressierte Speicherzelle (<Adr.3> := <Adr.1> op <Adr.2>). Wegen des großen Adreßraums und damit langen Adressen sowie der großen Anzahl der Befehle wird dies in dieser Form nicht mehr realisiert. Bei RISC-Prozessoren jedoch, wo alle Adressen Registeradressen sind, haben wir eine moderne Form der Dreiadreß-Maschine.

3.2.1 Befehlsumfang des Motorola 68020

Wir betrachten den Befehlsumfang am Beispiel des Motorola 68020. Der minimale Befehlsumfang ist 16 Bit, der maximale 11 x 16 Bit. Dabei ist das erste Befehlswort mit 16 Bit immer vorhanden. Es kann erweitert werden bei der sog. Kurzform durch 2 x 16 Bit, bei der Langform durch 10 x 16 Bit. Das erste Befehlswort hat folgende Form:

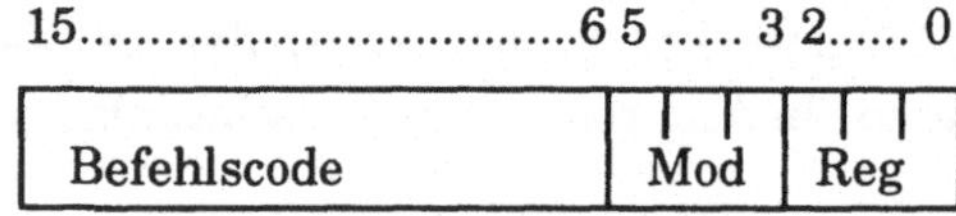

Abb. 3.10   68020   1. Befehlswort oder Operationswort

Dabei wird bei Reg ein Register, bei Mod eine Adressierungsart (mode) angegeben.

Bei der Kurzform kommen zwei Ergänzungsworte à 16 Bit mit identischem Aufbau hinzu. Das 1. Ergänzungswort bezieht sich auf den Quellbereich, das zweite auf den Zielbereich.

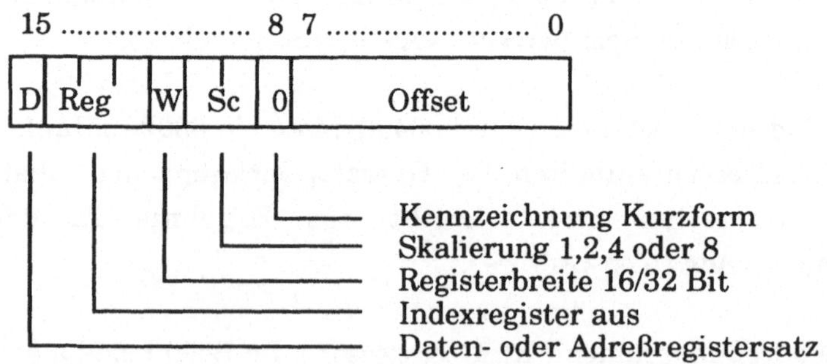

Abb. 3.11   68020   Ergänzungswort Kurzform

Die Skalierung erleichtert dabei die Byte- oder Wortadressierung. Dabei wird die Adresse (z.B. im Indexregister) mit dem Skalierungsfaktor multipliziert.

Bei der Langform wird das 1. Befehlswort ergänzt durch bis zu 5 x 16 Bit für den Quelloperanden und bis zu 5x 16 Bit für den Zieloperanden.

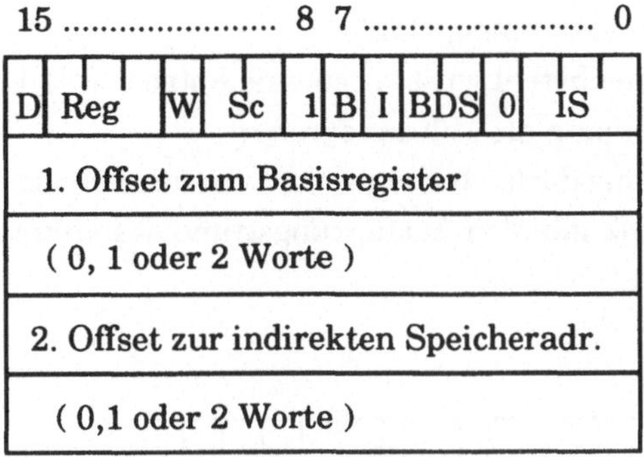

Abb. 3.12   Ergänzungswort Langform

Dabei haben D, Reg, W und Sc dieselbe Bedeutung wie in der Kurzform. Bit 8 kennzeichnet die Langform. Des weiteren bedeuten

B   Das Reg-Feld im Operationswort wird zur Adreßberechnung herangezogen oder nicht

I   Das Reg-Feld im 1. Ergänzungswort wird zur Adreßberechnung herangezogen oder nicht

BDS Länge des 1. Offsets

IS   Länge des 2. Offsets, preindexed oder postindexed. Diese Angabe wird zusammen mit Mod aus dem Operationsfeld ausgewertet

Statt des 1. und 2. Offsets kann bei direkter Adressierung auch ein Datum stehen.

3.2.2 Mikroprogrammierung

Normale Mikroprozessoren, die auch als CISC-Prozessoren (Complex Instruction Set Computer) bezeichnet werden, werden üblicherweise durch ein Mikroprogramm gesteuert. Das Konzept der Mikroprogrammierung beinhaltet folgende Merkmale:

Das kleinste Element zur Erzeugung von Steuerbefehlen s_v (siehe 2.1) ist die Mikrooperation

Mikrooperationen, die zur selben Taktzeit ablaufen können, werden zu Mikrobefehlen zusammengefaßt

Jeder Maschinenbefehl wird durch eine Folge von Mikrobefehlen realisiert, dies bezeichnet man als Mikroprogramm

Mikroprogramme dürfen bedingte Verzweigungen haben

Das Register MZ gibt den Ausführungsstand des Mikroprogramms an

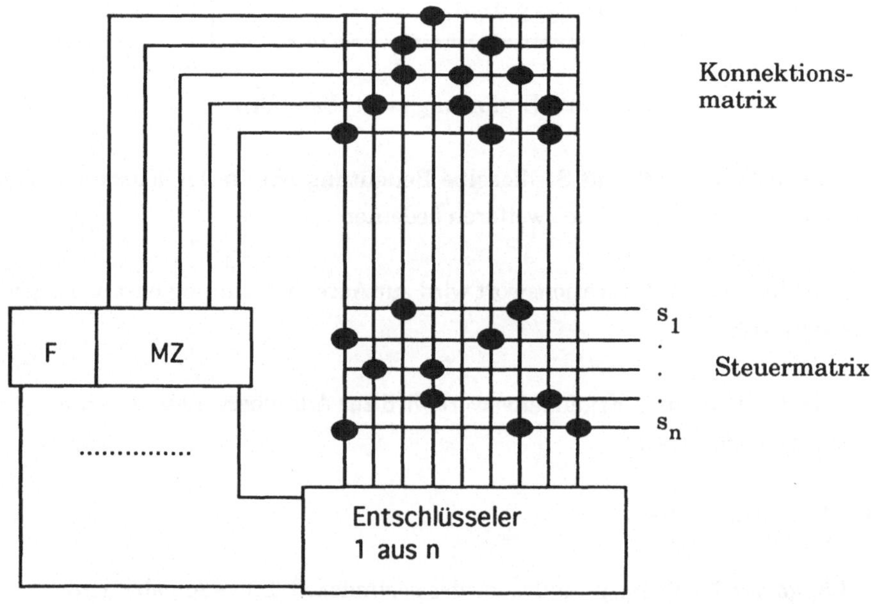

Abb. 3.13 Prinzip der Mikroprogrammierung

Die Eingänge des Entschlüsslers sind die Bitleitungen des F-MZ-Registers. Aufgrund des anliegenden Bitmusters wählt er eine seiner n Ausgangsleitungen aus. Durch die gekennzeichneten Kreuzungspunkte in der Steuermatrix werden dadurch eine oder mehrere Mikrooperationen angestoßen. In der Konnektionsmatrix wird durch deren Verbindungen das MZ-Register verändert. Anschließend wird der Entschlüssler wieder tätig usw.

Nach diesem Prinzip arbeitet das Mikroprogrammwerk des Intel 80386/80486. Da durch eine hohe Anzahl von Maschinenbefehlen auch der Mikroprogrammspeicher sehr groß werden kann, hat man bei Motorola beim 68000 ein zweistufiges Konzept, Mikrocodespeicher und Nanocodespeicher, entwickelt. Man macht sich dabei zunutze, das bestimmte Mikrobefehle immer wieder in unterschiedlichen Mikroprogrammen auftreten. Deshalb enthält der Mikrocodespeicher lediglich Adreßverweise auf die entsprechenden Mikrobefehle. Diese selbst sind im Nanocodespeicher abgelegt. Der Mikrocodespeicher ist ca. 640 x 10 Bit groß, der Nanocodespeicher hat einen Umfang von ca. 280 x 70 Bit.

3.2.3 Interrupt-Behandlung

Bei der Abarbeitung der Befehle kann es zu Ausnahmesituation kommen, die eine besondere Behandlung erfordern. Solche Ausnahmesituationen können vom Prozessor selbst kommen (z.B. Auftreten einer Division durch 0 oder ein Überlauf) oder von außerhalb (z. B. Übertragungswunsch eines externen Gerätes oder ein Reset). Die Behandlung solcher Ausnahmesituationen oder Interrupts wird in einer speziellen Interruptroutine vorgenommen.

Dabei werden folgende Schritte ausgeführt:

1. Es wird zunächst festgestellt, ob es sich um einen internen oder externen Interrupt handelt. Interne Ursachen sind dabei eine Division durch Null, ein Überlauf, die Bereichsüberschreitung bei Feldern, ein ungültiger Befehlscode, unerlaubter Speicherzugriff, Stack-Überlauf, Aufruf privilegierter Befehle aus einem Benutzerprogramm sowie das Einzelschritt-Verfahren (Trace).
Externe Interrupts sind ein Reset, ein Busfehler oder Anforderungen von externen Geräten.

Während interne Interrupts immer behandelt werden, muß bei externen Interrupts überprüft werden, ob das Interrupt Enable Bit gesetzt ist. Nur wenn dies der Fall ist, kann der externe Interrupt überhaupt behandelt werden. Anschließend wird die Priorität des zu behandelnden Interrupts mit einer Interrupt-Maske im Prozessor verglichen und die Behandlung nur dann weiter ausgeführt, wenn die Priorität größer oder gleich der Maske ist.

2. Der momentane Befehl wird zu Ende geführt, soweit dies sinnvoll erscheint (bei Reset ist dies z.B. nicht sinnvoll)

3. Alle für die spätere Programmfortsetzung wichtigen Register werden in den Stack gerettet.

4. Die Quelle für den Interrupt wird festgestellt.

5. Bei externen Geräten wird der Interrupt quittiert.

6. Die Startadresse für die Interrupt-Routine wird ermittelt. Bei externen Geräten legt das unterbrechende Gerät nach der Quittung die ihm zugeordnete Interrupt-Vektornummer auf den Datenbus. Damit kann der Prozessor die Startadresse aus der Vektortabelle ermitteln.

7. Eventuell wird das Interrupt Enable Bit gelöscht, falls die Interrupt-Behandlung nicht unterbrochen werden soll.

8. Die Interrupt-Routine wird ausgeführt.

9. Das Interrupt Enable Bit wird wieder gesetzt.

10. Die Register werden aus dem Stack restauriert und das unterbrochene Programm wird mit dem nächsten Befehl fortgesetzt.

Ist mehreren Geräten dieselbe Prioritätsklasse zugeordnet, dann muß das unterbrechende Gerät eindeutig identifiziert werden können. Ein auch hardware-mäßig einfach zu realisierendes Verfahren ist das daisy-chaining (siehe hierzu 3.4).

3.2.4 Pipelining bei der Befehlsabarbeitung

Zur Beschleunigung der Befehlsabarbeitung wurde bei vielen Prozessoren das Pipeline-Prinzip implementiert, daß wir auch bei der Verarbeitung von Daten in Parallelrechner kennen [Erha90].

Pipelining bedeutet, daß eine Aufgabe in kleine, schnelle Teilaufgaben zerlegt wird, die etwa gleich schnell abgearbeitet werden können. Die einzelnen Teilaufgaben werden hintereinander abgearbeitet und erbringen in der Summe die Leistung der Gesamtaufgabe.

Den Teilaufgaben sind hardwaremäßig bestimmte Verarbeitungsstationen zugeordnet. Überlappend werden dann in den einzelnen Verarbeitungsstationen Teilaufgaben unterschiedlicher Gesamtaufgaben abgearbeitet.

Übertragen wir dieses Prinzip auf die Befehlsabarbeitung, so können wir bei einer geeigneten Befehlsstruktur diese Aufgabe z.B. in die Teilaufgaben

Befehl holen (BH)
Befehl dekodieren und Registerinhalte holen (BD)
Befehlsausführung anstoßen mit Adreßberechnung (BA)
Speicherzugriff auf Operanden (SZ)
Ergebnis ins Zielregister (EZ)

zerlegen. In der Literatur wird dies als Befehls- oder Phasenpipelining bezeichnet.

Diesen fünf Teilaufgaben werden entsprechende Verarbeitungsstationen zugeordnet, die, wie bereits erwähnt, möglichst identische Ausführungszeiten haben müssen, da die langsamste Station den Takt der Pipeline bestimmt.
Nehmen wir an, daß jede Verarbeitungsstation ein Fünftel der Ausführungszeit einer Befehlsausführung ohne Pipelining benötigt. Die Bearbeitungszeit für einen Befehl ist dann mit und ohne Pipelining identisch. Da beim Pipelining aber überlappend gearbeitet wird, verläßt pro Takt ein abgearbeiteter Befehl die Pipeline. Damit ist bei Implementierung des Pipeline-Konzept die Befehlsabarbeitung fünfmal so schnell wie ohne dieses Prinzip. Bild 3.14 zeigt den Aufbau einer Pipeline.

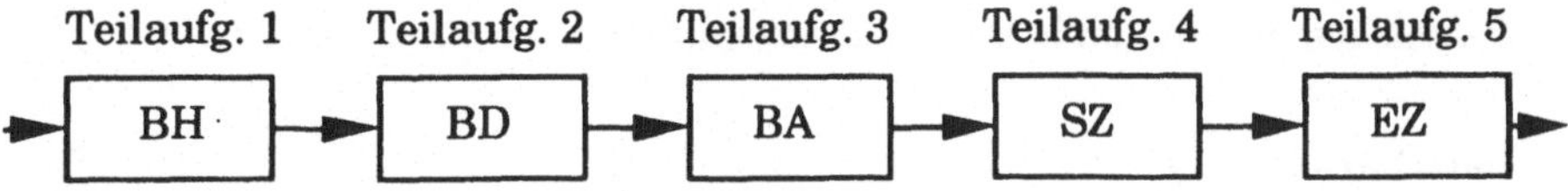

Abb. 3.14 Befehlspipeline

Betrachten wir jetzt die überlappende Befehlsverarbeitung. Bild 3.15 zeigt den zeitlichen Ablauf. Dabei ist angegeben, welcher Befehl k = i, i+1, i+2 .... sich in welcher Teilaufgabe befindet.

Teilaufgabe=	BH	BD	BA	SZ	EZ
Takt t=1	i	-	-	-	-
2	i+1	i	-	-	-
3	i+2	i+1	i	-	-
4	i+3	i+2	i+1	i	-
5	i+4	i+3	i+2	i+1	i

Abb. 3.15 Überlappende Verarbeitung in der Pipeline

Nach fünf Takten ist die Pipeline gefüllt. Jeder der fünf Befehle in der Pipeline ist in einer anderen Ausführungsphase. Nach fünf Takten, man spricht von der Einschwingzeit, verläßt pro Takt ein abgearbeiteter Befehl die Pipeline. Unter den obigen Voraussetzung (5 Takte pro Befehl ohne Pipeline-Prinzip) haben wir eine Leistungssteigerung um den Faktor 5. Dies entspricht der Anzahl der Teilaufgaben.

Es muß erwähnt werden, daß nicht alle Befehle alle Verarbeitungsstationen benötigen. So entfällt bei Befehlen, die keinen Operanden aus dem Speicher benötigen, die Teilaufgabe 4 (SZ) und die Adreßberechnung in Teilaufgabe 3 (BA). Da es jedoch keine Überholvorgänge gibt, warten solche Befehle das Weiterrücken in die nächste Verarbeitungsstation einfach untätig ab.

Mit dieser Leistungssteigerung durch das Pipelining könnten wir zufrieden sein, wenn es nicht einige Hindernisse, die Pipeline-Hazards gäbe. Diese Hazards behindern den kontinuierlichen Ablauf in der Pipeline.

Wir kennen drei unterschiedliche Hazardklassen:

Structural hazards
Hierbei kommt es zu Hardwarekonflikten, da sich nicht alle möglichen Befehlskombinationen in der Pipeline simultan ausführen lassen

Data hazards
Dabei greift ein Befehl auf Daten zu, die im vorhergehenden Befehl berechnet werden

Control hazards
Diese ergeben sich durch die Veränderung des Programmzählers durch
Verzweigungsbefehle und andere Befehle, die diesen Zähler verändern

Zur   Behebung dieser Hazards müssen Wartezyklen eingebaut werden.
Wartezyklen beim Pipelining bedeuten, daß ein Befehl in der Pipeline bei einer
bestimmten Teilaufgabe angehalten werden muß. Wegen fehlender Überhol-
möglichkeiten müssen auch alle nachfolgenden Befehle warten, während die
vorausgehenden Befehle weiter abgearbeitet werden können.

Wir werden jetzt zu jedem Hazardtyp ein entsprechendes Beispiel angeben.
Gibt es in einem Rechner mit Pipelining nur einen Speicherport für Befehle und
Daten, so kann kein Befehl geholt werden, wenn ein anderer auf den Speicher
zugreift, um ein Datum zu lesen.

In diesem Fall blockiert ein Speicherzugriff in SZ die Befehlsholphase BH. Nehmen
wir an, Befehl i benötigt einen solchen Speicherzugriff. Dann ergibt sich das
Zeitdiagramm in Bild 3.16 (WZ = Wartezyklus).

Teilaufgabe=	BH	BD	BA	SZ	EZ
Takt t=1	i	-	-	-	-
2	i+1	i	-	-	-
3	i+2	i+1	i	-	-
4	i+3	i+2	i+1	i	-
5	WZ	i+3	i+2	i+1	i
6	i+4	WZ	i+3	i+2	i+1
7	i+5	i+4	WZ	i+3	i+2

Abb. 3.16 Structural hazard mit Wartezyklus

Wir sehen, daß alle Befehle danach verzögert bearbeitet werden. Dadurch ergibt
sich ein Leistungsabfall. Dieser ist um so größer, je größer der Anteil von Befehlen
mit Speicherzugriff im Programmablauf ist. Abhilfe kann man durch einen
zusätzlichen Speicherport schaffen, der es ermöglicht, daß Daten und Befehle über
unterschiedliche Ports ausgelesen werden. Hier muß aber sorgfältig zwischen
Nutzen und zusätzlichen Kosten abgewägt werden.

Ein data hazard ergibt sich, wenn beispielsweise zwei aufeinanderfolgende Befehle
teilweise auf dieselben Daten zugreifen. Betrachten wir folgenden Programm-
ausschnitt (Ri = Register i):

$$R1 = R2 + R3$$
$$R4 = R1 + R5$$

Im ersten Additionsbefehl mit den Operanden aus Register 2 und 3 wird das
Ergebnis in das Zielregister 1 geschrieben. Für den zweiten Additionsbefehl enthält
das Register 1 einen der beiden Operanden.

Das Rückschreiben des Ergebnisses erfolgt in der Phase EZ des ersten Additionsbefehls, das Laden der Registeroperanden in der Phase BD des zweiten Befehls. Da
das Laden der Operanden zeitlich vor dem Rückschreiben liegt, wie wir dem
folgenden Zeitdiagramm entnehmen können, wird der zweite Additionsbefehl mit
einem falschen Ergebnis weiterarbeiten.

Teilaufgabe=	BH	BD	BA	SZ	EZ
Takt t=1	Add1	-	-	-	-
2	Add2	Add1	-	-	-
3	-	Add2	Add1	-	-
4	-	-	Add2	Add1	-
5	-	-	-	Add2	Add1

Abb. 3.17 Data hazard

Der erste Additionsbefehl schreibt im Taktzyklus 5 das Ergebnis in das Register
R1, während der zweite Additionsbefehl bereits im Taktzyklus 3 aus dem Register
R1 den Operanden liest. Damit arbeitet R1 mit einem falschen Wert. Dieses
Problem kann durch einen Interrupt zwischen den beiden Additionsbefehlen noch
verschärft werden. Dadurch wir der erste Additionsbefehl beendet, nach der
Interruptbehandlung wird der zweite Additionsbefehl neu gestartet. In diesem Fall
arbeitet der zweite Additionsbefehl mit dem korrekten Wert.
Dieses unbestimmte Verhalten ist auf keinen Fall zu akzeptieren.

Durch eine Modifikation der Hardware läßt sich dieses Problem lösen. Dabei wird
der Ausgang der ALU direkt mit einem Eingang der ALU verbunden. Erkennt die

zugehörige Steuerlogik, daß ein Register von einem Befehl als Operand gebraucht wird und daß dieses im vorhergehenden Befehl Zielregister war, dann erfolgt kein Zugriff auf das Register, sondern es wird der temporäre Wert vom Ausgang der ALU verwendet. Diese Methode wird bypassing oder forwarding genannt. Das Ergebnis des 1. Additionsbefehls, das in der Phase BA bei Taktzyklus 3 berechnet wird, steht zum selben Zeitpunkt dem 2. Additionsbefehl in der Phase BD zeitgerecht zur Verfügung. Der Hardwareaufwand hierfür kann jedoch sehr groß werden, da in der Steuerlogik alle Befehle, die einen data hazard erzeugen können, berücksichtigt werden müssen.

Im Falle eines Interrupts oder beim Auftreten von Wartezyklen beim zweiten Befehl wird dieser Bypass nicht genutzt.

Eine weitere Möglichkeit ist das mit delayed load bezeichnete Verfahren. Hier versucht ein optimierender Compiler durch Umstellung der Befehle die Wartezyklen zu vermeiden. Wir werden dieses Verfahren ausführlich beim control hazard besprechen. Dort ist es unter der Bezeichnung delayed branch bekannt.

Im Falle eines control hazards wird die lineare Befehlsabarbeitung durch Veränderung des Programmzählers unterbrochen. Dies ist typischerweise bei Sprungbefehlen der Fall. Das zugehörige Zeitdiagramm zeigt Bild 3.18. Dabei ist der Sprungbefehl JUMP der Befehl i.

Teilaufgabe=	BH	BD	BA	SZ	EZ
Takt t=1	Jump	-	-	-	-
2	i+1	Jump	-	-	-
3	WZ	WZ	Jump	-	-
4	WZ	WZ	WZ	Jump	-
5	i+k	WZ	WZ	WZ	Jump

Abb. 3.18 Control hazard mit Wartezyklen

Zunächst wird der Folgebefehl i+1 in die Pipeline geholt. In der Phase BD wird der Befehl i dekodiert und es wird erkannt, daß es sich um einen Sprungbefehl handelt. Deshalb wird der Befehl i+1 aus der Pipeline wieder entfernt. Es werden solange Wartezyklen eingefügt bis die Sprungadresse berechnet ist. Dies ist in Phase SZ der Fall. Danach wird der zugehörige Befehl i+k in die Pipeline gebracht.

Das Einfügen von drei Wartezyklen bedeutet jedoch einen signifikanten Leistungsverlust.

Es gibt mehrere Methoden diesen control hazard zu vermeiden bzw. den damit verbundenen Leistungsverlust zu dämpfen.
Eine Methode ist das delayed branch, ein Umstellen der Befehlsfolge durch den optimierenden Compiler.

Betrachten wir hierzu folgenden Ausschnitt aus einem Assemblerprogramm:

```
CLR  R1;          Lösche Register 1
CMP  R2,10;       Vergleich von R2 mit dem Wert 10
JZ   ADR;         Falls R2 = 10, Sprung zur Adresse ADR
ADD  R3,R4;       Falls R2 ≠ 10, Additionsbefehl
```

Der optimierende Compiler erkennt, daß der erste Befehl CLR R1 nichts mit dem folgenden Vergleichsbefehl und der bedingten Sprunganweisung zu tun hat. Dies bedeutet, daß dieser Befehl erst nach dem Sprungbefehl in die Befehlspipeline gebracht werden kann, ohne daß Ergebnisse verfälscht werden. Dies verringert die Anzahl der Wartezyklen.

Allerdings ist zu beachten, daß der Befehl CLR unbedingt vor dem Sprung auf eine neue Adresse zu Ende bearbeitet werden muß. Daraus ergibt sich die neue Befehlsfolge

```
CMP  R2,10;       Vergleich von R2 mit dem Wert 10
JZ   ADR;         Falls R2 = 10, Sprung zur Adresse ADR
CLR  R1;          Lösche Register 1
ADD  R3,R4;       Falls R2 ≠ 10, Additionsbefehl
```

Bild 3.19 zeigt das zugehörige Zeitdiagramm.

Teilaufgabe=	BH	BD	BA	SZ	EZ
Takt t=1	CMP	-	-	-	-
2	JZ	CMP	-	-	-
3	CLR	JZ	CMP	-	-
4	WZ	CLR	JZ	CMP	-
5	WZ	WZ	CLR	JZ	CMP
6	i+k	WZ	WZ	CLR	JZ

Abb. 3.19 Control hazard mit Programmumstellung

Wir sehen, daß sich dadurch die Anzahl der Wartezyklen um einen verringert. Lassen sich weitere, in unserem Beispiel bis zu drei, Befehle später einordnen, dann brauchen im günstigsten Fall keine Wartezyklen eingefügt werden.

Eine 2. Methode ist die Ausnutzung von statistischen Merkmalen in Programmen. Bedingte Sprunganweisungen kommen typischerweise am Ende von Laufschleifen vor. Normalerweise wird hier wieder an den Beginn der Laufschleife verzweigt. Nur im Fall, daß die Laufschleife abgearbeitet ist, wird im Programm fortgefahren. Man wird in diesem Fall grundsätzlich einen unbedingten Sprung an den Beginn der Laufschleife verzweigen und nimmt in Kauf, daß man bei Beendigung der Laufschleife entsprechende Wartezyklen einfügen muß. Diese Wartezyklen ergeben sich, da der unbedingte Sprung an den Beginn der Laufschleife ersetzt wird durch den der Laufschleife folgenden Befehl.

Durch Messungen von Programmabläufen weiß man, daß bei IF THEN ELSE-Anweisungen im THEN-Teil meist die Ausnahmesituation enthalten ist. Dies bedeutet, daß der ELSE-Teil wesentlich öfter durchlaufen wird als der THEN-Teil. Hier geht man analog zur Behandlung von Laufschleifen vor.

3.2.5 Adressierungsmodi

Für die Ausführungsgeschwindigkeit von Prozessoren spielen neben dem Befehls-aufbau und der Befehlslänge auch die zulässigen Adressierungsarten eine Rolle. Dies gilt sowohl mit als auch ohne Befehlspipelining.

Zur Berechnung der effektiven Operandenadresse können bis zu zwei Adreßrechnungen mit einer Vielzahl von Speicherzugriffen notwendig werden.

Während beim URA die Adreßberechnungen vom Rechenwerk ausgeführt wurden, gibt es in modernen Mikroprozessoren hierfür ein spezielles Adreßwerk. Man kann es logisch als Bindeglied zwischen Steuer- und Speicherwerk einordnen.

Wir unterscheiden dabei im allgemeinen folgende Adressierungsmöglichkeiten, die nicht bei allen Prozessoren vorhanden sein müssen.

3.2.5.1 Registeradressierung

3.2.5.1.1 Implizite Adressierung
Dabei ist die Angabe des Registers bereits im Befehlscode verschlüsselt. Durch diesen Befehl wird immer nur ein bestimmtes Register angesprochen, wie z. B. in der Assembleranweisung LSRA (logical shift right accumulator). Dabei kann statt eines Registers auch nur ein Bit (Flag) in einem Register (z.B. Statusregister) angesprochen werden.

3.2.5.1.2 Explizite Registeradressierung
Dabei wird ein bestimmtes Register im Reg-Feld des Befehlswortes angegeben. Beispiel: DEC R1, dabei ist DEC im Befehlscode und R1 im Reg-Feld verschlüsselt.

3.2.5.2 Speicheradressierung

3.2.5.2.1 Unmittelbare Adressierung
Der Operand ist dabei unmittelbar im Befehl enthalten und wird normalerweise im Speicher direkt hinter dem Befehlswort abgelegt. Durch Inkrementieren des Befehlszählers kann darauf zugegriffen werden.
Beispiel: LDA "10". Der Akkumulator wird mit der Konstanten 10 geladen. Zu berücksichtigen ist hierbei, daß die Größe des Operanden durch die Wortbreite beschränkt ist.

3.2.5.2.2 Direkte Adressierung
Dabei enthält das dem Befehlswort folgende Speicherwort die Adresse des Operanden. Wir haben im Befehl die Möglichkeit diese Adresse absolut anzugeben, z. B. JMP $00FF (Sprung auf die Adresse FF) oder als symbolische Adresse, z. B.

STA HIER. Dann setzt der Compiler die Adresse des Speicherplatzes mit Namen HIER beim Übersetzungsvorgang ein.

3.2.5.2.3 Indizierte Adressierung

Dabei wird die effektive Speicheradresse durch Addition eines Offset zum Inhalt eines Registers berechnet. Der Offset kann dabei auch negativ sein.

Beispiel: LDA $01AF(R1). Die effektive Speicheradresse ergibt sich aus der Addition der hexadezimalen Absolutgröße 1AF zum Inhalt des Registers R1. Eine weitere Variante hiervon ist die Angabe eines Basisregisters, eines Indexregisters und eines Offsets im Befehl. Dann werden die Inhalte der beiden Register und der Offset addiert und ergeben die effektive Adresse.

3.2.5.2.4 Indirekte Adressierung

3.2.5.2.4.1 Indirekte Registeradressierung

Dabei enthält das im Reg-Feld des Befehlswortes angegebene Register die Adresse des Operanden. Diese wird auch als pointer bezeichnet.

Beispiel: DEC (R1). Der Inhalt des Speicherworts, dessen Adresse im Register R1 steht, wird um eins erniedrigt. Bei dieser Adressierungsart ist meist auch ein Preinkrement/-dekrement oder ein Postinkrement/-dekrement möglich.

Beispiel Preinkrement: DEC +(R1). Der Inhalt des Registers R1 wird eins erhöht, anschließend erfolgt die Ausführung des Befehls DEC wie im vorhergehenden Beispiel Postdekrement: DEC (R1)-. Der Befehl wird wie oben ausgeführt, anschließend wird der Inhalt des Registers R1 um eins erniedrigt. Diese Möglichkeiten lassen sehr einfach Laufschleifenkonstruktionen zu.

3.2.5.2.4.2 Indirekte Adressierung

Wie B2 und B3, nur enthält das dadurch adressierte Speicherwort einen pointer auf den Operanden. Als Variante hierbei ist zulässig, daß auch der pointer nochmals durch einen 2. Offset und ein 2. Register modifiziert wird.

Die unterschiedliche Befehlslänge, die große Anzahl von Befehlen und die zahlreichen Adressierungsarten führt dazu, daß die Befehlsdekodierung und die Befehlsausführung langsam wird. Dies ist ein Merkmal aller CISC-Rechner (Complex Instruction Set Computer).

Beobachtet man die Befehlsausführung z. B. durch Monitoring (siehe Kapitel 4) und macht eine Befehlsstatistik über das Auftreten bestimmter Befehlsgruppen [Schr78], so sieht man, daß die am häufigsten auftretende Befehlsgruppe die Transportbefehle umfaßt (ca. 45 %), gefolgt von Verzweigungsbefehlen (ca. 30 %) und arithmetischen Befehlen (ca. 10 %).

Aus diesen Erfahrungen und Beobachtungen ist der RISC-Prozessor entstanden (RISC = Reduced Instruction Set Computer).

Charakteristische Merkmale des RISC-Prozessors sind

> Kleiner Befehlssatz (30 - 100) in einheitlichem Format
> Einfache Adressierungsarten
> Load/Store-Architektur
> d.h. der Zugriff auf den Speicher erfolgt mit den Befehlen Load und Store, Speicher-Speicher-Befehle sind nicht vorhanden
> Alle Befehle (Ausnahme: Load/Store) arbeiten mit Daten, die in Registern zur Verfügung stehen oder direkt im Befehl angegeben werden
> Dreiadreßmaschine (Ausnahme: Load/Store)
> Ausführungszeit für alle Befehle (Ausnahme: Load/Store) ist ein Taktzyklus. Dies wird durch Abarbeitung in einer Befehlspipeline erreicht
> Alle Datenpfade sind 32 Bit breit
> Großer Registersatz

Diese Merkmale führen zu einem relativ einfachen Steuerwerk, das fest verdrahtet ist (keine Mikroprogrammierung). Wegen der geringen Signalverzögerung im Steuerwerk sind hohe Taktfrequenzen möglich.

3.3 Das Speicherwerk

Die Aufgabe des Speicherwerks besteht darin, mit Hilfe der nach obigen Adressierungsverfahren berechneten Adresse den Speicher hardwaremäßig anzusteuern und das Datum auszulesen oder einzuspeichern. Da der Speicher nicht monolithisch aufgebaut sein muß, kann dies bei unterschiedlichen Speichertypen zu unterschiedlichen Verfahren mit unterschiedlichen Zykluszeiten führen.

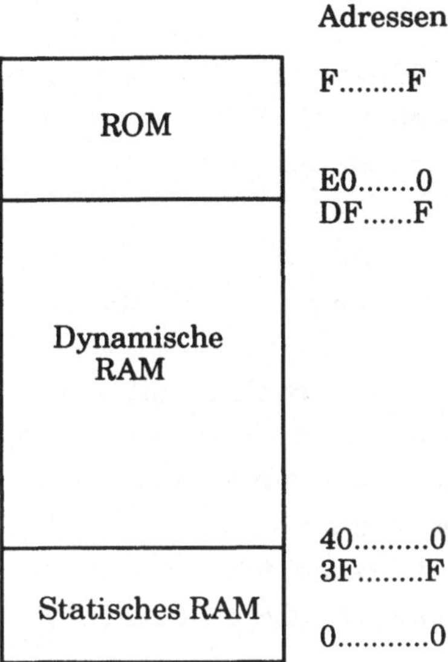

Abb. 3.20 Memory map

Betrachten wir den Arbeitsspeicher eines Rechners, der mit unterschiedlichen Speichertypen realisiert wurde. Die sogenannte memory-map in Bild 3.20 zeigt eine mögliche Realisierung.

Dabei werden die Speicheradressen 0......0 bis 3F......F durch ein schnelles, aber teueres statisches RAM realisiert, die Adressen 40.......0 bis DF.......F durch ein billiges, aber langsameres dynamisches RAM und die Adressen E0......0 bis F........F durch ein ROM, das das Boot-Programm und Konstanten enthält.

Das Speicherwerk muß nun aufgrund der Adresse den entsprechenden Baustein auswählen und ansteuern. Bei der Ansteuerung spielt auch die Organisation der Bausteine selbst eine Rolle. So wird bei dynamischen RAM-Bausteinen meist bitweise ausgelesen bzw. eingeschrieben, bei statischen RAM-Bausteinen und bei den ROM′s meist byteweise. Auf eine Adresse, die im ROM-Bereich liegt, kann nicht schreibend zugegriffen werden. Auch hier hat das Speicherwerk eine entsprechende Prüffunktion.

3.3.1 Speicherverwaltung

Wir wollen im folgenden auf unterschiedliche Methoden der Speicherverwaltung eingehen, obwohl dies eigentlich eine Funktion des Betriebssystems ist. Hier muß man unterscheiden, ob der vom Benutzer adressierbare Speicher real oder nur virtuell vorhanden ist.

3.3.1.1 Lineare Speicherverwaltung

Wir betrachten zunächst ein System mit real vorhandenem Speicher. Konkurrieren mehrere Benutzer oder Prozesse um den Rechnerkern, so müssen diese Prozesse zunächst einen Adreßraum im Speicher belegen. Bei der einfachsten Form der Speicherverwaltung wird ein linear zusammenhängender Bereich an einen Prozeß vergeben. Für das Auffinden eines genügend großen Speicherbereichs gibt es unterschiedliche Verfahren [Wett87].

Der Speicherbereich, der einem Prozeß zugeordnet ist, wird durch die beiden Größen Anfangsadresse und Endadresse beschrieben. Beim Zugriff eines Prozesses auf seinen Speicherbereich kann damit sehr einfach abgeprüft werden, ob die Adresse im gültigen Bereich liegt.

Durch das Auslagern und Einlagern von Prozessen kann es zu einem Speicherverschnitt kommen. Dies bedeutet das ungenutzte kleine Lücken entstehen.

Obwohl eventuell noch genügend Speicher zur Verfügung steht, kann aber ein weiterer Prozeß nicht in den Speicher geladen werden, da die Summe der Lücken zwar größer ist als der benötigte Bereich. Es steht aber kein linear zusammenhängender Bereich zur Verfügung. Man muß deshalb die einzelnen Bereiche verschieben, um wieder einen entsprechenden zusammenhängenden Speicherbereich zu erhalten. Dieser Vorgang wird garbage collection genannt und ist mit einer umfangreichen Adreßumrechnung verbunden. Diese Situation wird in Bild 3.21 dargestellt.

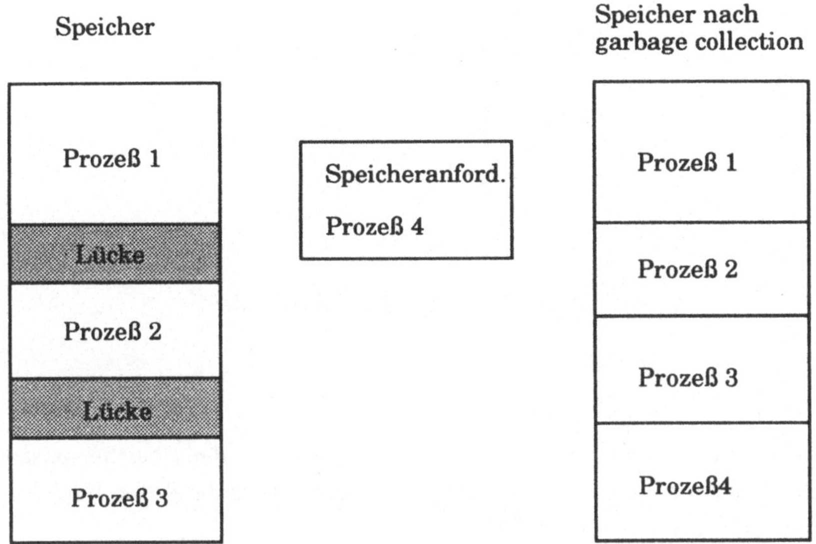

Abb. 3.21 Einfache Speicherverwaltung

3.3.1.2 Paging

Um das Zusammenschieben freier Bereiche zu vermeiden, geht man zum Prinzip
des Pagings über.

Dabei wird der reale Speicher in Kachel gleicher Größe aufgeteilt, z.B. 1 K Worte.
Der Adreßbereich der Prozesse wird in Seiten gleicher Größe aufgeteilt. Das
Größenverhältnis Seite : Kachel ist 1 : 1.

Wird ein Prozeß in den Arbeitsspeicher geladen, so wird eine Seite des Prozesses
auf eine beliebige freie Kachel im Speicher abgebildet. Die Zuordnung wird in der
Seiten-Kachel-Tabelle dieses Prozesses vermerkt.

Wir wollen dies an einem Beispiel verdeutlichen. Ein Programm bestehe aus vier
Seiten, im Speicher seien die Kacheln 4, 7, 19 und 31 frei. Dann hat die Seiten-
Kachel-Tabelle folgendes Aussehen:

Seite	Kachel
1	4
2	7
3	19
4	31

Abb. 3.22 Seiten-Kachel-Tabelle

Beim einfachen Paging muß das gesamte Programm in den Speicher passen. Um ein schnelles Umrechnen der Adressen zu erreichen, wird die Seiten-Kachel-Tabelle meist in Assoziativregistern gehalten.

Das Umrechnen selbst ist ein sehr einfacher Vorgang. Die Adresse wird dabei in einen Seitenteil und einen Teil, der relativ zum Anfang der Seite adressiert, geteilt. Wie man leicht sieht, ändert sich der 2. Teil nicht, da die Größe der Kachel gleich der Größe der Seite ist. Mit dem Seitenteil erhält man aus der Seiten-Kachel-Tabelle die zugehörige Kachelnummer. Durch Konkatenation der beiden Teile erhält man die endgültige Speicheradresse.

Dies soll mit folgendem Beispiel illustriert werden. Die Kachel- bzw. Seitengröße sei 1 KWorte, die Adreßlänge 16 Bit mit reiner Wortadressierung. Bild 3.23 zeigt den Umrechnungsvorgang.

Die Adresse wird aufgespalten in einen seitenrelativen Teil, der 10 Bit umfaßt, die wir zur Adressierung der 1024 Worte pro Seite benötigen, und der unverändert bleibt und in die Seitennummer. Über die Seiten-Kachel-Tabelle erhalten wir aus der Seitennummer die Kachelnummer gleichen Umfangs. Durch Konkatenation der beiden Teile ergibt sich die endgültige Hardware-Adresse des gesuchten Speicherworts.

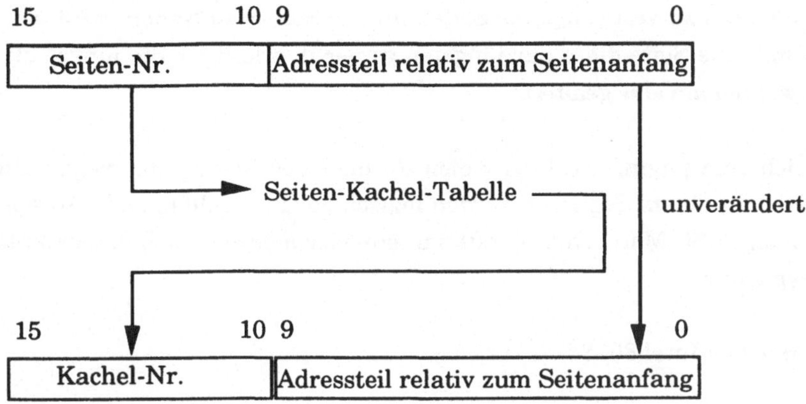

Abb. 3.23 Adreßumrechnung

3.3.1.3 Demand paging

Auch beim Übergang zum virtuellen Speicher, der vom Benutzer adressierbare Speicher ist größer als der real vorhandene, läßt sich dieses Prinzip anwenden. Wir erhalten dann das sog. demand paging (paging bei Bedarf).

Dabei wird den Seiten des Benutzerprogramms eine Anzahl von Kacheln zugeteilt, die normalerweise kleiner ist als die Seitenanzahl. Wird während der Programmabarbeitung eine Seite benötigt, die nicht im Speicher vorhanden ist, so muß zunächst eine andere Seite verdrängt werden.

Die zu verdrängende Seite wird durch bestimmte Verfahren ermittelt, ein Beispiel ist die Strategie LRU (least recently used). Dabei wird die Seite verdrängt, deren Benutzung am weitesten zurückliegt.

Dabei bedeutet verdrängen einfach überschreiben, falls die Seite nicht verändert wurde und zurückschreiben auf den Hintergrundspeicher, falls die Seite verändert wurde. Alle schreibend auf eine Kachel zugreifenden Befehle müssen deshalb das sog. Veränderungsbit in dieser Kachel setzen.

Um schnell die zu verdrängende Seite (älteste Seite) zu finden, wird bei jedem Zugriff auf eine Seite diese zur jüngsten gemacht, alle Seite die jünger als diese waren, werden um eins gealtert.

Zusätzlich zum paging wird bei vielen Rechner das Prinzip der Segmentierung eingesetzt. In einem Segment werden logisch zusammenhängende Adreßräume zusammengefaßt. Man erhält damit z.B. ein oder mehrere Befehlssegmente oder Datensegmente.

3.3.1.4 Beispiel Intel 80386

Die Berechnung der physikalischen Adresse mit Hilfe von Segment- und Seitentabellen soll abschließend am Beispiel Intel 80386 dargestellt werden. Das Programmiermodell des 80386 war in Bild 2.4 dargestellt. Für die weitere Berechnung sind die dort dargestellten Segmentregister von Bedeutung.

Eine virtuelle Adresse des 80386 besteht aus einem 16 Bit Selektorteil (Segmentregister CS, SS, DS, ES, FS oder GS) und einem 32 Bit Offset.

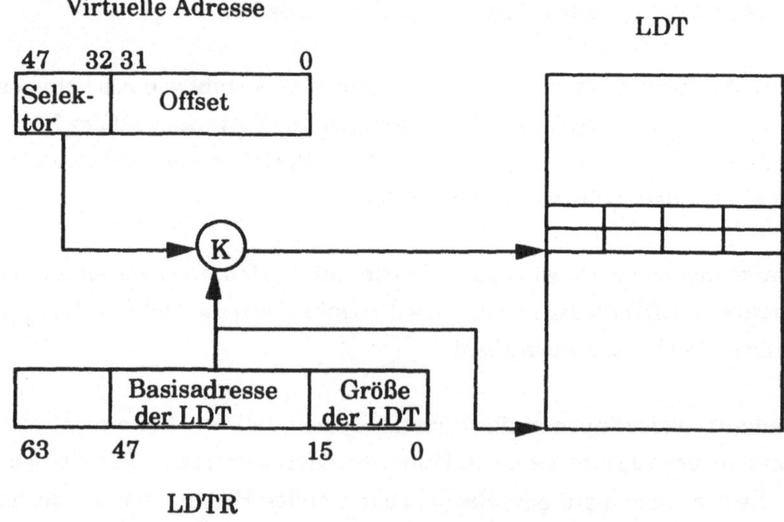

Abb. 3.24 Berechnung der Adresse des Segmentdeskriptors

Zu dem augenblicklich aktiven Prozeß gehört ein Register, das LDTR (Local Descriptor Table Register). In diesem Register ist die Basisadresse der Local Description Table und deren Länge ($\leq$ 64 kbyte) enthalten.

Die Konkatenation der Basisadresse mit dem Selektor führt zu einem 8 Byte umfassenden Eintrag in dieser Table, dem Segmentdeskriptor. Dabei muß der Selektor kleiner oder gleich der Größe der LDT sein. Dieser Vorgang ist in Bild 3.24 dargestellt.

Der Segmentdeskriptor enthält eine Basisadresse, die Segmentgröße, Zugriffsrechte und allgemeine Angaben. Sein Aufbau ist in Bild 3.25 dargestellt.

31					16 15						0
Bits 31 - 24 der Basisadresse	G	D	0	V	Seg.gr. Bits 19-16	P	DPL	S	TYPE	A	Bits 23 - 16 der Basisadresse
Bits 15 - 0 der Basisadresse						Bits 15 - 0 der Segmentgröße					

Dabei bedeutet:

G	Granularity byte/ 4 kbyte
P	Present bit
DPL	Descriptor privilege level
TYPE	Hier wird z.B. vermerkt, ob lesend oder schreibend zugegriffen werden darf oder ob es sich um ein Daten- oder Befehlssegment handelt
A	Accessed bit
S	Segment- oder Kontrolldeskriptor

Abb. 3.25 Segmentdeskriptor

Die Segmentgröße wird in insgesamt 20 Bit dargestellt. Bei einer granularity von einem Byte bedeutet dies eine Segmentgröße von 2^{20} Byte (1 MB), bei einer granularity von 4 kbyte eine Größe von 4 GB.

Das present bit gibt an, ob das Segment im Hauptspeicher vorhanden ist oder erst geladen werden muß.

Das access bit wird bei jedem Zugriff auf das Segment gesetzt und kann vom Prozessor zurückgesetzt werden. Damit läßt sich eine gewisse Zugriffshäufigkeit in bestimmten Zeitintervallen ermitteln.

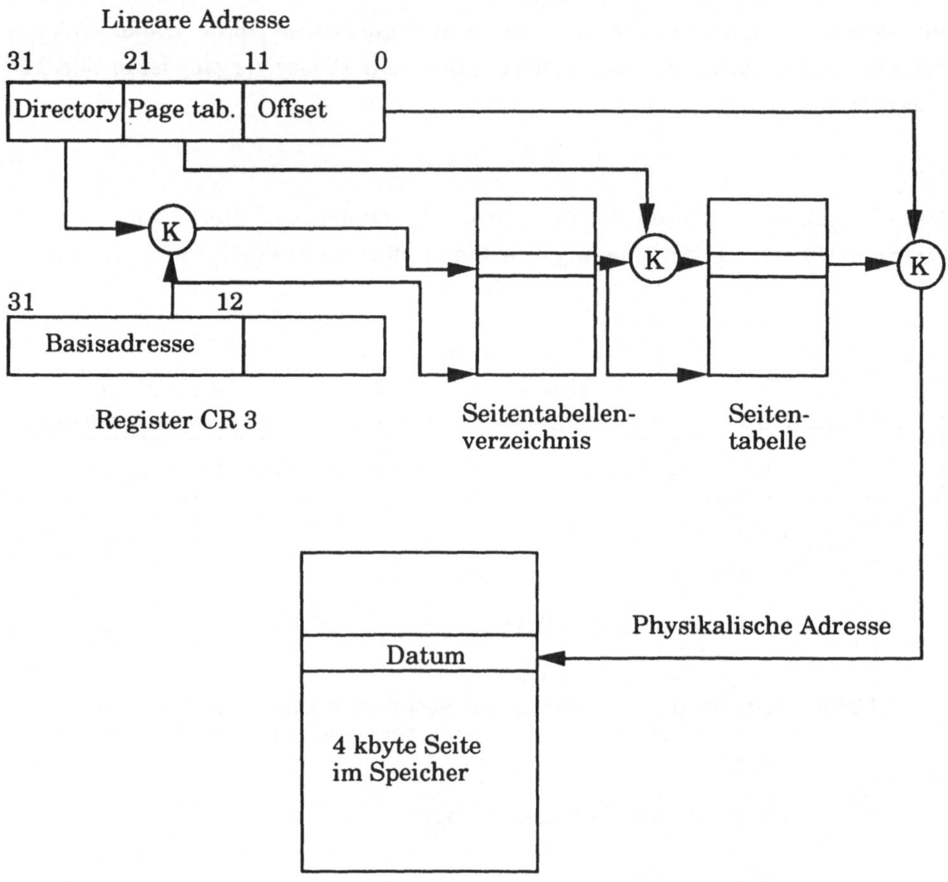

Abb. 3.26 Umrechnung lineare Adresse - physikalische Adresse

Die Basisadresse aus dem Segmentdeskriptor wird zum Offset der virtuellen Adresse addiert. Wir erhalten damit eine lineare Adresse. Mit dieser linearen Adresse und dem Seitentabellenverzeichnis können wir die physikalische Speicheradresse ermitteln. Dieser Vorgang ist in Bild 3.26 dargestellt.

Die Konkatenation der höchstwertigen 20 Bit des Registers CR3 mit den 10 Bit des
directory-Teils der linearen Adresse führen zu einem 4 Byte großen Eintrag im
Seitentabellenverzeichnis (page directory) mit dem folgendem Inhalt. Das
Seitentabellenverzeichnis wird für jeden Prozeß angelegt und ist 4 kbyte groß.

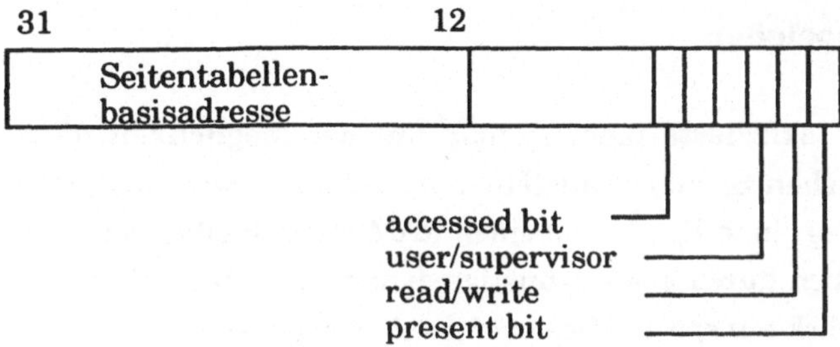

Abb. 3.27 Eintrag im Seitentabellenverzeichnis

Durch die Konkatenation der Seitentabellenbasisadresse mit dem page-table-Teil
in der linearen Adresse kommt man zu einem Eintrag in der Seitentabelle. Das
dirty bit zeigt an, ob eine Seite verändert wurde (Schreibzugriff).

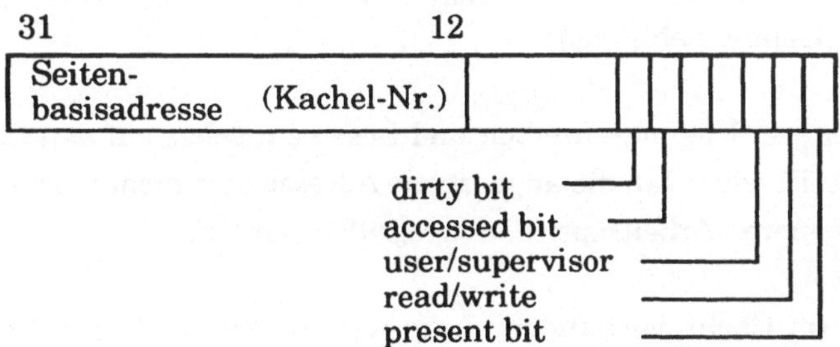

Abb. 3.28 Eintrag in der Seitentabelle

Die Konkatenation der Seitenbasisadresse mit dem Offset in der linearen Adresse
ergibt schließlich die physikalische Adresse.

Wie man sieht, ergibt sich bei Segmentierung und paging ein nicht unerheblicher Aufwand, um aus der virtuellen Adresse die physikalische Adresse zu berechnen. Hinzu kommt das Laden der entsprechenden Komponenten in den Arbeitsspeicher, wenn sie dort nicht vorhanden sind.

3.3.2 Cachespeicher

Die eingangs skizzierte memory-map mit der Möglichkeit, den Speicher mit unterschiedlichen Speicherbausteinen aufzubauen, wird nur noch dahingehend genutzt, daß es einen ROM- und einen RAM-Bereich gibt. Der RAM-Bereich wird dann einheitlich durch kostengünstige dynamische Bausteine realisiert. Dies ist auch im Hinblick auf spätere Speichererweiterungen sinnvoll.

Da die Taktraten der Prozessoren wesentlich stärker steigen als die Zykluszeiten der dynamischen RAM-Speicherbausteine, muß man ein anderes Konzept einführen, um Wartezeiten des Prozessors bei Speicherzugriffen zu vermeiden.

Dies ist das Konzept der Cache-Speichers. Der Cache-Speicher wird logisch und physikalisch zwischen CPU und dem normalen Arbeitsspeicher gelegt. Er ist sehr schnell, die Zugriffszeiten entsprechen in etwa der Taktrate des Prozessors, und meist zwischen 4 und 32 KB groß. Zwischen dem Cache und dem Arbeitsspeicher wird entweder ein Datum oder die Umgebung eines Datums ausgetauscht. Dies ist vom Typ des Rechners abhängig.

Der Prozessor greift beim Schreiben und Lesen zunächst auf den Cache zu. Erst wenn festgestellt wird, daß die angegebene Adresse dort nicht vorhanden ist, muß auf den langsameren Arbeitsspeicher zugegriffen werden.

Ist die Seite im Cache vorhanden, dann wird dies als hit (Treffer) bezeichnet, ansonsten spricht man von einem miss. Je nach Vorgang, lesen oder schreiben, muß entsprechend reagiert werden.

Beim Lesen wird bei einem hit als einzige Reaktion das entsprechende Datum in den Prozessor übertragen. Dies geschieht meist in einer Taktzeit. Bei einem miss wird das entsprechende Datum aus dem Arbeitsspeicher sowohl zum Prozessor als auch zum Cache übertragen. Da dies normalerweise mehrere Taktzeiten in Anspruch nimmt, muß der Prozessor Wartezyklen einschieben.

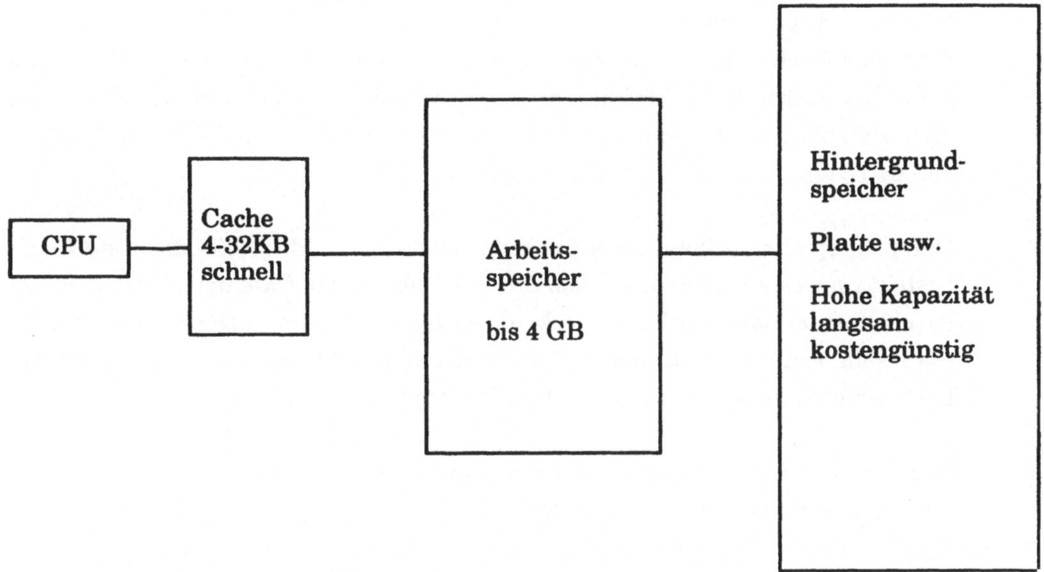

Abb. 3.29 Speicherhierarchie

Beim Schreiben wird bei einem miss direkt in den Arbeitsspeicher geschrieben. Bei einem hit muß zwischen Cache und Arbeitsspeicher für Datenkonsistenz gesorgt werden. Dabei gibt es zwei unterschiedliche Verfahren.

Beim Durchschreibeverfahren wird das Datum sowohl in den Cache- als auch in den Arbeitsspeicher geschrieben. Damit wird zwar zu jedem Zeitpunkt Datenkonsistenz gewährleistet, die Schnelligkeit des Cache-Konzepts geht hierbei jedoch verloren.

Beim Rückschreibeverfahren wird das Datum nur in den Cachespeicher geschrieben und vermerkt, daß eine Änderung stattgefunden hat. Hierzu wird für jedes geänderte Datum ein spezielles Bit (dirty bit) gesetzt. Erst wenn dieses Datum aus dem Cachespeicher verdrängt wird, wird es in den Arbeitsspeicher zurückgeschrieben.

Diese zeitliche Dateninkonsistenz zwischen Cache- und Arbeitsspeicher führt dann zu Problemen, wenn auch andere Komponenten auf den Arbeitsspeicher zugreifen können (DMA-Prinzip).

Wird der Cache als reiner Befehlscache realisiert, treten die Probleme beim Schreiben nicht auf, da Befehle im Normalfall nicht verändert werden. Dies ist beim Befehlscache des Motorola 68020 der Fall. Dieser Cache hat einen Umfang von 64 Bytes.

Der prinzipielle Aufbau eines Cachespeichers ist in Bild 3.30 dargestellt. Er besteht im wesentlichen aus einem Adreßteil und einem Datenteil. Jeder Adresse ist ein Datum oder ein Datenblock zugeordnet. Beim Datenblockprinzip macht man sich zunutze, daß mit großer Wahrscheinlichkeit beim Zugriff auf ein bestimmtes Datum auch dessen nähere Umgebung benötigt wird.

Der Übersichtlichkeit wegen werden wir in unserem Beispiel von der Zuordnung eines Datums zu einer Adresse ausgehen.

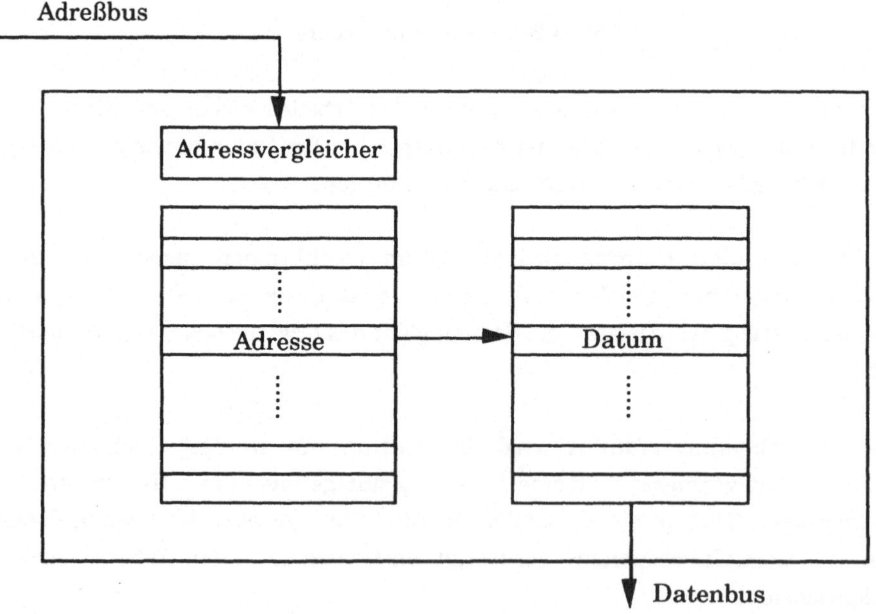

Abb. 3.30 Aufbau eines Cache-Speichers

Über einen Vergleicher wird die am Adreßbus anliegende Adresse mit allen gespeicherten Adressen verglichen. Bei einem hit wird das zugehörige Datum auf den Datenbus gelegt. Damit dieses Datum noch während der Taktzeit des Prozessors zur Verfügung steht, darf dieser Vergleich nicht sequentiell ausgeführt werden. Man speichert die Adressen in einem Assoziativspeicher und führt den Vergleich parallel aus. Man spricht hier auch von einer inhaltsorientierten Adressierung (content addressable memory).

Da die zugehörige Logik sehr aufwendig ist, kann man dies nur mit sehr kleinen Assoziativspeichern realisieren. Bei größeren Cachespeichern wendet man deshalb eine Mischung von Orts- und Inhaltsadressierung an.

Dabei wird die Adresse geteilt in einen Indexteil, der die Ortsadressierung beinhaltet und einen inhaltsbezogenen Teil, das sog. tag oder Etikett, das als Adreßteil im Cachespeicher abgelegt wird. Die Aufteilung zeigt Bild 3.31.

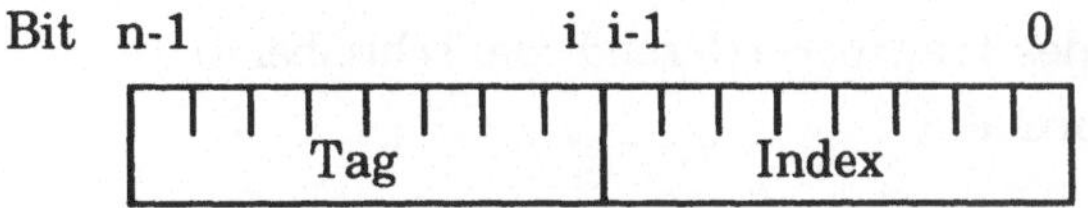

Abb. 3.31 Adreßaufteilung

Mit dem Indexteil der Adresse (Bits 0 - (i-1)) wird im Cachespeicher eine Zeile der insgesamt 2^i Einträge ausgewählt. Der Inhalt dieser Zeile, das tag, wird mit dem Tag-Teil der Adresse (Bits i - (n-1)) verglichen. Bei Gleichheit kann das Datum direkt gelesen oder geschrieben werden.

Durch die Größe des Cachespeichers mit 2^i Elementen wird der gesamte Arbeitsspeicher logisch in 2^{n-i} Seiten mit ebenfalls jeweils 2^i Wörtern eingeteilt. Dabei wird ein Wort mit der Adresse k ($0 \leq k < 2^i$) innerhalb einer Seite des Arbeitsspeichers (Indexteil der Adresse) auf die Zeile k im Cachespeicher abgebildet. Die Wörter mit der Adresse k in den 2^{n-i} Seiten unterscheiden sich dann durch das tag. Man spricht hier auch von einer Faltung des Arbeitsspeichers auf den Cache. Dies wird auch als direct mapped cache bezeichnet.

Betrachten wir den Datentransport vom Speicher zum Speicher oder zu Ein-/ Ausgabegeräten genauer, dann sehen wir, daß jedes Datum vom Speicher zunächst in den Prozessor und dann von hier zum Ziel transportiert wird. Dies gilt auch für die umgekehrte Richtung. Dieses Prinzip des URA, das auch heute noch in Minimalkonfiguration bei Mikroprozessoren Verwendung findet, belastet den Prozessor sehr stark mit Datentransportaufgaben.

Um den Prozessor von diesen Aufgaben weitgehend zu entlasten, hat man das Prinzip des direkten Speicherzugriffs (direct memory access) entwickelt. Dazu übernimmt eine spezieller DMA-Controller die Aufgabe der Datentransport- steuerung. Zu Beginn eines Datentransportes versorgt der Prozessor den DMA- Controller mit der nötigen Information. Diese besteht aus

- der Startadresse des Datenbereichs im Speicher
- der Startadresse eines zweiten Datenbereichs im Speicher oder der
  Adresse einer E/A-Schnittstelle je nach Transferart
- der Anzahl der Daten
- Richtung des Transports (lesend oder schreibend)
- Steuerinformation

Die Übertragung wird jetzt vom DMA-Controller selbständig ausgeführt. Der Prozessor kann in der Zwischenzeit andere Aufgaben ausführen. Um diese Aufgabe ausführen zu können, muß der DMA-Controller auf den Bus zugreifen können (siehe auch 3.4). Über bestimmte Hardwareschnittstellen (BR - bus request, BG - bus granted) wird dem Prozessor dieser Zugriffswunsch mitgeteilt und der Zugriff anschließend gewährt. Für die Übertragung unterscheidet man zwei Arten

- Einzeltransfer oder cycle stealing
  In diesem Modus wird genau ein Datum übertragen. Anschließend wird der Bus wieder abgegeben. Da dem Prozessor dabei mindestens ein Buszyklus entzogen wird, bezeichnet man dieses Verfahren auch als cycle stealing.

- Blocktransfer oder burst mode
  Dabei werden alle Daten des aktuellen Transportauftrags übertragen Erst danach wird die Buskontrolle zurückgegeben. Diese Übertragungsart kann nur zur Auffrischung des dynamischen RAM-Speichers unterbrochen werden.

Bei beiden Übertragungsmodi kann das Datum zunächst in einen Pufferspeicher des DMA-Kontrollers übertragen werden und von dort zum Ziel weitergeleitet werden. Man nennt dieses Verfahren auch explicit adressing oder flow through.

Bei einem Transfer Speicher - E/A-Schnittstelle kann auch ein zweites Verfahren, das sog. implicit adressing oder fly-by transfer, angewendet werden. Dabei übermittelt der DMA-Controller die Adresse des Operanden an den Speicher und wählt die Schnittstelle aus. Über den Bus fließt das Datum jetzt direkt vom Speicher zur Schnittstelle oder umgekehrt.

3.4 E/A-Werk und Kommunikation

Während man beim URA beim E/A-Werk an den Anschluß eines Eingabegeräts (z.B. Tastatur, Lochstreifenleser) und eines Ausgabegeräts (z.B. Drucker, Lochstreifenstanzer) dachte, bedeutet dies heutzutage die Möglichkeit, eine Vielzahl externer Geräte anzuschließen. Dabei können externe Geräte reine Ein-/Ausgabegeräte im Sinne des URA sein, aber auch externe Speichermedien, Geräte zur Prozeßsteuerung und natürlich weitere Computer. Alle diese Anschluß-möglichkeiten wollen wir unter dem Begriff Kommunikation behandeln.

Wir unterscheiden dabei mehrere Möglichkeiten der Kopplung:

- Direkte Kopplung
- Kanalkopplung
- Speicherkopplung
- Kopplung über Bussysteme
- Netzwerke

3.4.1 Direkte Kopplung

Bei der direkten Kopplung sind dabei zwei Geräte (z. B. Prozessor - Drucker oder Prozessor - Prozessor) direkt mit einer Leitung verbunden. Die Steuerung wird entweder von einer Seite übernommen (Prozessor - Drucker) oder beide Seiten sind gleichberechtigt (Prozessor - Prozessor). Die Kommunikation läuft entweder über genormte Schnittstellen (z. B. serielle V24-Verbindung oder paralleler Centronics-Standard) oder ist direkt hardwaremäßig realisiert.

Ein Beispiel hierfür ist die Kommunikation von Prozessoren im DAP, wo die jeweiligen 1-Bit-Register hardwaremäßig verbunden sind [Erha90].

3.4.2. Kanalkopplung

Bei der Kanalkopplung gibt es einen Spezialprozessor, den Kanalprozessor, der nach der Übermittlung entsprechender Daten (Anfangsadresse, Länge der zu übertragenden Information) die Kommunikation selbständig durchführt. Normalerweise ist er dazu fähig, direkt auf den Speicher des Rechners zuzugreifen (DMA). Beispiele hierfür sind Controller für Floppy- oder Hard-Disk oder ein Ethernet-Controller zum Anschluß an ein Netz.
Neben der reinen Datenübertragung übernehmen die Controller weitere hierzu notwendige Funktionen, wie zum Beispiel das Erzeugen und Prüfen von Paritätsinformation (Paritätsbits, CRC-Check).

3.4.3 Speicherkopplung

Geräte über gemeinsame Speicher zu koppeln, ist eine Methode der Kommunikation in Multiprozessorsystemen. Dabei greifen zwei oder mehrere Prozessoren auf einen gemeinsamen Speicher zu und tauschen hierüber Daten aus. Dabei muß sichergestellt werden, daß es zu keinen Zugriffskonflikten kommt. Dies ist z.B. der Fall, wenn ein Prozessor auf einen bestimmten Speicherplatz schreibend zugreift und gleichzeitig ein anderer Prozessor auf denselben Speicherplatz zugreifen will. Dies kann zu Dateninkonsistenz führen. Man kann dies durch Hardwaremaßnahmen (Multiportspeicher) oder Softwaremaßnahmen (Semaphore-Prinzip) verhindern.

Beim Multiportspeicher besitzt der Speicher mehrere Ports, an die die einzelnen Prozessoren angeschlossen sind. Im Normalfall ist immer nur ein Port aktiv.

Beim Semaphore-Prinzip wird von einem zugreifenden Prozessor zunächst eine Semaphore gesetzt und damit der Speicherzugriff für weitere Prozessoren gesperrt, da diese Semaphore vor einem Zugriff abgefragt werden muß. Je nachdem, ob man mehrere Prozessoren gleichzeitig lesend zugreifen läßt oder auch hier exklusives Lesen gefordert wird, gibt es unterschiedliche Implementierungen hierfür.

3.4.4 Bussysteme

Bussysteme gibt es in sehr unterschiedlichen Formen, z.B. prozessorinterne
Daten- und Befehlsbusse, Busse zum Anschluß externer Geräte wie SCSI oder
Busse zur Kopplung vieler Prozessoren wie Ethernet.
Für die Charakterisierung eines Bussystems sind folgende Merkmale
ausschlaggebend:

- Anzahl, Art und Breite des Busses
- Kommunikationstechnik und das Trägermedium
- Sicherheit
- Busverwaltung und Kommunikationsprotokoll

3.4.4.1 Anzahl, Art und Breite des Busses

Meist wird die Kommunikation über einen einzigen Bus ausgeführt. Aus
unterschiedlichen Gründen können aber auch mehrere Busse eingesetzt werden.
Eine Möglichkeit ist die funktionelle Aufteilung. Dabei wird z. B. ein Systembus in
einem Prozessor unterteilt in logisch und physikalisch unabhängige Daten-,
Befehls- und Steuerbusse. Andere Gründe für die Einführung mehrerer Busse sind
Sicherheitsaspekte oder Kapazitätsüberlegungen. Unter der Busbreite verstehen
wir die Fähigkeit, ein oder mehrere Bits gleichzeitig zu übertragen. Man spricht
dann von seriellen oder parallelen Bussen.

3.4.4.2 Kommunikationstechnik und das Trägermedium

Als Trägermedium kommen unterschiedliche Kabelarten (Koaxialkabel, verdrillte
Zwei-Draht-Leitungen), Lichtwellenleiter, Funk und Freiraumoptik in Frage. Unter
Kommunikationstechnik verstehen wir die Art der Übertragung (synchron oder
asynchron) und die Möglichkeit, den Takt mit zu übertragen oder ihn aus der
Nachricht selbst zu gewinnen.

3.4.4.3 Sicherheit

Unter Sicherheit verstehen wir zum einen die Ausfallsicherheit der an der Kommunikation beteiligten Komponenten, zum anderen die Robustheit, Fehler die bei der Übertragung entstehen, zu erkennen und zu beheben.
Die Ausfallsicherheit eines Systems kann man berechnen oder modellieren, wenn man Angaben über die Verfügbarkeit der Einzelkomponenten machen kann (siehe Kap. 6).

Fehler, die durch Störungen bei der Übertragung auftreten, können hardwaremäßig erkannt werden durch Paritätsinformation wie z.B. den CRC-Check oder softwaremäßig beseitigt werden durch entsprechende Quittungsverfahren zwischen Sender und Empfänger.

3.4.4.4 Busverwaltung und Kommunikationsprotokoll

Geräte, die über einen Bus miteinander kommunizieren, werden in drei Kategorien eingeteilt.

Listener sind Geräte, die den Bus lediglich abhören. Sie kommen nur als Empfänger von Nachrichten in Frage und haben keine Möglichkeit, auf dem Bus zu senden. Hierzu gehören z.B. Stellglieder in einem Regelsystem, die nur Befehle entgegen nehmen.

Talker sind Geräte, die sowohl Nachrichten versenden als auch empfangen können. Hierzu zählen wir alle angeschlossenen Rechner aber auch externe Speicher oder Ausgabegeräte mit Rückmeldemöglichkeit (z.B. Papiermangel beim Drucker).

Master sind Geräte, die die Bussteuerung übernehmen. Bei der Busverwaltung unterscheiden wir eine zentrale und eine dezentrale Verwaltung.

Bei der zentralen Verwaltung gibt es einen Master, der die Buszuteilung steuert. Fällt er aus, so bricht die gesamte Kommunikation auf dem Bus zusammen. Bei dezentraler Verwaltung sind alle angeschlossenen Geräte gleichberechtigt. Hier müssen Vorkehrungen getroffen werden, daß zu einem bestimmten Zeitpunkt immer nur ein Gerät die Talkerfunktion innehat.

Sowohl bei zentraler als auch bei dezentraler Steuerung kennen wir im wesentlichen drei unterschiedliche Verfahren:

- Reihung oder daisy chaining
- Wählverfahren
- Verfahren unabhängiger Anforderungen oder random access

Betrachten wir zunächst die zentrale Bussteuerung.

Bei der Reihung oder dem daisy chaining teilen die Geräte dem Master die Busanforderung mit. Die Buszuteilung bekommt das Gerät, daß in einer Reihung dem Master am nächsten ist. Bild 3.32 zeigt die zugehörige Hardwarestruktur. Über die Bus available-Leitung werden dabei die Geräte aufgereiht. Durch technische Maßnahmen muß man sicherstellen, daß diese Leitung beim Ausfall eines Geräts durchgeschleift wird, da sonst alle folgenden Geräte von der Buszuteilung ausgeschlossen werden.

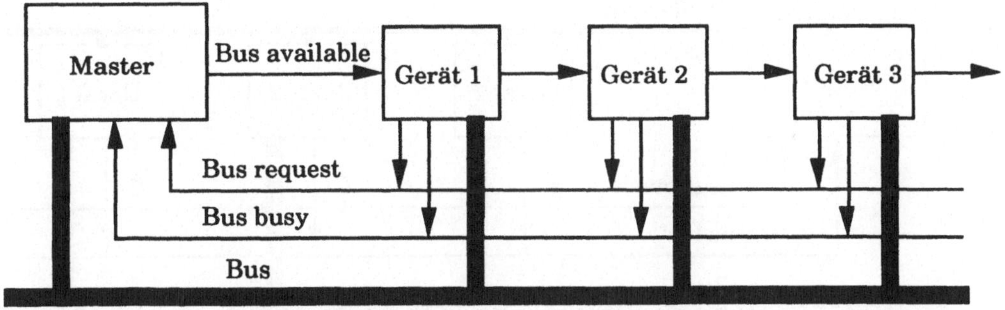

Abb. 3.32 Reihung mit zentraler Steuerung

Die Buszuteilung erfolgt nun in mehreren Schritten:

1. Ein oder mehrere Geräte melden durch Setzen der Bus request-Leitung einen Zuteilungswunsch an den Master.

2. Der Master prüft, ob der Bus frei ist. Dies ist der Fall, wenn die Bus busy-Leitung nicht gesetzt ist.

3. Ist der Bus frei, dann setzt der Master die Bus available-Leitung.

4. Dies Leitung wird von allen nicht sendewilligen Geräten durchgeschaltet bis zum ersten sendewilligen Gerät. Dieses verschluckt das Bus available-Signal, schaltet also die Leitung nicht weiter durch, löscht sein Bus request-Signal und setzt die Bus busy-Leitung.

5. Nach dem Senden der Nachricht wird die Bus busy-Leitung wieder zurückgenommen.

Wie man schnell sieht, sind Geräte, die in der Reihung nahe am Master sind, bei der Buszuteilung bevorzugt. Entfernte Geräte warten eventuell sehr lange auf die Zuteilung. Andererseits sind die Kosten für die Steuerung sehr gering und in das System lassen sich sehr einfach weitere Geräte einbetten.

Beim Wählverfahren kann der Master gezielt den Bus an ein bestimmtes Gerät vergeben. Bild 3.33 zeigt den Aufbau.

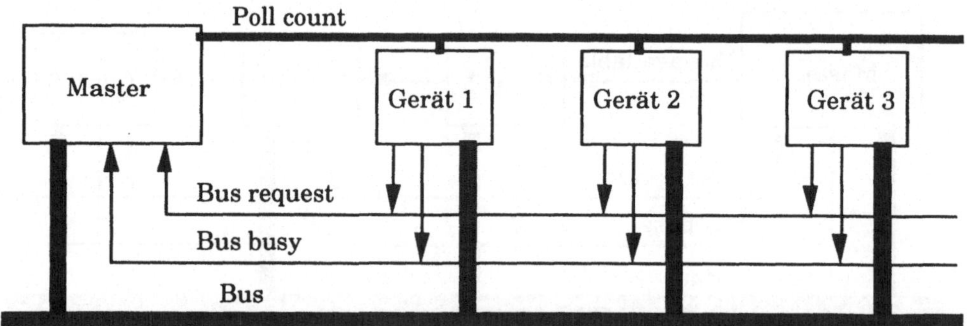

Abb. 3.33 Wählverfahren bei zentraler Steuerung

Dabei werden analog zur Reihung zunächst die Schritte 1 und 2 ausgeführt.

3. Ist der Bus frei, dann legt der Master eine Geräteadresse auf den poll count. Alle Geräte hören diese Leitung ab. Hat das Gerät mit der entsprechenden Adresse einen Bus request, so belegt es den Bus durch setzen der Bus busy-Leitung. Hat es keinen Zuteilungswunsch, dann bleibt es passiv.

Nach dem Ablauf eines Timers im Master prüft dieser durch Abfrage der Bus busy-Leitung, ob das adressierte Gerät reagiert hat. Wenn nicht, legt er die Adresse eines anderen Geräts auf den poll count.

Beim Wählverfahren lassen sich im Master unterschiedliche Zuteilungsverfahren implementieren und während des Betriebs verändern. Dies kann ein einfaches zyklisches Hochzählen der Geräteadresse sein, aber auch zufällige Auswahl, prioritätengesteuerte Auswahl oder eine Auswahl nach Zugriffshäufigkeiten sein.

Da der Master nur einen Zuteilungswunsch erfährt, aber nicht weiß, welches Gerät die Anforderung abgesetzt hat, kann es unter Umständen längere Zeit dauern, bis die Adresse eines anfordernden Geräts auf den poll count gelegt wird. Dies mindert die Auslastung des Busses. Die Erweiterbarkeit des Busses ist beschränkt durch die Anzahl der vergebbaren Adressen.

Beim Verfahren unabhängiger Anforderungen erfährt der Master, welches Gerät eine Zuteilungsanforderung stellt und kann damit den Bus gezielt zuweisen. Auch hier lassen sich unterschiedliche Zuteilungsstrategien implementieren. Da von jedem Gerät zwei exklusive Leitungen zum Master gehen (Bus request i, Bus granted i) sind die Kosten für eine solche Steuerung hoch. Die Anzahl der Geräte ist durch die Leitungskapazität des Master beschränkt. Damit ist eine Erweiterbarkeit des Systems stark eingeschränkt. Bild 3.34 zeigt den Aufbau.

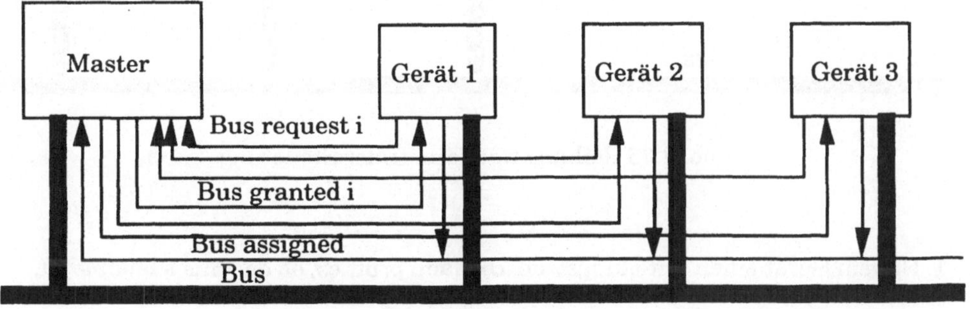

Abb. 3.34 Verfahren unabhängiger Anforderung mit zentraler Steuerung

Die Zuteilung erfolgt in folgenden Schritten:

1. Hat ein Gerät i einen Zuteilungswunsch, so meldet es den dies über die Leitung Bus request i an den Master.

2. Der Master prüft, ob der Bus frei ist (Bus assigned nicht gesetzt).

3. Ist der Bus frei, so wählt der Master aus allen Zuteilungswünschen ein Gerät aus und weist ihm mit der Leitung Bus granted i den Bus zu.

4. Das Gerät nimmt sein Bus request i zurück und setzt die Bus assigned Leitung.

5. Nach dem Ende der Übertragung nimmt das Gerät Bus assigned zurück.

Bei dezentraler Steuerung entfällt der Master. Dies ergibt bei der Reihung dann den Aufbau nach Bild 3.35.

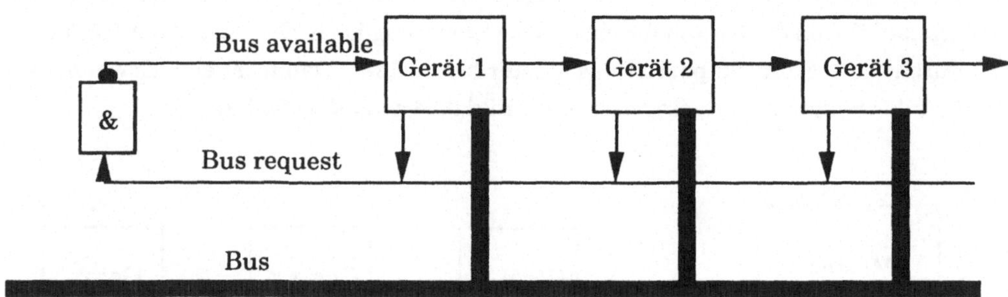

Abb. 3.35 Reihung mit dezentraler Steuerung

1. Hat ein Gerät einen Zuteilungswunsch, dann prüft es, ob der Bus available ist.

2. Ist der Bus frei, dann wird Bus request gesetzt und die Nachricht auf den Bus gegeben. Da Bus available die Negation des Bus request ist, wird damit automatisch der Bus als belegt gekennzeichnet.

Wie man sieht kommt es hier leicht zu Kollisionen, die auch als Wettrenn-situationen bezeichnet werden. Hierzu kommt es, wenn mehrere Geräte quasi gleichzeitig einen freien Bus feststellen und ihn anfordern.

Beim Wählverfahren legt ähnlich wie bei der zentralen Steuerung das Gerät, daß seine Nachricht abgesetzt hat, eine neue Geräteadresse auf den poll count. Auch hier muß sichergestellt werden, z.B. durch Timer, daß ein sendewilliges Gerät angesprochen wird. Den Aufbau zeigt Bild 3.36.

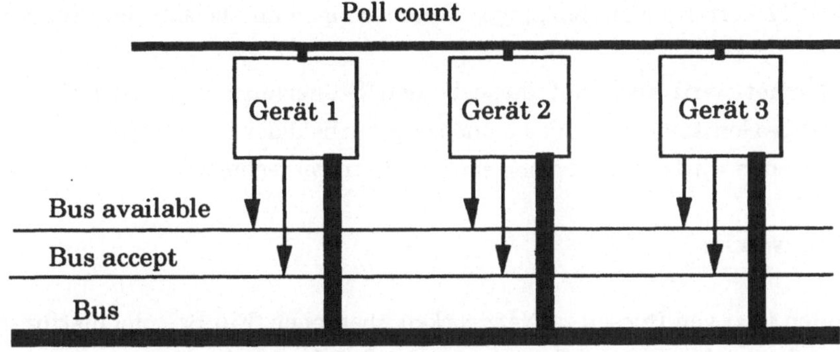

Abb. 3.36 Wählverfahren bei dezentraler Steuerung

Dabei wird über die Bus available-Leitung der Bus freigegeben und bei Zuteilung über Bus accept belegt.

Das Verfahren bei unabhängigen Anforderungen mit dezentraler Steuerung ist von besonderer Bedeutung, da z. B. das Ethernet nach diesem Prinzip arbeitet. Dabei setzt ein Gerät die Bus request-Leitung, falls Bus assigned nicht gesetzt ist. Da dies quasi gleichzeitig von mehrerer Geräten gemacht werden kann, kommt es zu Kollisionen. Durch geeignete Methoden müssen diese Zugriffskonflikte aufgelöst werden. Bei Ethernet ist dies das CSMA/CD-Verfahren (Carrier sense multiple access, collision detection). Der Aufbau ist in Bild 3.37 gezeigt.

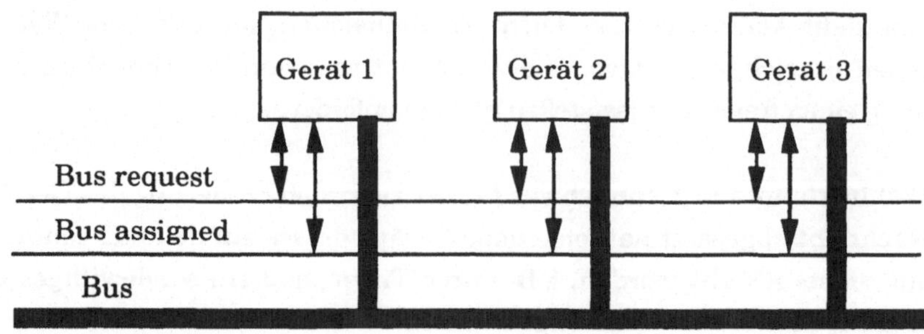

Abb. 3.37 Verfahren unabhängiger Anforderungen mit dezentraler Steuerung

Bei Ethernet wird auch auf diese beiden Steuerleitungen verzichtet. Jedes
sendewillige Gerät hört den Bus ab und sendet sobald der Bus als frei erkannt wird.
Bei Kollisionen wird dann nach obigem Verfahren vorgegangen.

3.4.5 Netzwerke

Wir wollen jetzt von Bussen zu Netzwerken übergehen. Ein Beispiel hierfür ist das
Internet. Dieses Netz ist ein Zusammenschluß vieler lokaler Netze, meist aus dem
Hochschulbereich. Ein weiteres Beispiel ist das öffentliche Datennetz der
Deutschen Bundespost.

Zum Betrieb solcher Netze sind Protokolle zur Regelung der Kommunikation
notwendig. In der Praxis sind zwei Protokolle weit verbreitet. Dabei handelt es sich
um TCP/IP und das ISO-OSI-Modell. Bei beiden Protokollen handelt es sich um
sogenannte Schichtprotokolle.

Dabei kommuniziert eine Schicht des Senders mit der Partnerschicht beim
Empfänger. Sie erbringt dabei bestimmte Dienste durch eigene Leistungen und
dadurch, daß sie sich die Leistung niedriger Schichten zunutze macht. Wir wollen
dies am ISO-OSI-Schichtenmodell betrachten (OSI = Open system
interconnection).

Das ISO-OSI-Schichtenmodell hat 7 Schichten, die ganz oder teilweise in den
kommunizierenden Rechnern realisiert sein müssen. Bei den Vermittlungsrechner
genügt es, die transportorientierten unteren 3 Schichten zu implementieren. Bild
3.37 zeigt den Aufbau des Schichtenmodells.

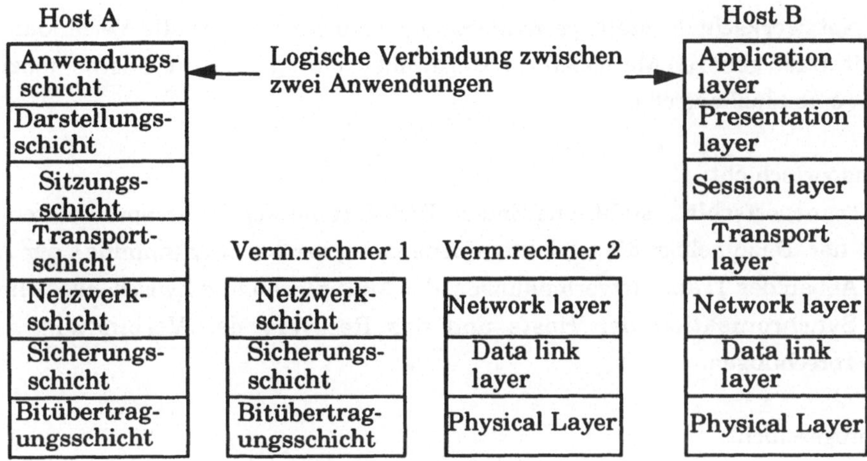

Abb. 3.38 ISO-OSI-Schichtenmodell

Die Aufgaben der einzelnen Schichten sollen hier nur kurz beschrieben werden. Für genauere Angaben wird auf weiterführende Literatur [Tane84], [Span93] verwiesen.

Bitübertragungsschicht:
Die Aufgabe dieser Schicht ist die transparente Übertragung eines Bitstroms ("raw bits") ungesichert über einen physikalischen Übertragungskanal. Es werden die elektrischen, mechanischen und physikalischen Bedingungen hierzu festgelegt. Dazu gehört z. B. die Festlegung des Übertragungsmediums, der Pegel und der Stecker sowie die Art der Übertragung. Dies wird in zahlreichen Normen (z. B. V24, X21 usw.) geregelt.

Sicherungsschicht:
Die Aufgabe der Sicherungsschicht ist die Bereitstellung eines fehlerfreien, logischen Kanals. Dazu gehört die Bildung und Auswertung von Paritäts-information (Prüfpolynom) und die Flußkontrolle. Beispiele hierfür sind HDLC (High Level Data Link Control), SDLC (Synchronous Data Link Control), BSC (Binary Synchronous Control) und LAP (Line Access Protocol).

Netzwerkschicht:

Die Netzwerkschicht stellt permanente oder temporäre virtuelle Verbindungen
bereit. Dazu gehören Methoden zur Wegewahl (routing) und zur Lastbegrenzung
sowie eine Flußkontrolle.

Transportschicht:

Die Transportschicht stellt eine End-zu-End-Verbindung der kommunizierenden
Host her. Dazu gehört die eindeutige Benennung der Rechner (naming), der Auf-
und Abbau der Transportverbindungen, das Multiplexen und Zwischenspeichern,
die Synchronisation der Hosts und das Recovery der Verbindung nach
Unterbrechungen.

Sitzungsschicht:

Die Sitzungsschicht wird auch als Kommunikationssteuerschicht bezeichnet.
Aufgaben dieser Schicht sind die Kontrolle von Zugriffsrechten und das Accounting.

Darstellungsschicht:

Durch die Darstellungsschicht wird gewährleistet, daß sich Rechner trotz
unterschiedlicher Darstellungsformen verstehen. Dies betrifft zum Beispiel
unterschiedliche Zeichensätze, Zahlen- oder Dateiformate. Dazu wird die
Information durch Hilfsmittel auf ein virtuelles Terminal abgebildet. Ein
gebräuchliches Hilfsmittel dieser Schicht ist ASN.1 (Abstract Syntax Notation
One).

Anwendungsschicht:

Aufgabe dieser Schicht ist es, logische Verbindungen zwischen kommunizierenden
Anwendungsprogrammen verschiedener Hosts zu realisieren. Als Beispiele sind
hier electronic mail, Filetransfer oder verteilte Datenbanken zu nennen.

3.4.6 Kommunikation des Motorola 68020

Zum Abschluß dieses Kapitels wollen wir uns am Beispiel des Motorola 68000 die
Kommunikationsmöglichkeiten eines modernen Mikroprozessors betrachten. Bild
3.39 zeigt die Anschlüsse des Prozessors:

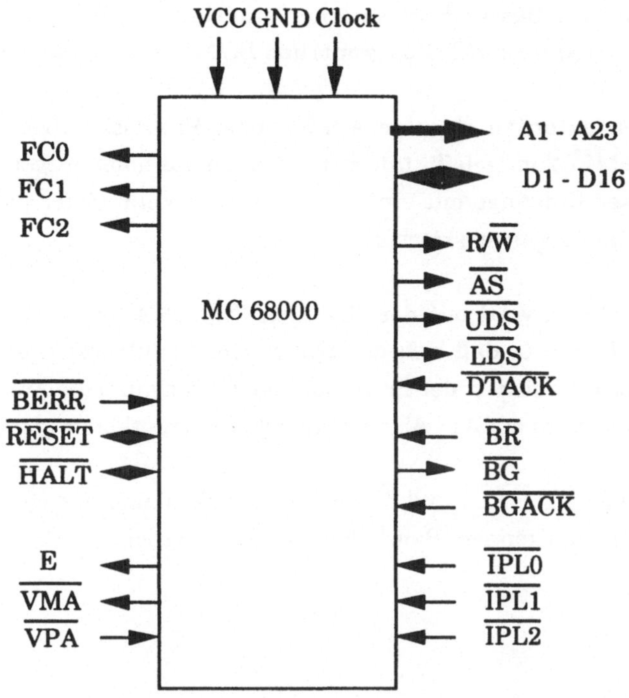

Abb. 3.39 Anschlüsse des Motorola 68000

Der asynchronen Kommunikation dienen dabei die Anschlüsse

$\overline{R/\overline{W}}$	Read/Write	Gibt die Richtung der Kommunikation an
$\overline{AS}$	Address strobe	Zeigt an, daß auf A1 - A23 eine gültige Adresse liegt
$\overline{UDS}$	Upper data strobe	Es werden die höherwertigen 16 Bit auf den Datenbus D1 - D16 gelegt
$\overline{LDS}$	Lower data strobe	Es werden die niedrigwertigen 16 Bit auf den Datenbus D1 - D16 gelegt
$\overline{DTACK}$	Data acknowledge	Quittung vom Kommunikationspartner

Aus historischen Gründen gibt es auch eine synchrone Kommunikation. Dies stellt die Kompatibilität mit älteren Prozessoren sicher. Hierfür werden die Signale E (Enable), $\overline{VMA}$ und $\overline{VPA}$ (Quittungen) verwendet.

Zur Anforderung des Busses durch externe Geräte und der Buszuteilung gibt es die Signale $\overline{\text{BR}}$ (Bus request), $\overline{\text{BG}}$ (Bus grant) und $\overline{\text{BGACK}}$ (Bus grant acknowledge).

Interrupts von externen Geräten werden dem Prozessor über die Eingänge $\overline{\text{IPL0}}$, $\overline{\text{IPL1}}$ und $\overline{\text{IPL2}}$ mitgeteilt. Interrupts werden nur dann ausgeführt, wenn ein Vergleich dieser Eingänge mit einem internen Maskenregister positiv ausfällt. Dadurch sind Interrupts maskierbar.

Der Prozessorstatus wird mit den Signalen FC0, FC1 und FC2 mitgeteilt. So bedeutet z.B. FC2 = 0, daß sich das System im Benutzermodus befindet. Mit FC0=FC1=FC2 = 1 quittiert der Prozessor den Eingang und die Ausführung eines Interrupts. Dabei wird auf A1 - A3 die quittierte Interruptklasse gelegt.

Die Signale $\overline{\text{RESET}}$, $\overline{\text{HALT}}$ und $\overline{\text{BERR}}$ (Bus error) dienen der Systemkontrolle. Weitere Einzelheiten können [Bähr91] entnommen werden.

4 Formale Entwurfsmethoden

Wie schon im Vorwort dargelegt wurde, wollen wir uns in diesem Kapitel mit der Beschreibung von Architekturmodellen befassen ohne näher auf die Modelle selbst einzugehen. Wir gehen davon aus, daß solche Modelle von Rechnern oder Rechnerkomponenten existieren. Dies kann ein Modell sein, daß nur im Kopf eines Architekten vorhanden ist oder das durch die Umgangssprache in seiner Architektur oder seiner Funktion beschrieben ist.

Die hier vorgestellten Beschreibungs- oder Entwurfsmethoden sollen es ermöglichen, Simulationen und Tests automatisch durchzuführen, um die logische Richtigkeit unseres Entwurfs (Modells) zu überprüfen. Da auch logisch richtige Entwürfe nach der Realisierung nicht immer funktionieren, ist es notwendig, hier möglichst auch zeitliche Abhängigkeiten (Gatterlaufzeiten, Speicherzykluszeiten usw.) zu testen. Wir wollen im folgenden vier Beschreibungsmethoden behandeln und ihre Vor- und Nachteile aufzeigen. Es handelt sich hierbei um die Beschreibung mit Automaten und mit Petrinetzen, um Rechnerentwurfssprachen und um CSP.

4.1 Automaten

Aus historischer Sicht sind Automaten die älteste Beschreibungsmethode im Bereich der Rechnerarchitektur. Ein Rechner wird hier auch als Rechenautomat bezeichnet. Ein Standardwerk hierzu stammt aus dem Jahr 1966 [HaSt66].

Daraus resultiert, daß Automatenbeschreibungen weit verbreitet sind und von vielen verstanden werden. Für kleinere Entwürfe sind sie übersichtlich und leicht nachvollziehbar, für komplexe Rechner werden sie jedoch schnell unübersichtlich. Außerdem sind sie nur für synchrone Schaltwerke einsetzbar.

Als gravierende Nachteile sind zu vermerken, daß der Zeitfaktor nicht eingebracht werden kann (Gatterlaufzeiten etc.) und daß asynchrone Schaltwerke, wie sie in der Parallelverarbeitung auftreten, nicht mit Automaten beschrieben werden können. Wir werden in diesem Kapitel die Grundlagen der Automatentheorie für die Beschreibung von Rechner und Teilen hiervon aufbereiten. Auf Satzbeweise wird hier bewußt verzichtet und auf [HaSt66] verwiesen.

Ziel wird es sein, komplexe Schaltwerke in einfache zu zerlegen, die mit übersichtlichen Automaten beschreibbar sind. Umgekehrt werden wir dann aus diesen einfachen Teilen komplexe Automaten zusammensetzen.

4.1.1 Definition Mealy-Automat

Ein Mealy-Automat ist ein Quintupel $\mathfrak{A}$ = (X,Y,Z,δ,λ) mit

> X: Endliche, nichtleere Menge der Eingabesymbole (Eingabealphabet)
> Y: Endliche, nichtleere Menge der Ausgabesymbole (Ausgabealphabet)
> Z: Endliche, nichtleere Menge der Zustände
> und den Abbildungen
> δ: Z x X $\rightarrow$ Z
> λ: Z x X $\rightarrow$ X

4.1.2 Darstellungsmöglichkeiten von Mealy-Automaten

Mealy-Automaten lassen sich mit Automatentafeln und Automatengraphen darstellen. Dies soll an einem Beispiel gezeigt werden.

Sei X = { 1,2,3 }, Y = { 1,2 } und Z = { 1,2,3,4 }. Dann läßt sich folgende Automatentafel angeben:

Z \ X	1	2	3
1	(2,1)	(3,2)	(2,1)
2	(1,2)	(3,2)	(2,1)
3	(3,1)	(2,1)	(4,1)
4	(3,2)	(1,2)	(4,2)

Abb. 4.1   Automatentafel

Dabei bedeutet (a,b): a ist der Folgezustand, der sich aus der Funktion δ ergibt und b ist das Ausgabezeichen, das von λ bestimmt wird.

Der zugehörige Automatengraph hat die Zustände z_1, z_2, z_3, und z_4 als Knoten. Die Kanten stellen die Zustandsübergänge (Funktion δ) dar und sind mit (m,n) gekennzeichnet. Dabei bedeutet m ein Zeichen des Eingabealphabets und n ein Zeichen des Ausgabealphabets.

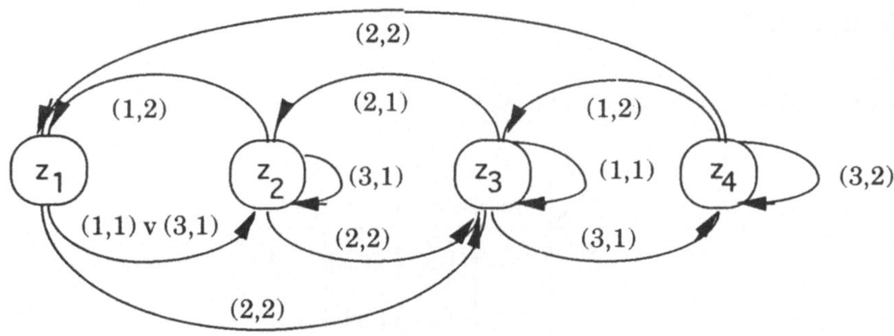

Abb. 4.2 Automatengraph

4.1.3 Definition: Deterministischer und vollständiger Automat

Ein Automat heißt deterministisch, wenn gilt:

$$\forall\, x \in X, \forall\, z \in Z : \quad | \,\delta(z,x)\, | \leq 1$$

Ein Automat heißt vollständig, wenn gilt:

$$\forall\, x \in X, \forall\, z \in Z : \quad | \,\delta(z,x)\, | \geq 1$$

Für einen vollständigen, deterministischen Automaten gilt daher:

$$\forall\, x \in X, \forall\, z \in Z : \quad | \,\delta(z,x)\, | = 1$$

4.1.4 Beispiel Getränkeautomat

Um den Stoff etwas aufzulockern, wollen wir immer wieder Beispiele zur Illustration einfügen. Wir wollen mit einem Mealy-Automaten einen Getränkeautomaten beschreiben, der zwei Sorten Getränke ausgeben kann. Der Einfachheit halber nimmt er nur eine Münzsorte an.

Daraus ergibt sich das Eingabealphabet X = { m=Münze einwerfen, r=Rückgabeknopf drücken, s1=Sorte 1 drücken, s2= Sorte 2 drücken } und das Ausgabealphabet Y = { g=Geld zurück, a1=Ausgabe Sorte1, a2=Ausgabe Sorte2, k=keine Reaktion}.

Damit erhalten wir die Zustandstabelle

Z \ X	m	r	s1	s2
1	(2,k)	(1,k)	(1,k)	(1,k)
2	(2,r)	(1,r)	(1,a1)	(1,a2)

Abb. 4.3 Getränkeautomat

4.1.5 Erweiterung von δ und λ

Für die Funktion δ und λ lassen wir im weiteren Ketten von Eingabesymbolen zu. Damit erhalten wir die Funktionen δ: $Z \times X^* \rightarrow Z^*$ und λ: $Z \times X^* \rightarrow Y^*$. Dabei gilt:

$$\delta(z, x_1 x_2 \ldots x_n) = z_1 z_2 \ldots z_n \text{ mit } \delta(z,x_1) = z_1, \delta(z_1,x_2) = z_2, \ldots \delta(z_{n-1},x_n) = z_n$$

$$\lambda(z, x_1 x_2 \ldots x_n) = y_1 y_2 \ldots y_n \text{ mit } \lambda(z,x_1) = y_1, \lambda(z_1,x_2) = y_2, \ldots \lambda(z_{n-1},x_n) = y_n$$

Der Übersichtlichkeit wegen werden wir weiter mit den Symbolen δ und λ arbeiten. Desgleichen bezeichnet x eine Folge von Eingabezeichen.

4.1.6 Definition: Äquivalenz von Zuständen

Zwei Zustände z, z´ $\in$ Z eines Automaten $\mathfrak{A}$ heißen äquivalent (z $\equiv$ z´), wenn gilt

$$\forall\ x \in X^* : \lambda\ (z,x) = \lambda\ (z´,x)$$

Zwei Zustände z, z´ $\in$ Z eines Automaten $\mathfrak{A}$ heißen k-äquivalent (z $\equiv^k$ z´), wenn gilt

$$\forall\ x \in X^*,\ l(x) \leq k:\ \lambda\ (z,x) = \lambda\ (z´,x)$$

Dabei ist l(x) die Länge der Zeichenfolge.

4.1.7 Definition: Äquivalenz von Automaten

Zwei Automaten $\mathfrak{A}$ = (X,Y,Z,δ,λ) und $\mathfrak{A}´$= (X´,Y´,Z´,δ´,λ´) heißen äquivalent ($\mathfrak{A} \equiv \mathfrak{A}´$), wenn es zu jedem Zustand z $\in$ Z einen Zustand z´ $\in$ Z´ mit z $\equiv$ z´ und umgekehrt.

4.1.8 Definition: Vollreduzierter Automat

Ein Automat $\mathfrak{A}$ heißt vollreduziert $\Leftrightarrow$ $z_1 \equiv z_2 \Rightarrow z_1 = z_2$ ($\forall\ z_1, z_2 \in Z$).

4.1.9 Hauptsatz der Automatentheorie

Zu jedem endlichen, vollständigen Mealy-Automaten $\mathfrak{A}$ gibt es einen bis auf Isomorphie eindeutig bestimmten vollreduzierten Automaten $\mathfrak{A}_V$, auf den jeder zu $\mathfrak{A}$ äquivalente Automat Z-homomorph abgebildet werden kann. Keiner der zu $\mathfrak{A}$ äquivalenten Automaten hat weniger Zustände als $\mathfrak{A}_V$.
Dabei bedeutet Z-homomorph, daß eine Abbildung h: $Z_1 \rightarrow Z_2$ existiert, so daß folgendes Diagramm kommutativ ist.

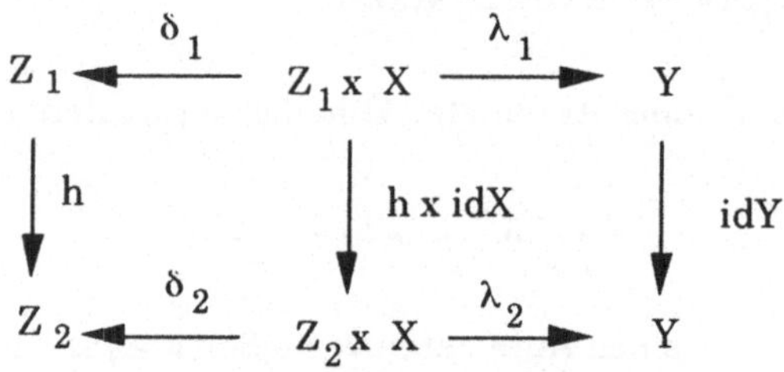

Abb. 4.4 Z-Homomorphie

4.1.10 Beispiel

Bild 4.5 zeigt den Graphen eines Mealy-Automaten. Wir suchen den dazu vollreduzierten Automaten.

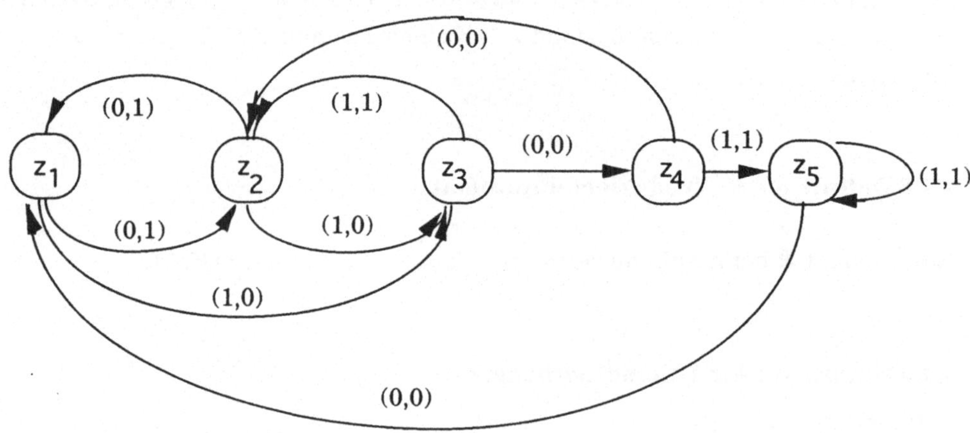

Abb. 4.5 Beispiel

Wir sehen sehr schnell, daß sich die Zustände z_1 und z_2 zum Zustand z_1' und die Zustände z_4 und z_5 zum Zustand z_4' zusammenfassen lassen. Daraus ergibt sich der vollreduzierte Automat in Bild 4.6.

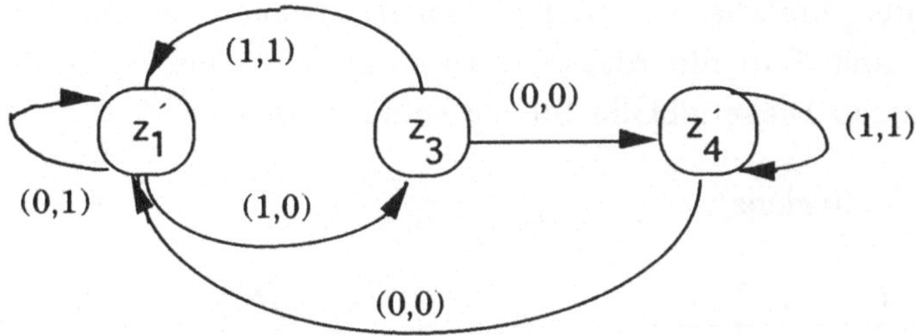

Abb. 4.6 Vollreduzierter Automat

4.1.11 Das Verfahren von Ginsburg und Huffman

Das intuitive Vorgehen aus dem Beispiel wollen wir formalisieren. Das Verfahren
von Ginsburg und Huffman ordnet dabei die Zustände nach ihrer k-Äquivalenz in
Klassen. Mit k = 1,2,...... werden die Klassen solange verfeinert, bis dies nicht mehr
möglich ist. Die Zustände innerhalb einer Klasse sind dann zueinander äquivalent
und bilden im vollreduzierten Automaten einen gemeinsamen Zustand. Wir wollen
den Ablauf dieses Verfahrens an einem weiteren Beispiel betrachten. Bild 4.7 zeigt
uns die Automatentafel.

Z \ X	1	2	3
1	(2,1)	(3,2)	(5,2)
2	(6,2)	(5,2)	(2,1)
3	(2,1)	(1,2)	(6,2)
4	(4,2)	(5,2)	(2,1)
5	(4,2)	(4,2)	(3,1)
6	(4,2)	(4,2)	(1,1)

Abb. 4.7 Automatentafel

Wir betrachten zunächst die 1-äquivalenten Zustände. Wir können dabei die Zustände 1 und 3 in die Klasse a sowie 2, 4, 5 und 6 in die Klasse b zusammenfassen. Dies ergibt die Automatentafel in Bild 4.8.

1- Äquivalenz

Z \ X	1	2	3		Z \ X	1	2	3
1	(2,1)	(3,2)	(5,2)		1	b	a	b
3	(2,1)	(1,2)	(6,2)	Klasse a	3	b	a	b
2	(6,2)	(5,2)	(2,1)		2	b	b	b
4	(4,2)	(5,2)	(2,1)	Klasse b	4	b	b	b
5	(4,2)	(4,2)	(3,1)		5	b	b	a
6	(4,2)	(4,2)	(1,1)		6	b	b	a

Abb. 4.8 1-Äquivalenz

Zur Vereinfachung haben wir auf der rechten Seite die Automatentafel mit den neuen Zustandsklassen a und b geschrieben. Wie wir sehen, können wir die Klasse b weiter unterteilen. In Bild 4.9 betrachten wir die 2-Äquivalenz mit den 3 Klassen A, B und C.

2-Äquivalenz

Z \ X	1	2	3		Z \ X	1	2	3
1	b	a	b		1	B	A	C
3	b	a	b	Klasse A	3	B	A	C
2	b	b	b		2	C	C	B
4	b	b	b	Klasse B	4	B	C	B
5	b	b	a		5	B	B	A
6	b	b	a	Klasse C	6	B	B	A

Abb. 4.9   2-Äquivalenz

Wir sehen, daß wir die Klasse B weiter unterteilen können. Mit der 3-Äquivalenz erhalten wir die Klassen α, β, γ und δ.

3-Äquivalenz

Z \ X	1	2	3	
1	B	A	C	
3	B	A	C	Klasse α
2	C	C	B	Klasse β
4	B	C	B	Klasse γ
5	B	B	A	
6	B	B	A	Klasse δ

$\Rightarrow$

Z \ X	1	2	3
1	β	α	δ
3	β	α	δ
2	δ	δ	β
4	γ	δ	β
5	γ	γ	α
6	γ	γ	α

Abb. 4.10   3-Äquivalenz

Eine weitere Verfeinerung der Klassen ist nicht möglich. Damit hat der vollreduzierte Automat die vier Zustände $1'$, $2'$, $3'$ und $4'$.

Z \ X	1	2	3
$1'$	$(2',1)$	$(1',2)$	$(4',1)$
$2'$	$(4',2)$	$(4',2)$	$(2',1)$
$3'$	$(3',2)$	$(4',2)$	$(2',1)$
$4'$	$(3',2)$	$(3',2)$	$(1',1)$

Abb. 4.11 Vollreduzierter Automat

4.1.12 Moore-Automat

Eine weitere Möglichkeit Automaten zu beschreiben ergibt sich aus der Definition des Moore-Automaten.

Ein Moore-Automat $\mathfrak{M}$ ist ein Quintupel $\mathfrak{M}$ = (X, Y, Z, δ, μ) mit der Markierungsfunktion μ : Z $\rightarrow$ Y. Die Funktion μ markiert die Zustände.

4.1.13 Darstellungsmöglichkeiten eines Moore-Automaten

Wir wollen einen Moore-Automaten mit vier Zuständen und drei Eingabezeichen als Automatengraph und mit seiner Zustandstafel darstellen.

Z	μ	X= 1	2	3
1	1	2	3	2
2	2	1	3	2
3	2	3	2	4
4	1	3	1	4

Abb. 4.12 Automatentafel für Moore-Automat

Im Automatengraphen werden die Zustände durch die Markierungsfunktion gekennzeichnet.

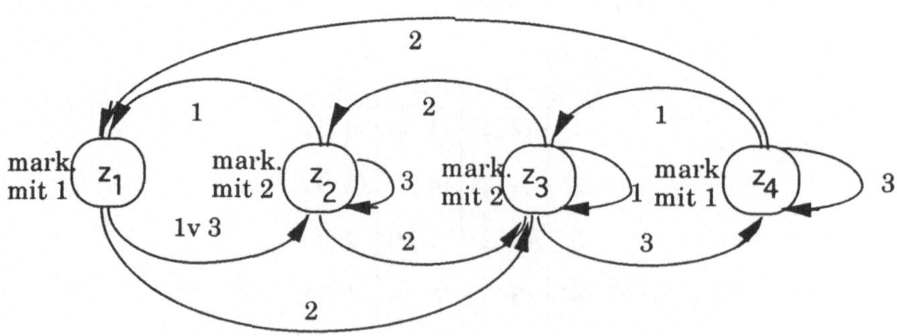

Abb. 4.13 Automatengraph für Moore-Automaten

4.1.14 Äquivalenz von Mealy- und Moore-Automaten

Jeder Moore-Automat ist auch Mealy-Automat. Zu jedem Mealy-Automaten gibt
es einen äquivalenten Moore-Automaten.
Die Umwandlung eines Moore-Automaten in einen Mealy-Automaten ist einfach.
Wir müssen im Automatengraphen nur alle Kanten, die in einen Knoten führen,
mit der Markierung dieses Knotens als Ausgabezeichen kennzeichnen.

Damit erhalten wir zum Moore-Automaten aus Beispiel 4.1.13 den
Automatengraphen des entsprechenden Mealy-Automaten in Bild 4.14. Die
Umwandlung der Automatentafel ergibt sich analog.

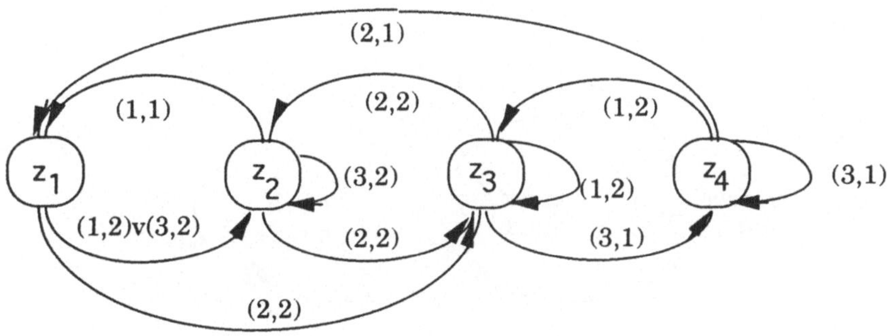

Abb. 4.14 Umwandlung Moore - Mealy - Automat

Bei der Umwandlung eines Mealy- in einen Moore-Automaten müssen wir
berücksichtigen, daß im Moore-Automaten die Zustände mit einem bestimmten
Markierungszeichen belegt sind. Führen im Mealy-Automaten Kanten mit
unterschiedlichen Ausgabesymbolen zu einem Knoten, so müssen diese im Moore-
Automaten getrennt werden. Allerdings müssen wir uns nach diesem Aufblähen
der Zustandsmenge fragen, ob sich dieser Moore-Automat nicht reduzieren läßt.
Als Beispiel betrachten wir den Mealy-Automaten in Bild 4.15.

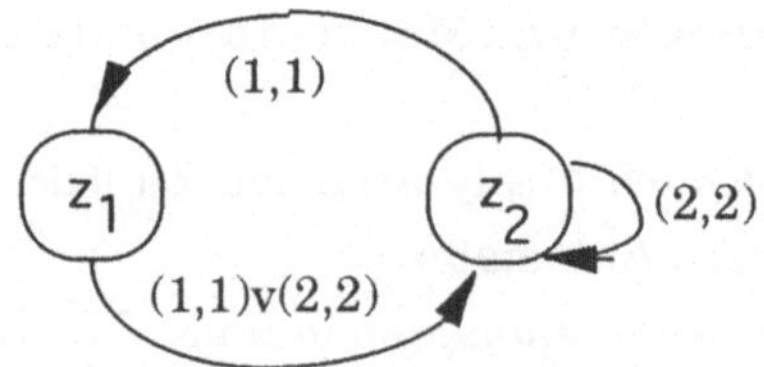

Abb. 4.15 Umwandlung Moore-Mealy-Automat

Da auf den Zustand z_2 Kanten mit unterschiedlichen Ausgabesymbolen zeigen, müssen wir ihn bei der Konstruktion des Moore-Automaten in zwei Zustände zerlegen.

Wir erhalten den äquivalenten Moore-Automaten in Bild 4.16. Die Entscheidung, ob sich dieser Automat weiter reduzieren läßt, überlassen wir dem Leser.

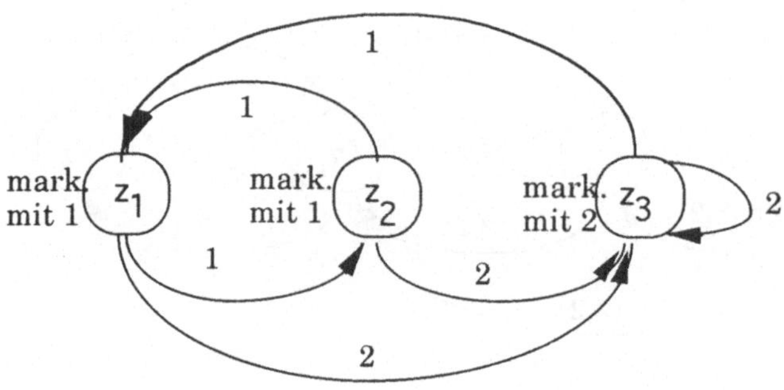

Abb. 4.16 Äquivalenter Moore-Automat

4.1.15 Definition Medvedev-Automat

Der Medvedev-Automat ist ein Tripel $\overline{Z}$ = (X, Z, δ) mit X, Z, δ wie beim Mealy-Automaten.

Man bezeichnet den Medvedev-Automaten auch als Halbautomaten, den Moore-Automaten als Zustandsautomaten und den Mealy-Automaten als Übergangsautomaten.

4.1.16 Definition Zuordnung

Gegeben zwei Automaten $\mathfrak{A} = (X,Y,Z,\delta,\lambda)$ und $\mathfrak{A}' = (X',Y',Z',\delta',\lambda')$. Ein Tripel (α,β,γ) nennt man eine Zuordnung von $\mathfrak{A}$ in $\mathfrak{A}'$, wenn

$$\alpha: X \to X'$$
$$\beta: Y' \to Y$$
$$\gamma: Z \to P(Z')$$

und es gilt

$$\delta'(\gamma(z), \alpha(x)) \subseteq \gamma(\delta(z,x))$$
$$\beta(\lambda'(z',\alpha(x))) = \lambda(z,x)$$

Beim Moore-Automaten lautet die zweite Bedingung analog: $\beta(\mu'(z')) = \mu(z)$

4.1.17 Definition Realisierung

Ein Automat $\mathfrak{A}'$ heißt Realisierung von $\mathfrak{A}$, wenn es eine Zuordnung (α,β,γ) von $\mathfrak{A}$ in $\mathfrak{A}'$ gibt.

4.1.18 Satz

Sind zwei Automaten $\mathfrak{A}$ und $\mathfrak{A}'$ äquivalent, dann ist $\mathfrak{A}'$ eine Realisierung von $\mathfrak{A}$ und umgekehrt.

4.1.19 Beispiel

Wir wollen in diesem Beispiel [BoHä80] einen Automaten mit drei Zuständen, der bei einem Entwurf entstanden ist, realisieren. Realisieren bedeutet in diesem Zusammenhang, den Automaten durch uns bekannte Bauelemente, Gatter und Flipflops, tatsächlich zu bauen.

Betrachten wir folgenden Moore-Automaten $\mathfrak{M}$.

Z	μ	X= a	b
1	0	3	2
2	1	1	2
3	1	3	1

mit X = { a, b }
     Y = { 0, 1 }
     Z = { 1,2,3 }

Abb. 4.17 Beispielautomat

Wollen wir diesen Automaten realisieren, so benötigen wir für die drei Zustände zwei Flipflops, die insgesamt vier unterschiedliche Zustände 00, 01, 10 und 11 annehmen können. Daraus ergibt sich $Z' = \{\,0, 1, 2, 3\,\}$. Mit $X' = Y' = \{\,0, 1\,\}$ ergibt sich folgende Zuordnung:

$\alpha: X \to X'$ mit $\alpha\,(a) = 0$ und $\alpha\,(b) = 1$

$\beta: Y' \to Y$ mit $\beta\,(0) = 0$ und $\beta\,(1) = 1$

$\gamma: Z \to P(Z')$ mit $\gamma\,(1) = \{\,0, 2\,\}$, $\gamma\,(2) = \{\,3\,\}$ und $\gamma\,(3) = \{\,1\,\}$

Zur Realisierung $\mathfrak{M}'$ von $\mathfrak{M}$ gehört folgende Automatentafel:

Z	μ'	X= 0	1
0	0	1	3
2	0	1	3
3	1	0	3
1	1	1	2

Abb. 4.18 Realisierung

Für die Realisierung ist es günstig, die Zustände binär darzustellen. Daraus ergibt sich:

$Q_1\ Q_2$	$\mu´$	X= 0	1
0 0	0	01	11
1 0	0	01	11
1 1	1	00	11
0 1	1	01	10

Abb. 4.19 Zustandstabelle

Verwenden wir zur Realisierung zwei JK-Flipflops mit den Ausgängen Q_1 und Q_2, so ergeben sich folgende Funktionen, die bereits minimisiert sind:

$$J_1 = K_1 = X$$
$$J_2 = Q_2 \vee Q_1 X \vee \overline{Q_1}\,\overline{X}$$
$$K_2 = Q_1 Q_2\overline{X} \vee \overline{Q_1}Q_2 X$$
$$\mu´= Q_2$$

Dies läßt sich unmittelbar aus Tabelle 4.19 ablesen.

4.1.20 Serielle Komposition

Die serielle Komposition zweier Automaten $\mathfrak{A}_1 = (\ X_1,\ Y_1,\ Z_1,\ \delta_1,\ \lambda_1\ )$ und $\mathfrak{A}_2 = (\ X_2, Y_2, Z_2, \delta_2, \lambda_2\ )$ mit $Y_1 = X_2$ ist der Automat

$$\mathfrak{A} = \mathfrak{A}_1 \ominus \mathfrak{A}_2 = (\ X_1, Y_2, Z_1 \times Z_2,\ \delta, \lambda\ )$$

mit $\delta\ ((z_1,z_2),\ x) = (\ \delta_1(z_1,x), \delta_2\ (z_2,\ \lambda_1(\ z_1,x))\ )$ und $\lambda((z_1,z_2),x) = \lambda_2\ (z_2, \lambda_1\ (\ z_1,x\ ))$.

4.1.21 Parallele Komposition

Die parallele Komposition zweier Automaten $\mathfrak{A}_1 = (\ X_1,\ Y_1,\ Z_1,\ \delta_1,\ \lambda_1\ )$ und $\mathfrak{A}_2 = (\ X_2, Y_2, Z_2, \delta_2, \lambda_2\ )$ mit $X_1 = X_2$ ist der Automat

$$\mathfrak{A} = \mathfrak{A}_1 \textcircled{\scriptsize II} \ \mathfrak{A}_2 = (\ X_1, Y_1 \times Y_2, Z_1 \times Z_2,\ \delta, \lambda\ )$$

mit $\delta\ ((z_1,z_2),\ x) = (\ \delta_1(z_1,x), \delta_2\ (z_2,\ x))$ und $\lambda((z_1,z_2),x) = (\lambda_1\ (\ z_1,x\ ),\ \lambda_2\ (z_2, x))$.

Dabei ist es möglich, daß die Ausgabemenge $Y_1 \times Y_2$ durch ein Schaltnetz σ zu einer gemeinsamen Menge Y verknüpft wird.

4.1.22 Dekomposition

Die Automaten $\mathfrak{A} = \mathfrak{A}_1 \ominus \mathfrak{A}_2$ und $\mathfrak{A} = \mathfrak{A}_1 \oslash \mathfrak{A}_2$ sind Dekompositionen von $\mathfrak{A}$, dann und nur dann, wenn sie $\mathfrak{A}$ realisieren.

Eine Dekomposition von $\mathfrak{A}$ ist nichttrivial, wenn jeder der sie realisierenden Automaten $\mathfrak{A}_1$ und $\mathfrak{A}_2$ weniger Zustände hat als $\mathfrak{A}$.

4.1.23 Partition

Eine Zerlegung oder Partition Π auf der Zustandsmenge Z eines Automaten ist eine Menge von paarweise disjunkten Teilmengen von Z, deren Vereinigungsmenge Z ist.
$$\Pi = \{ B_i \} \quad i = 1, 2, \ldots \quad Z = \cup B_i \quad B_i \cap B_j = \varnothing \text{ für } i \neq j.$$

$B_\Pi(z)$ gibt an, in welchem Block der Partition der Zustand z zu finden ist.
$$z \equiv z'\,(\Pi) \Leftrightarrow B_\Pi(z) = B_\Pi(z')$$

4.1.24 Beispiel Partition

Sei $Z = \{ z_1, z_2, z_3, z_4, z_5, z_6, z_7, z_8, z_9 \}$. Eine Partition ist dann beispielsweise $\Pi = \{\{z_1, z_3\}, \{z_2, z_5, z_9\}, \{z_4, z_7, z_8\}, \{z_6\}\}$. Die übliche Schreibweise hierfür ist $\{\overline{1,3}, \overline{2,5,9}, \overline{4,7,8}, \overline{6}\}$. Es gilt $B_\Pi(2) = B_\Pi(5) = B_\Pi(9) = \overline{2,5,9}$.

4.1.25 Verfeinerung und Vergröberung

Seien Π_1 und Π_2 Zerlegungen von Z. Es gilt:

$$\Pi_1 \leq \Pi_2 \Leftrightarrow (\forall B \in \Pi_1 \Rightarrow \exists\, B' \in \Pi_2 : B \subseteq B')$$

$\Pi_1 \circ \Pi_2$ ist die Zerlegung, für die gilt:
$$z \equiv z'\,(\Pi_1 \circ \Pi_2) \Leftrightarrow z \equiv z'\,(\Pi_1) \text{ und } z \equiv z'\,(\Pi_2)$$
$\Pi_1 \circ \Pi_2$ heißt Verfeinerung

$\Pi_1 + \Pi_2$ ist die Zerlegung, für die gilt:

$z \equiv z' \, (\Pi_1 \circ \Pi_2) \Leftrightarrow \exists \, z = z_1, \ldots\ldots\ldots, z_k = z' : \forall \, i \, (\, 1 \leq i \leq k\text{-}1 \,) \Rightarrow z_i \in Z \wedge$

$(\, z_i \equiv z_{i+1} \, (\Pi_1) \vee z_i \equiv z_{i+1} \, (\Pi_2))$

$\Pi_1 + \Pi_2$ heißt Vergröberung

Es gilt:

$$\Pi_1 \circ \Pi_2 \leq \Pi_1 \qquad \Pi_1 \circ \Pi_2 \leq \Pi_2$$

$$\Pi_1 \leq \Pi_1 + \Pi_2 \qquad \Pi_1 \leq \Pi_1 + \Pi_2$$

4.1.26 Beispiel

Seien Π_1 und Π_2 zwei Partitionen mit $\Pi_1 = \{\overline{1,2}, \overline{3,4}, \overline{5,6}, \overline{7,8,9}\}$ und $\Pi_2 = \{\overline{1,6}, \overline{2,3}, \overline{4,5}, \overline{7,8}, \overline{9}\}$.

Dann ist $\Pi_1 \circ \Pi_2 = \{\overline{1}, \overline{2}, \overline{3}, \overline{4}, \overline{5}, \overline{6}, \overline{7,8}, \overline{9}\}$ und $\Pi_1 + \Pi_2 = \{\overline{1,2,3,4,5,6}, \overline{7,8,9}\}$.

4.1.27 Triviale Zerlegungen

Die Partition $\Pi_0 = 0 = \{\overline{1}, \overline{2}, \ldots\ldots\overline{k}\}$ heißt feinste Zerlegung, die Partition $\Pi_i = I = \{\overline{1,2,\ldots\ldots\ldots,k}\}$ heißt gröbste Zerlegung. 0 und I werden auch als triviale Zerlegungen von Z bezeichnet.

4.1.28 S-Partition

Eine Zerlegung Π einer Zustandsmenge Z eines Automaten heißt S-Partition (Substitutionszerlegung, Kongruenz), wenn gilt:

$$\forall \, z, z', x : z, z' \in Z \times Z, x \in X, z \equiv z' \,(\Pi) \Rightarrow \delta \,(z,x) \equiv \delta \,(z',x)\,(\Pi)$$

4.1.29 Π - Bild

Ist Π eine S-Partition einer Zustandsmenge Z eines Automaten $\mathfrak{A}$, so wird der Medvedev-Automat $\mathfrak{A}_\Pi = (X, \Pi, \delta_\Pi)$ mit $\delta_\Pi \,(B_\Pi, x) = B'_\Pi \Leftrightarrow \delta \,(B_\Pi, x) \subseteq B'_\Pi$ das Π - Bild des Automaten $\mathfrak{A}$ genannt.

4.1.30 Ausgabetreue

Eine S-Partition heißt ausgabetreu, wenn

$\forall\, z, z', x : z, z' \in Z \times Z, x \in X, z \equiv z'\,(\Pi) \Rightarrow \lambda\,(z,x) = \lambda\,(z',x)$

Daraus folgt: $|\lambda\,(B_\Pi, x)| = 1$

4.1.31 Beispiel

Gegeben sei der Automat $\mathfrak{A}$ mit folgender Automatentafel:

Z \ X	0	1
1	(4,0)	(3,0)
2	(6,0)	(3,0)
3	(5,1)	(2,1)
4	(2,1)	(5,1)
5	(1,0)	(4,0)
6	(3,0)	(3,0)

Abb. 4.20 Beispiel Partition

Dann ist $\Pi_1 = \{\overline{1,2,3}, \overline{4,5,6}\}$ eine Kongruenz, aber nicht ausgabetreu und $\Pi_2 = \{\overline{1,6}, \overline{3,4}, \overline{2,5}\}$ ist eine ausgabetreue Kongruenz.

Das Π_1 - Bild bzw. das Π_2 - Bild des Automaten $\mathfrak{A}$ werden durch die beiden Automatentafeln $\mathfrak{A}_{\Pi 1}$ und $\mathfrak{A}_{\Pi 2}$ beschrieben.

$\mathfrak{A}_{\Pi 1}$	0	1
1´	2´	1´
2´	1´	2´

$\mathfrak{A}_{\Pi 2}$	0	1
1´	2´	2´
2´	3´	3´
3´	1´	2´

Abb. 4.21 Beispiel Π - Bild

4.1.32 Satz

Sind Π_1 und Π_2 Kongruenzen der Zustandsmenge Z eines Automaten $\mathfrak{A}$, so sind auch $\Pi_1 \circ \Pi_2$ und $\Pi_1 + \Pi_2$ Kongruenzen. Die Menge der Kongruenzen bilden einen Verband ($V\mathfrak{A}$, $\circ$, +).
Die Menge der ausgabetreuen Kongruenzen bilden einen Verband $W\mathfrak{A}$, der Teilverband von $V\mathfrak{A}$ ist.

4.1.33 Satz

Für einen Automaten $\mathfrak{A}$ = (X, Y, Z, δ, λ) gibt es eine Realisierung in Form einer Paralleldekomposition $\mathfrak{A}_1 \circledcirc \mathfrak{A}_2$ genau dann, wenn zwei nichttriviale Kongruenzen Π_1 und Π_2 existieren, so daß gilt: $\Pi_1 \circ \Pi_2 = 0$.

Für einen Automaten $\mathfrak{A}$ = (X, Y, Z, δ, λ) gibt es eine Realisierung in Form einer Seriendekomposition $\mathfrak{A}_1 \ominus \mathfrak{A}_2$ genau dann, wenn eine nichttriviale Kongruenz Π und eine beliebige Zerlegung τ von Z existieren, so daß gilt: $\Pi \circ \tau = 0$.

4.1.34 Zyklische Zerlegung

Eine Zerlegung Π_p der Zustandsmenge Z eines Automaten $\mathfrak{A}$ = (X, Y, Z, δ, λ) mit $\Pi_p = \{ Z_0, \ldots, Z_{p-1} \}$ heißt zyklische Zerlegung, wenn für δ gilt:

$$\delta: Z_i \times X \to Z_{i+1} \, (\bmod \, p \,). \; p \text{ heißt die Zyklenlänge.}$$

Das kleinste gemeinsame Vielfache D aller Zyklenlängen eines Automaten $\mathfrak{A}$ wird die Periode von $\mathfrak{A}$ genannt.

Π_D ist dann die maximale zyklische Zerlegung eines Automaten $\mathfrak{A}$. Mit D > 1 bezeichnet man den Automaten als periodisch, für D = 1 als aperiodisch.

Nach Hwang [Hwan73] läßt sich jeder periodische endliche Automat zerlegen in

autonome Taktgeber und
eingabeabhängige aperiodische Teilautomaten.

Dabei sind autonome Taktgeber fertige Bausteine aus einem Baukasten, so daß für die Realisierung eines Automaten nur noch die aperiodischen Teilautomaten entworfen werden müssen.

4.1.35 Ein abschließendes Beispiel

Gegeben sei ein Automat $\mathfrak{A}$ durch folgenden Automatengraphen [Hwan73]:

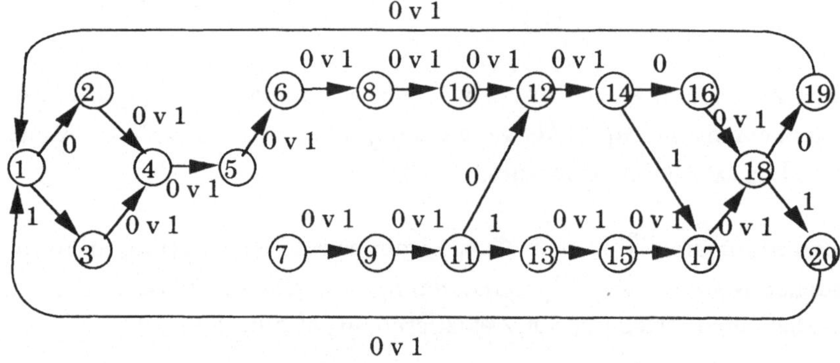

Abb. 4.22 Beispiel

Wir finden sehr schnell die zyklischen Zerlegungen

$$\Pi_3 = \{\overline{1,5,10,11,16,17},\ \overline{2,3,6,7,12,13,18},\ \overline{4,8,9,14,15,19,20}\}\ \text{und}$$
$$\Pi_4 = \{\overline{1,6,7,14,15},\ \overline{2,3,8,9,16,17},\ \overline{4,10,11,18},\ \overline{5,12,13,19,20}\}.$$

Daraus ergibt sich

$$\Pi_{12} = \Pi_D = \{\overline{1},\ \overline{2,3},\ \overline{4},\ \overline{5},\ \overline{6,7},\ \overline{8,9},\ \overline{10,11},\ \overline{12,13},\ \overline{14,15},\ \overline{16,17},\ \overline{18},\ \overline{19,20}\}$$

Aus Satz 4.1.33 folgt, daß sich $\mathfrak{A}_{\Pi_{12}}$ realisieren läßt mit einer Paralleldekomposition aus $\mathfrak{A}_{\Pi_3}$ und $\mathfrak{A}_{\Pi_4}$.

Wir suchen nun eine Zerlegung τ, so daß $\Pi_{12} \circ \tau = 0$.

Mit $\tau = \{\overline{1,2,4,5,6,8,10,12,14,16,18,19}, \overline{3,7,9,11,13,15,17,20}\}$ ist dies erfüllt. Aus 4.1.33 folgt für die Realisierung von $\mathfrak{A}$

$$\mathfrak{A} = (\ \mathfrak{A}_{\Pi 3} \textcircled{\scriptsize II}\ \mathfrak{A}_{\Pi 4}\ ) \ominus \mathfrak{A}_{Neu}$$

Dabei sind $\mathfrak{A}_{\Pi 3}$ und $\mathfrak{A}_{\Pi 4}$ autonome Taktgeber oder Medvedev-Automaten (Π - Bilder). Nur der aperiodische Teilautomat $\mathfrak{A}_{Neu}$ muß neu entworfen werden.

4.2 Petri-Netze

Die Beschreibungsmöglichkeit Petri-Netze geht auf die Dissertation von C.A. Petri [Petr62] zurück. Petri-Netze eignen sich insbesondere zur Beschreibung von Nebenläufigkeit und Parallelität. Durch entsprechende Erweiterungen, die in diesem Buch keine Rolle spielen sollen, können auch der Faktor Zeit und Verteilungsfunktionen berücksichtigt werden (timed petri nets, stochastische Netze). Wir wollen im folgenden die Grundlagen für die Beschreibung mit Petri-Netzen erarbeiten. Wir beschränken uns hierbei auf Bedingungs-/Ereignisnetze (B/E-Netz), die auch Ein-Marken-Petri-Netze genannt werden.

4.2.1 Definition Petri-Netz

Ein Petri-Netz N ist ein gerichteter Graph N = (T, P, A, M_0) mit

    T = { t_1, t_2, ..., t_n) endliche Menge von Transitionen oder Ereignissen

    P = { p_1, p_2, ..., p_m) endliche Menge von Bedingungen mit $T \cap P = \varnothing$

    A = { a_1, a_2, ..., a_k) endliche Menge gerichteter Kanten mit $A \subseteq P \times T \cup T \times P$

    M_0 ist eine Anfangsmarkierung auf der Menge der Bedingungen:

    $M_0: P \rightarrow \{0,1\}$

Jede Bedingung p_i kann eine Marke enthalten, deshalb die Bezeichnung Ein-Marken-Petri-Netz, oder leer sein. Die Menge der Marken, die zu einem bestimmten Zeitpunkt die Belegung der Bedingungen p_i ($1 \le i \le k$) bilden, wird Markierung genannt. Die Darstellung eines Petri-Netzes zeigt Bild 4.23.

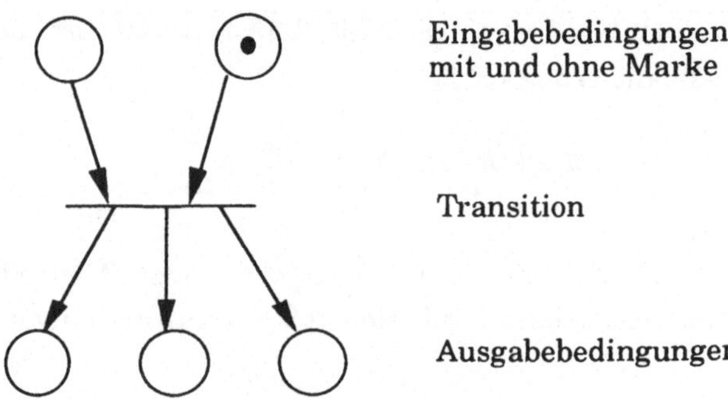

Abb. 4.23 Petri-Netz

4.2.2 Transitionen

Eine Transition $t_i \in T$ in einem Petri-Netz N heißt aktiviert, wenn alle ihre Eingabebedingungen mit genau einer Marke belegt sind.

Ist eine Transition aktiviert, dann kann sie schalten, wenn alle Ausgangsbedingungen unmarkiert sind. Beim Schalten werden von allen Eingabebedingungen die Marken entfernt, alle Ausgabebedingungen werden mit je einer Marke belegt.

4.2.3 Beispiel

Betrachten wir das Petri-Netz in Bild 4.24 mit der Anfangsmarkierung M_0. Wir sehen, daß die Transition t_1 aktiviert ist. Sie kann schalten, da keine ihrer Ausgabebedingungen eine Marke enthält. Dies führt zur Markierung M_1 in Bild 4.25. Jetzt ist die Transition t_2 aktiviert, da alle ihre Eingabebedingungen eine Marke enthalten. Sie kann schalten und dies führt zur abschließenden Markierung in Bild 4.26.

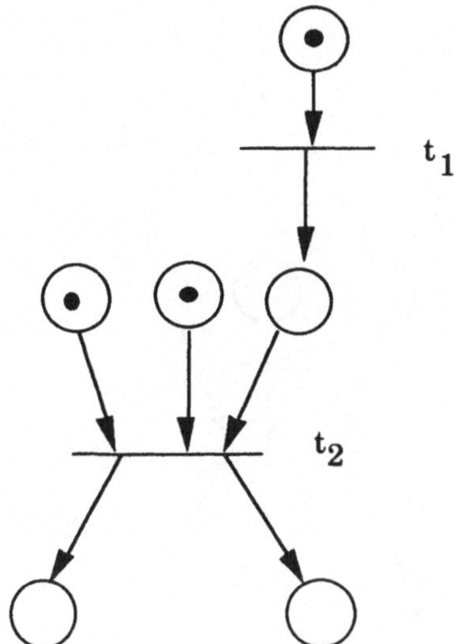

Abb. 4.24 Petri-Netz mit Anfangsmarkierung M_0

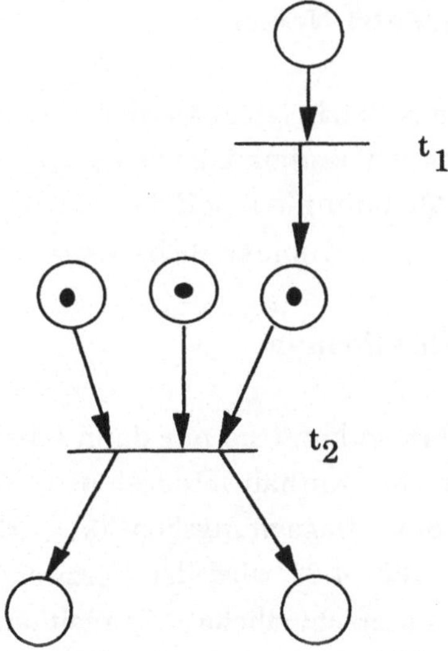

Abb. 4.25 Petri-Netz mit Markierung M_1

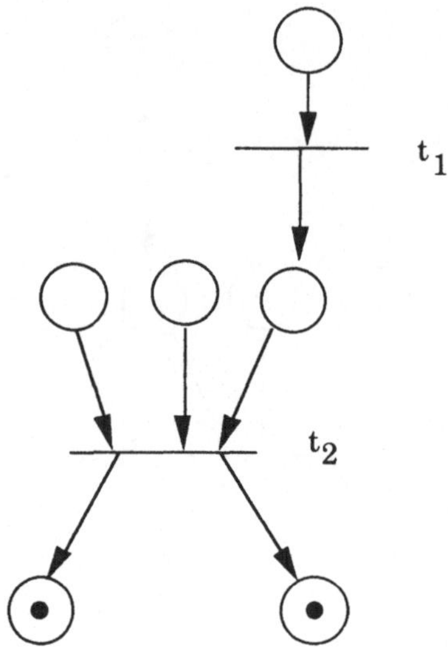

Abb. 4.26 Petri-Netz mit Markierung M_2

4.2.4 Interpretation von Petri-Netzen

Bei der Interpretation eines Petri-Netzes werden den Transitionen Bedeutungen
zugewiesen. Die Interpretation bestimmt die Semantik des Netzes. Formal können
wir die Interpretation als Abbildung I: T $\rightarrow$ E darstellen. Dabei ist T die Menge der
Transitionen und E = { e_1, ..., e_l } eine endliche Menge von Ereignissen.

4.2.5 Konflikte und Konfliktlösungen

Ist eine Transition aktiviert, so kann sie nur dann schalten, wenn alle Ausgabe-
bedingungen unmarkiert sind. Enthält mindestens eine Ausgabebedingung eine
Marke, so entsteht ein Begegnungskonflikt. Es gibt aber weitere
Konfliktmöglichkeiten. In Bild 4.27 wird der Verzweigungskonflikt dargestellt.
Dabei haben zwei unterschiedliche Transitionen eine gemeinsame
Eingabebedingung. Beide Transitionen sind aktiviert, es kann aber nur eine
schalten. Unklar ist, welche schaltet. Ein Interpretation dieses Netzes ist
beispielsweise die Zuordnung des Ereignisses Kinobesuch zur einen Transition und
des Ereignisses Kauf eines Hamburgers zur anderen Transition. Die gemeinsame
Eingabebedingung kann dann als Zufluß des Taschengeldes interpretiert werden.

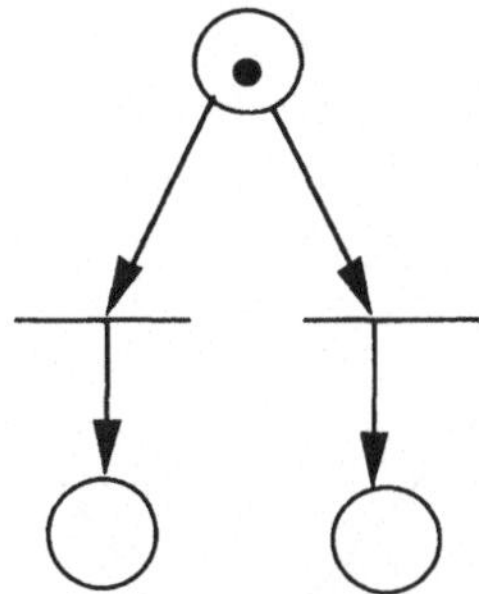

Abb. 4.27 Verzweigungskonflikt

Da das Taschengeld nur für ein Ereignis ausreicht, haben wir den Verzweigungs-
konflikt. Dieser Konflikt läßt sich dadurch lösen, daß die Gleichzeitigkeit in eine
Reihenfolge beim Schalten gebracht wird. Dies zeigt Bild 4.28. Durch zwei
zusätzliche Bedingungen wird zunächst nur die rechte Transition aktiv und kann
schalten. Die Interpretation bedeutet, daß in der ersten Woche mit dem
Taschengeld ein Kinobesuch gemacht wird, in der zweiten Woche beim erneuten
Eintreffen von Taschengeld ist jetzt die andere Transition, der Kauf eines
Hamburgers, aktiviert und kann schalten.

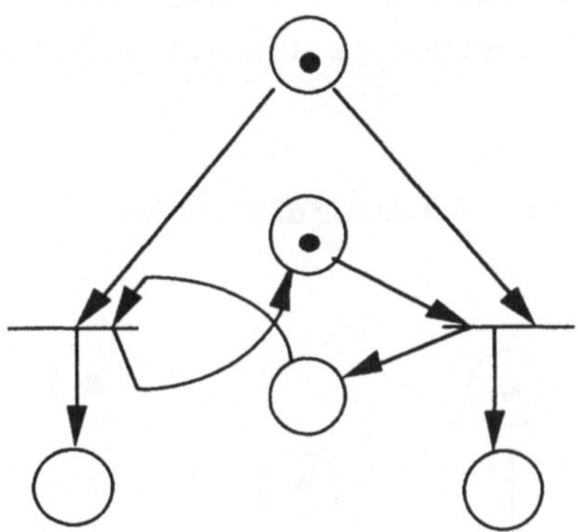

Abb. 4.28 Lösung des Verzweigungskonflikts

Ein weiterer Konflikt ist der Wettbewerbskonflikt. Hier haben zwei
unterschiedliche Transitionen eine gemeinsame Ausgabebedingung. Dies ist in Bild
4.29 dargestellt.

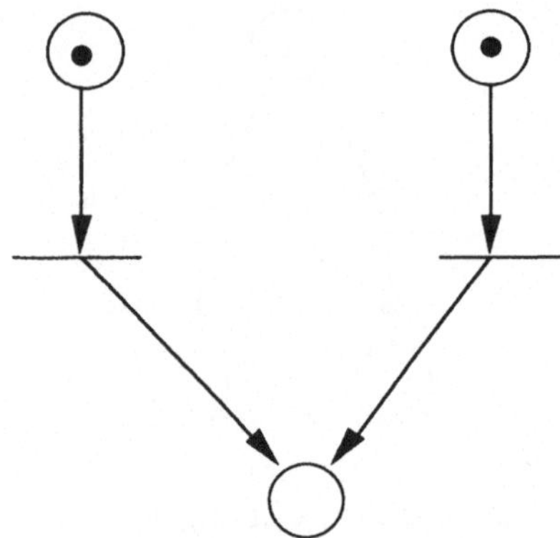

Abb. 4.29 Wettbewerbskonflikt

Beide Transitionen sind aktiviert, aber nur eine kann schalten. Eine Interpretation ist beispielsweise die Zuordnung des Ereignisses Kauf eines Autos durch Käufer A zur linken Transition unddes Ereignisses Kauf des gleichen Autos durch Käufer B zur rechten Transition. Beide Käufer stehen in einem Wettbewerb um das Auto.

Eine Lösung des Konflikts ergibt sich ebenfalls durch die Einführung einer Reihenfolge. Die Interpretation dieser Konfliktlösung bedeutet dann, daß der Autohändler dasselbe Automodell nachbestellt und die Käufer nacheinander befriedigt werden.

Bild 4.30 zeigt ein Petri-Netz zur Lösung des Wettbewerbskonflikts.

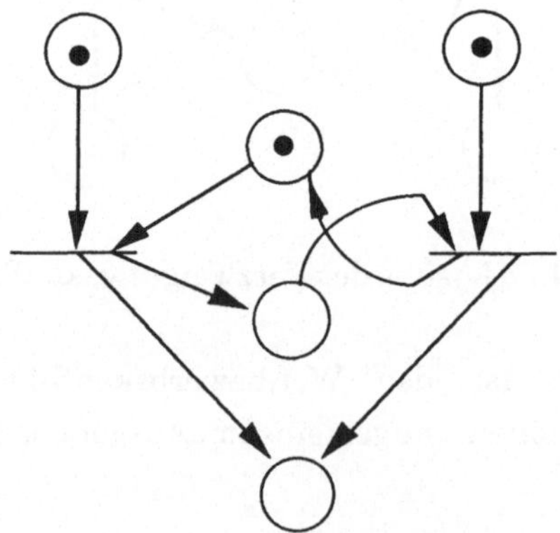

Abb. 4.30 Lösung des Wettbewerbskonflikts

Hierbei muß sichergestellt werden, daß die Markierung aus der Ausgabebedingung abfließen kann. Die Interpretation bedeutet hierbei Entfernen des gekauften Autos.

4.2.6 Synchronisation

Wir haben eingangs erwähnt, daß sich Petri-Netze zur Modellierung nebenläufiger oder paralleler Vorgänge eignen. Dabei sind zwei Operationen von besonderer Wichtigkeit: Das Verzweigen (fork) und das Zusammenführen (join) von Prozessen. Die entsprechenden Petri-Netze sind in Bild 4.31 dargestellt.

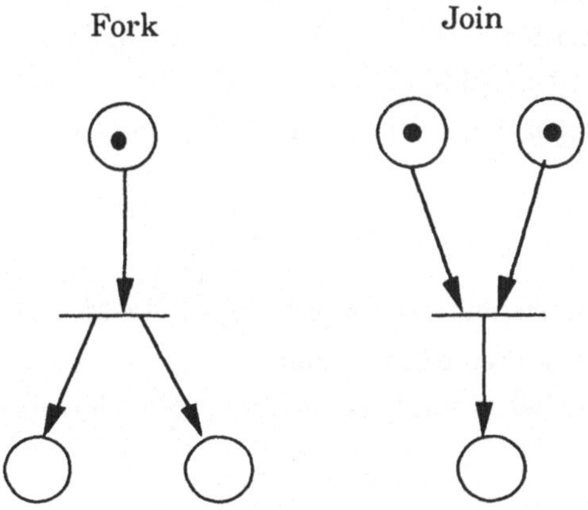

Abb. 4.31 Fork und join

4.2.7 Automat ⇒ Petri-Netz

Können wir die in 4.1 behandelten deterministischen Automaten auch als Petri-Netze darstellen? Durch eine Zuordnung der Zustände des Automaten zu den Bedingungen des Petri-Netzes und der Zustandsübergänge zu den Transitionen ist dies möglich. Die Umkehrung gilt allerdings nicht.

4.2.8 Markierungsklasse

Gegeben sei ein Petri-Netz N und eine Markierung M.
Die Menge $\vec{M}$ ist definiert als die Menge von Markierungen, die aus M durch Schalten beliebiger nichtleerer Folgen von Transitionen entsteht.

Die Menge $\overleftarrow{M}$ ist definiert als die Menge von Markierungen, aus der M durch Schalten von beliebigen nichtleeren Folgen von Transitionen herleitbar ist.

$\overleftarrow{M} \cup \overrightarrow{M}$ heißt die Markierungsklasse von M.

4.2.9 Lebendigkeit

Der Begriff der Lebendigkeit läßt sich sowohl auf einzelnen Transitionen als auch auf ganzen Systemen definieren. Analog zu [BoHä80] definieren wir die Lebendigkeit eines Systems wie folgt.
Gegeben sei ein Petri-Netz N. Eine Markierung M heißt lebendig, wenn aus $M' \in \overrightarrow{M} \cup \{M\}$ folgt: $\forall\, t \in T\ \exists\, M'' \in \overrightarrow{M'}$: t wird durch M'' aktiviert.
Ein Petri-Netz heißt lebendig, wenn M_0 eine lebendige Markierung ist.

4.2.10 Sicherheit

Eine Markierung heißt sicher, wenn aus $M' \in \overrightarrow{M} \cup \{M\}$ folgt, daß sich an jeder Bedingung in M' höchstens eine Marke befindet.
Ein Petri-Netz heißt sicher, wenn M_0 eine sichere Markierung ist.

4.2.11 Deadlockfreiheit

Eine Markierung M heißt deadlockfrei, wenn für $M' \in \overrightarrow{M} \cup \{M\}$ gilt: $\exists\, t \in T$: t wird durch M' aktiviert.
Ein Petri-Netz heißt deadlockfrei, wenn M_0 eine deadlockfreie Markierung ist. Umgekehrt bedeutet dies, daß es in einem Petri-Netz einen Deadlock gibt, wenn nach endlich vielen Schaltvorgängen keine Transition mehr aktiviert werden kann.

4.2.12 Satz

Ist ein Automaten-Zustandsgraph oder ein Petri-Netz ohne Verzweigungs- und Wettbewerbskonflikte streng zusammenhängend, dann existiert eine lebendige und sichere Markierung.

Ein streng zusammenhängender Automat hat nur eine lebendige und sichere Markierungsklasse. Jede Markierung, welche nur eine Marke plaziert, gehört in diese Klasse.

4.2.13 Ein bekanntes Beispiel

Den Lesern ist sicherlich das Transportprobleme des Fährmanns mit dem Wolf, der Ziege und dem Kohl bekannt. Der Fährmann befindet sich mit den drei Passagieren auf der einen Seite des Flusses. Er soll alle drei sicher auf die andere Seite bringen. Neben dem Fährmann kann immer nur ein Passagier transportiert werden. Dabei ist zu beachten, daß ohne Beaufsichtigung der Wolf die Ziege und die Ziege den Kohl frißt. Die bekannte Lösung ist: Zunächst wird die Ziege übergesetzt, dann holt der Fährmann den Wolf und nimmt die Ziege wieder mit zurück. Anschließend setzt er den Kohl über und holt zum Abschluß die Ziege.

Folgende Situation stellt eine moderne Interpretation dieses Transportproblems dar. Ein Mann befindet sich mit seinem Chef E, einem Arbeitskollegen S, den er für intelligenter und leistungsfähiger hältund seinem potentiellen zukünftigen Chef G, mit dem er gerade Vertragsverhandlungen führt, auf einer Party. Der jetzige Chef ahnt die Abwerbung durch G und der Kollege S darf nichts von der freien Stelle bei G erfahren, damit er nicht zum Konkurrenten wird. E darf also nicht alleine mit G bleiben, G nie alleine mit S. Dies ist auf der Party gewährleistet. Brenzlig wird die Situation, als die Partygesellschaft beschließt, mit dem Lift auf die Dachterrasse zu fahren. Der Lift kann gleichzeitig nur zwei Personen transportieren. Wie schafft es der Mann, diese Situation zu meistern. Wir wollen das mit Hilfe eines Petri-Netzes modellieren. Die Lösung ist bekannt wenn wir den Mann mit dem Fährmann, G mit der Ziege, E mit dem Wolf und S mit dem Kohl identifizieren.

Das entsprechende Petri-Netz ergibt sich dadurch sehr schnell in Bild 4.32. Der Mann muß nur sicherstellen, daß er immer im Lift mitfährt.

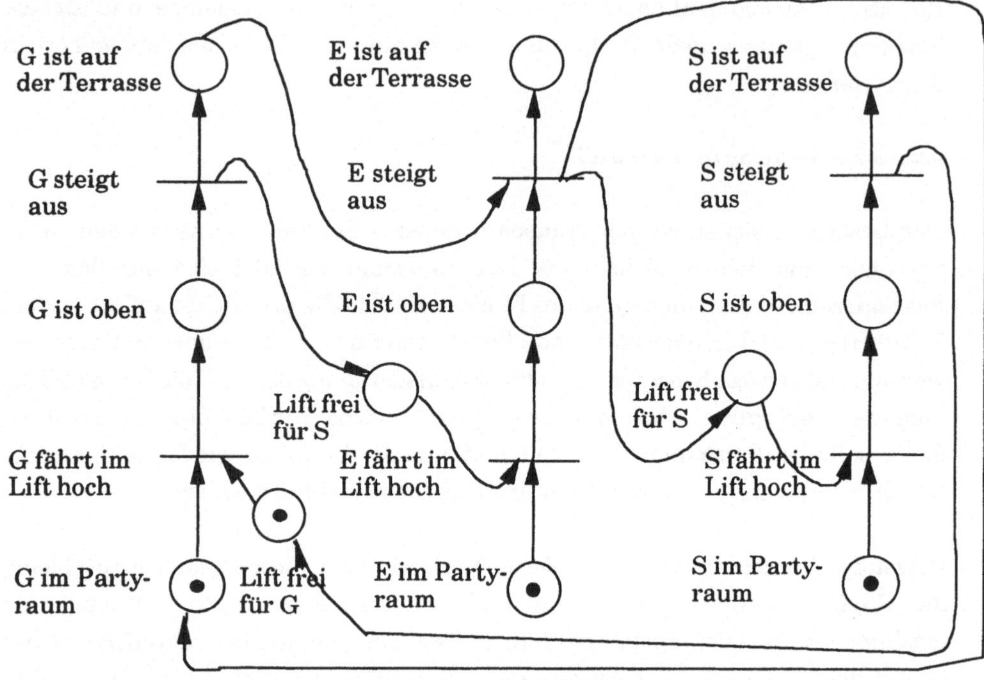

Abb. 4.32 Petri-Netz Beispiel

4.2.14 Auswertung von Petri-Netzen

Die Darstellung von Petri-Netzen und die Auswertung lassen sich mit Methoden
der linearen Algebra durchführen. Das Verhältnis von Bedingungen zu
Transitionen kann man durch die Inzidenzmatrix I darstellen. Dabei entsprechen
die Zeilen den Bedingungen und die Spalten den Transitionen. An den
Schnittpunkten wird ein -1 eingetragen, wenn die Bedingung Eingangsbedingung
für eine Transition ist, also beim Schalten eine Marke verliert. Es wird +1
eingetragen, wenn die Bedingung Ausgangsbedingung einer Transition ist, also
beim Schalten eine Marke erhält. Besteht zwischen Transitionen und Bedingungen
keine Beziehung wird eine Null eingetragen.
Wir wollen die Inzidenzmatrix für ein Beispiel erstellen. Betrachten wir das Petri-
Netz in Bild 4.33.

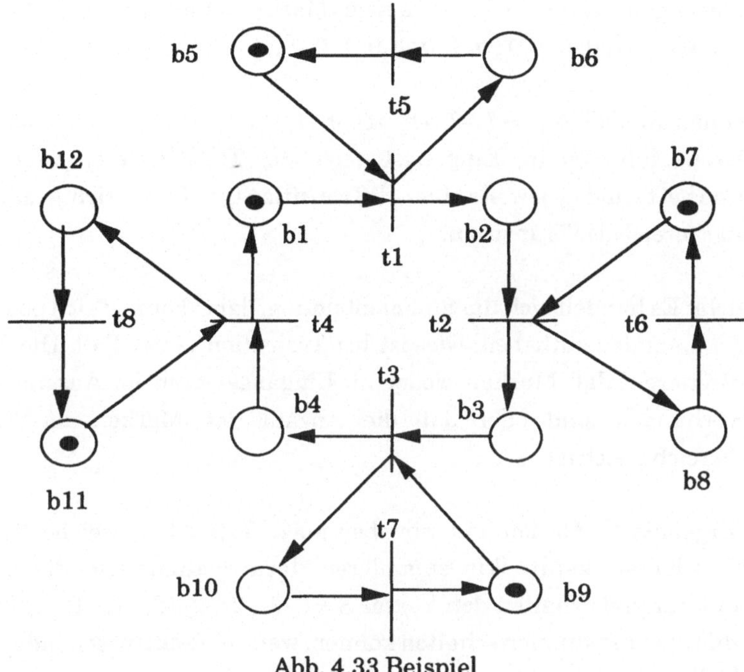

Abb. 4.33 Beispiel

Die Inzidenzmatrix hat 12 Zeilen und 8 Spalten, entsprechend der Anzahl der Bedingungen und Transitionen.

$$
I = \begin{pmatrix}
-1 & 0 & 0 & 1 & 0 & 0 & 0 & 0 \\
1 & -1 & 0 & 0 & 0 & 0 & 0 & 0 \\
0 & 0 & 1 & -1 & 0 & 0 & 0 & 0 \\
0 & 0 & 1 & -1 & 0 & 0 & 0 & 0 \\
-1 & 0 & 0 & 0 & 1 & 0 & 0 & 0 \\
1 & 0 & 0 & 0 & -1 & 0 & 0 & 0 \\
0 & -1 & 0 & 0 & 0 & 1 & 0 & 0 \\
0 & 1 & 0 & 0 & 0 & -1 & 0 & 0 \\
0 & 0 & -1 & 0 & 0 & 0 & 1 & 0 \\
0 & 0 & 1 & 0 & 0 & 0 & -1 & 0 \\
0 & 0 & 0 & -1 & 0 & 0 & 0 & 1 \\
0 & 0 & 0 & 1 & 0 & 0 & 0 & -1
\end{pmatrix}
$$

Abb. 4.34 Inzidenzmatrix

Die Markierungen lassen sich ein einem Markenvektor angegeben. Für M_0 erhalten wir M_0 = (1, 0, 0, 0, 1, 0, 1, 0, 1, 0, 1, 0 $)^T$.

Wir berechnen nun $I^T M_0$ = (-2, -1, -1, 0, 1, 1, 1, 1 $)^T$. Dies läßt sich so interpretieren, daß sich im Eingangsbereich der Transition t_1 zwei Marken befinden und bei t_2 und t_3 jeweils eine. Ab Transition t_5 befindet sich je eine Marke im Ausgangsbereich der Transition.

Aber Vorsicht: Es handelt sich um Summenbildung, dabei können sich positive und negative Summanden aufheben. Dies ist bei Transition t_4 der Fall. Die Null läßt sich interpretieren, daß Marken weder im Eingangs- noch im Ausgangsbereich Marken vorhanden sind oder daß die Anzahl der Marken im Ein- und Ausgangsbereich gleich ist.

Mit dem Ergebnis $I^T M_0$ können wir aber auch feststellen, welche Transition tatsächlich schalten kann. Wir summieren dazu spaltenweise die negativen Einträge in I auf und erhalten den Vektor S = (-2, -2, -2, -2, -1, -1, -1, -1). Dies bedeutet, daß die Transitionen schalten können, wenn eine entsprechende Zahl von Eingangsbedingungen markiert sind.

Vergleichen wir S mit $I^T M_0$, so sehen wir Übereinstimmung in der ersten Position. Das heißt, alle Eingangsbedingungen bei t_1 sind markiert, alle Ausgangsbedingungen unmarkiert. t_1 kann damit schalten.

Die neue Markierung M_1 erhält man, durch M_1 = M_0 + I T_1. Dabei ist T_1 = (1, 0, 0, 0, 0, 0, 0).

Um bestimmte Eigenschaften, wie zum Beispiel die Lebendigkeit, zu bestimmen, wird mit Invariantensystemen gearbeitet. Dabei werden S - Invarianten berechnet, die die Markenanzahl unverändert lassen, und T - Invarianten, die angeben, wie oft Transitionen schalten müssen, bis eine Anfangsmarkierung wieder erreicht ist.

Die S - Invarianten erhalten wir, wenn wir das Gleichungssystem I^T i_S = 0 lösen.
Für unser Beispiel gibt es folgende Lösungen i_{S1} = (0, 0, 0, 0, 1, 1, 0, 0, 0, 0, 0, 0),
i_{S2} = (0, 0, 0, 0, 0, 0, 1, 1, 0, 0, 0, 0), i_{S3} = (0, 0, 0, 0, 0, 0, 0, 0, 1, 1, 0, 0),
i_{S4} = (0, 0, 0, 0, 0, 0, 0, 0, 0, 0, 1, 1), i_{S5} = (1, 1, 1, 1, 0, 0, 0, 0, 0, 0, 0, 0),
i_{S6} = (1, 1, 1, 1, 1, 1, 1, 1, 1, 1, 1, 1).

Die T - Invarianten erhalten wir, wenn wir das Gleichungssystem I i_T = 0 lösen. In
unserem Beispiel schaltet jede Transition genau einmal bis die Anfangsmarkierung
wieder erreicht ist. Damit ist i_T = (1, 1, 1, 1,1, 1, 1, 1).

Durch die Beschaffenheit der Inzidenzmatrix lassen sich auch Konflikte erkennen.
Enthält die Matrix pro Zeile mehr als eine -1, so ist eine Bedingung
Eingangsbedingung mehrerer Transitionen. Es handelt sich um einen
Verzweigungskonflikt. Enthält eine Zeile mehr als eine +1, so ist die Bedingung
Ausgabebedingung mehrerer Transitionen. Es handelt sich um einen
Wettbewerbskonflikt.

In dieser einführenden Betrachtung zu Petri-Netzen wollen wir keine weiteren
Details behandeln. Dem interessierten Leser wird hier weiterführende Literatur
empfohlen [Reis82], [Baum90].

4.3 Rechnerentwurfssprachen

Bei der Beschreibung von Rechensystemen unterscheiden wir im wesentlichen
sechs Ebenen:

Die algorithmische Ebene spezifiziert den Algorithmus zur Lösung eines
Entwurfsproblems

Die PMS - Ebene (Processor, Memory, Switch) beschreibt Rechner sehr
grob durch die Hauptelemente

Die Befehlsebene beinhaltet die auf dem Rechner ausführbaren Befehle

Die Register-Transfer-Ebene beschreibt Operationen zwischen Registern
Man bezeichnet sie auch als die Mikrobefehlsebene

Die Logik-Ebene beschreibt den Aufbau von Schaltwerken mit Hilfe von
Gattern und Flipflops

Die Schaltkreisebene geht auf die Realisierung von Gattern und Flipflops
durch Transistoren, Dioden, Widerstände usw. ein

Während am Beginn der Entwicklung von Entwurfssprachen meist eine dieser
Ebenen im Vordergrund stand und die entsprechende Sprache auf diese Ebene
zugeschnitten war, erwartet man von modernen Entwurfssprachen, daß damit
mehrere dieser Ebenen abgedeckt werden können. Daneben erwartet man von
solchen Sprachen die Möglichkeit Parallelität darstellen zu können und das
asynchrone und synchrone Zeitverhalten zu unterstützen.

Die Aufgaben von Rechnerentwurfssprachen sind

Die Bereitstellung von Entwurfshilfsmitteln
Aus dem logischen Entwurf wird eine automatische Hardware-Implemen-
tierung vorgenommen z. B. durch Erstellung des Chip-Layouts

Die Verifikation und Simulation von Entwürfen
Durch entsprechende Testläufe können sowohl logische Fehler im
Entwurf aufgedeckt werden als auch Fehler im dynamischen Verhalten
durch Überprüfung von Zeitbedingungen. Auch lassen sich durch die
Simulation Engpässe (Flaschenhälse) im Systementwurf ermitteln.

Erleichterung des Austauschs
Durch die Formalisierung des Entwurfs und die Normierung von
Rechnerentwurfssprachen lassen sich Entwürfe unter den System-
entwicklern austauschen

Rechnerentwurfssprachen können sowohl prozedural als auch nicht-prozedural
sein. Auch Mischformen kommen vor. Bei einer prozeduralen Sprache ist die
Ausführungsreihenfolge durch die Anordnung der Befehle im Programm
vorgegeben.

Bei nicht-prozeduralen Sprachen wird jede Anweisung durch einen logischen Ausdruck markiert. Ist dieser logische Ausdruck wahr, dann wird die Anweisung ausgeführt.

4.3.1 Einführung in VHDL

Wir wollen jetzt am Beispiel VHDL eine weit verbreitete Rechnerentwurfssprache kennenlernen. VHDL bedeutet VHSIC Hardware Description Language, VHSIC ist eine Abkürzung von Very High Speed Integration Circuits. VHDL wurde seit 1983 entwickelt und 1987 durch das IEEE standardisiert.

VHDL wird durch folgende Aussagen charakterisiert:

- Austauschmedium zwischen Chipanbieter und Entwickler
  VHDL-Beschreibung der Komponenten
- Austauschmedium zwischen unterschiedlichen CAD/CAE-Tools
- Hierarchisch aufgebaut
- Technologie-unabhängig (z.B. Def. neuer Logiken möglich)
- Synchrone und asynchrone Modellierung
- Automaten, Algorithmische und Bool´sche Beschreibungen sind
  abbildbar
- Standard, daher portabel
- 3 Beschreibungstypen: Struktur, Datenfluß, Verhalten
- Unterschiedliche Abstraktionsebenen:
  Strukturverhalten - Transistorebene
- Übliche Programmiersprache (Funktion, Prozedur, Bibliothek)
- Integration des Zeitverhaltens

Wir werden im folgenden die wesentlichen Elemente von VHDL an Beispielen vorstellen, so daß sich der Leser einen Überblick von den Möglichkeiten dieser Rechnerentwurfssprache machen kann. Zur Erlernung der Sprache sei auf weiterführende Literatur verwiesen [MaLa93].

Die Modellbeschreibung eines digitalen Systems heißt Entity.

Eine entity kann folgende design units enthalten:

- entity declaration (beschreibt Sicht von außen)
- architecture body (mind. 1, interne Beschreibung der entity)
- configuration declaration (Auswahl eines arch. body, Bibl.)
- package declaration (Typ- und Unterprogrammdef.)
- package body (Beschr. der Unterprogramme)

In den folgenden Beispielen sind die VHDL-Schlüsselworte jeweils fettgedruckt.

Wir betrachten zunächst die entity declaration:

Beispiel 1: Halbaddierer in Bild 4.35

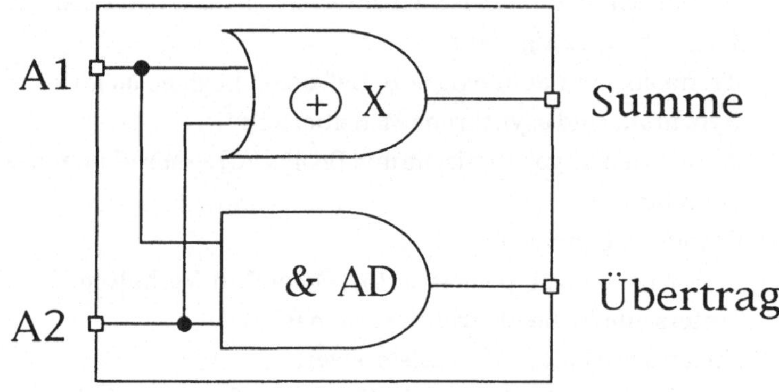

Bild 4.35 Halbaddierer

entity HALBADDIERER **is**
    port (A1,A2: **in** BIT; SUMME,UEBERTRAG: **out** BIT);
end HALBADDIERER;

Die entity declaration definiert die Schnittstellen des Baustein nach außen. Im Beispiel Halbaddierer sind es die Eingangsgrößen A1 und A2 und die Ausgangsgrößen SUMME und UEBERTRAG. Alle vier Größen sind als Bitwerte definiert.

Beispiel 2: 2 nach 4 Decodierer in Bild 4.36

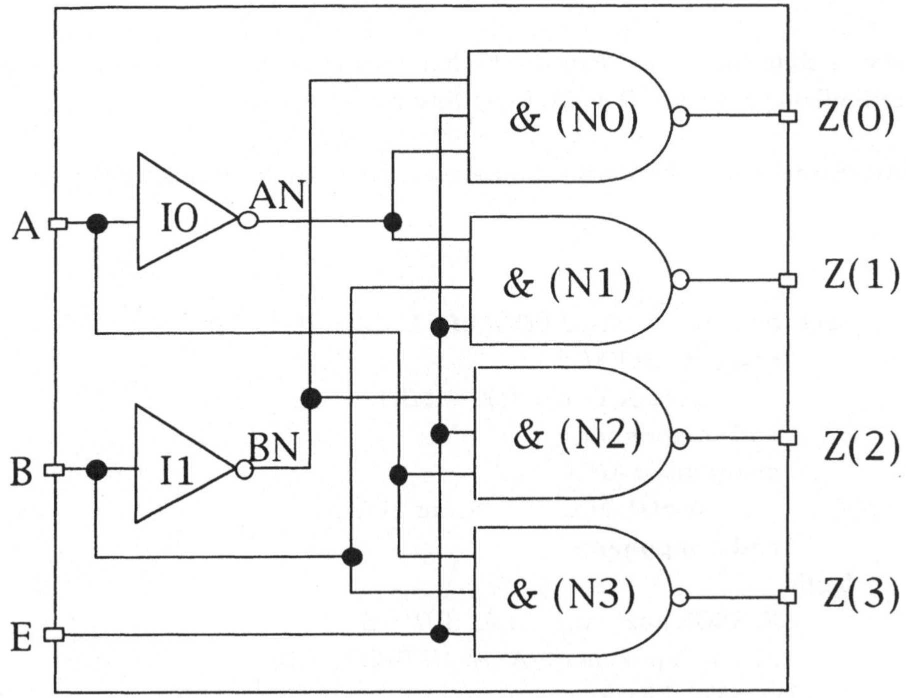

Bild 4.36 2 nach 4 - Decoder

Bei diesem Baustein wird an den beiden Eingängen eine Dualzahl angelegt. Durch den Eingang E (Enable) werden diese Werte als gültig angezeigt. Für E = 0 gilt $Z(i)=1$, $1 \le i \le 4$. Für E = 1 gilt, $Z(i) = 0$, falls i dem Dezimalwert der angelegten Dualzahl entspricht, sonst $Z(i) = 1$.

Sowohl die Eingangs- wie auch die Ausgangsgrößen sind wieder als Bitwerte definiert. Dabei sind die Ausgangsgrößen zu einem Bitvektor zusammengefaßt.

```
entity DEC2NACH4  is
        port (A,B,E: in BIT; Z: out BIT_VECTOR(0 to 3));
end DEC2NACH4;
```

Beim architecture body haben wir drei unterschiedliche Möglichkeiten der Beschreibung: Struktur, Datenfluß und Verhalten.

Betrachten wir zunächst die Strukturbeschreibung. Für den Halbaddierer erhalten wir

```
architecture HA_STRUKTUR of HALBADDIERER is
        component EXOR
                port(X,Y: in BIT; Z: out BIT);
        end component;
        component AND
                port (L,M: in BIT; N: out BIT);
        end component;
begin
        X: EXOR port map (A1,A2,SUMME);
        AD: AND port map (A1,A2,UEBERTRAG);
end HA_STRUKTUR;
```

Dabei wird der Komponente der Name HA_STRUKTUR zugewiesen und der entity HALBADDIERER zugeordnet.

Im Deklarationsteil (vor begin) werden die einzelnen Strukturkomponenten mit ihren Schnittstellen vereinbart (ports). Dies ist geschieht analog den Prozedur- oder Funktionsdeklarationen in Programmiersprachen. Dabei wird festgehalten, ob es sich um Eingabe- (in) oder Ausgabe- (out) Schnittstellen handelt. Hier sind auch die Modi inout und buffer zugelassen.

Im Anweisungsteil (nach begin) werden Instanzen der Komponenten erzeugt. Für X und AD müssen eigenen entities vorhanden sein. Diese können später definiert werden oder sie kommen aus einer Bibliothek.

Für den Decoder erhalten wir analog

```
architecture DEC_STRUKTUR of DEC2NACH4 is
        component INV
                port (A: in BIT; Z: out BIT);
        end component;
        component NAND3
                port (A,B,C: in BIT; Z: out BIT);
        end component;
        signal AN,BN: BIT;
begin
        I0: INV port map (A,AN);
        I1: INV port map (B,BN);
        N0: NAND3 port map (AN,BN,E,Z(0));
        N1: NAND3 port map (AN,B,E,Z(1));
        N2: NAND3 port map (A,BN,E,Z(2));
        N3: NAND3 port map (A,B,E,Z(3));
end DEC_STRUKTUR;
```

In diesem Beispiel werden durch die Anweisung signal im Deklarationsteil Verbindungen (Drähte) definiert, die nur intern sichtbar sind. Für die Instanzen gilt, daß die Reihenfolge keine Rolle spielt.

Die zweite Beschreibungsmöglichkeit im architecture body ist die Datenfluß-darstellung.

Für den Halbaddierer erhalten wir

```
architecture HA_DATENFLUSS of HALBADDIERER is
begin
        SUMME <= A1 xor A2 after 8 ns;
        UEBERTRAG <= A1 and A2 after 4ns;
end HA_DATENFLUSS;
```

und für den Decodierer

```
architecture DEC_DATENFLUSS of DEC2NACH4 is
        signal AN, BN: BIT;
begin
        BN <= not B;
        AN <= not A;
        Z(0) <= not (AN and BN and E);
        Z(1) <= not (AN and B and E);
        Z(2) <= not (A and BN and E);
        Z(3) <= not (A and B and E);
end DEC_DATENFLUSS;
```

Auch hier spielt die Reihenfolge keine Rolle. Eine Zuweisung wird neu berechnet, wenn sich auf der rechten Seite der Wert einer Variablen ändert. Dabei können die einzelnen Anweisungen wie im Beispiel Halbaddierer zeitbehaftet sein.

Bei der Auswertung und Simulation des Verhaltens wird dann eine Zeittabelle erzeugt. Bei unserem Beispiel Halbaddierer und der Annahme, daß sich alle 20ns die Variablen A1 oder A2 ändern, wird die Zeitskala mit den entsprechenden Zuweisungen erzeugt.

$t = 0$	A1 oder A2 erhält neuen Wert
$t = 4$	UEBERTRAG erhält neu berechneten Wert
$t = 8$	SUMME erhält neu berechneten Wert
$t = 20$	A1 oder A2 erhält neuen Wert
$t = 24$	UEBERTRAG erhält neu berechneten Wert
$t = 28$	SUMME erhält neu berechneten Wert

usw.

Im Beispiel Decodierer fehlt die Zeitbehaftung. Da die Reihenfolge keine Rolle spielt, wird vom System die infinitisimal kleine Zeit Δ eingeführt. Wenn wir annehmen, daß sich zum Zeitpunkt $t = 5$ die Variable A und zum Zeitpunkt $t = 10$ die Variable B ändert, dann erhalten wir bei der Simulation folgende Zeitskala:

t = 5   Änderung von A
t = 5 + Δ   Neuberechnung von AN, Z(2), Z(3)
t = 5 + 2Δ   Neuberechnung von Z(0), Z(1)
t = 10   Änderung von B
t = 10 + Δ   Neuberechnung von BN, Z(1), Z(3)
t = 10 + 2Δ   Neuberechnung von Z(0), Z(2)

Die drei ersten Berechnungen werden damit intern dem Zeitpunkt $t = 5$ zugeordnet, die folgenden dem Zeitpunkt $t = 10$.

Die dritte Möglichkeit der Darstellung ist die Modellierung des Verhaltens. Für unsere beiden Beispiele ergibt sich:

```
architecture HA_VERH of HALBADDIERER is
begin
      process (A1,A2)
      begin
            SUMME<= A1 xor A2;
            UEBERTRAG<= A1 and A2;
      end process;
end;
```

```
architecture DEC_VERH of DEC2NACH4 is
begin
        process (A,B,E)
              variable AN,BN: BIT;
        begin
              AN:= not A;
              BN:= not B;
              if (E='1') then
                    Z(0) <= not ( AN and BN);
                    Z(1) <= not ( AN and B);
                    Z(2) <= not ( A and BN);
                    Z(3) <= not ( A and B);
              else
                    Z <= '1111';
              end if;
        end process;
   end;
```

Wenn sich mindestens eine Variable aus **process** ändert, dann wird der Anweisungsteil sequentiell durchlaufen, d.h. die Reihenfolge der Anweisungen spielt hier eine Rolle. Dabei bedeutet := eine zeitlose Zuweisung, <= eine zeitbehaftete Zuweisung.

Innerhalb des process-Konstrukts sind auch Anweisungen wie case, loop oder wait erlaubt. Sie sind analog den Anweisungen in Programmiersprachen zu interpretieren und werden hier nicht weiter behandelt.

Wir müssen die drei Beschreibungsmöglichkeiten jedoch nicht strikt trennen und können sie ihn einem architecture body auch vermischen. Dies zeigt das nächste Beispiel.

```
entity VOLLADDIERER is
        port (A1,A2,UEIN: in BIT; SUMME, UAUS: out BIT);
end VOLLADDIERER;

architecture VA_MIX of VOLLADDIERER is
        component EXOR
                port (X,Y:in BIT; Z: out BIT);
        end component;
        signal S1: BIT;
begin
        X1: EXOR port map (A1,B1,S1);        -- Struktur
        process (A1,A2,UEIN)                 -- Verhalten
                variable T1,T2,T3: BIT;
        begin
                T1:= A1 and A2;
                T2:= A2 and UEIN;
                T3:= A1 and UEIN;
                UAUS <= T1 or T2 or T3;
        end process;
        SUMME <= S1 xor UEIN;                -- Datenfluß
end VA_MIX;
```

Mit der Definition einer bestimmten Konfiguration in der configuration declaration
wählen wir für die Auswertung einen bestimmten architecture body aus und binden
aus Bibliotheken bestimmte Komponenten hinzu. Dies zeigt das nächste Beispiel.

```
library CMOS_LIB, MY_LIB;
configuration HA_CONFIG of HALBADDIERER is
        for HA_STRUKTUR
                for X: EXOR
                        use entity CMOS_LIB.XOR_GATE(DATAFLOW);
                end for;
                for AD: AND
                        use configuration MY_LIB.AND_CONFIG;
                end for;
        end for;
end HA_CONFIG;
```

Es werden zunächst zwei Bibliotheken CMOS_LIB und MY_LIB dazugebunden. Für die Konfiguration HA_CONFIG von HALBADDIERER wird der architecture body HA_STRUKTUR, also die Beschreibung nach der Struktur, ausgewählt. Die dort deklarierte Funktion X: EXOR findet sich in der Bibliothek CMOS_LIB mit der entity XOR_GATE und dem architecture body DATAFLOW.

Für AD: AND findet sich die entsprechende Konfiguration AND_CONFIG in der Bibliothek MY_LIB.

Eine sehr einfache configuration declaration ergibt sich für unser zweites Beispiel.

```
configuration DEC_CONFIG of DEC2NACH4 is
        for DEC_DATENFLUSS
        end for;
    end DEC_CONFIG;
```

Ein weiterer Bestandteil ist die package declaration. In einem package werden Komponenten, Datentypen, Prozeduren und Funktionen zusammengefaßt, die in einem logischen Zusammenhang stehen und meist auch zusammen gebraucht werden. Im folgenden Beispiel definieren wir dazu unterschiedliche Elemente.

```
package BEISPIEL is
        type SOMMER is (MAI, JUNI, JULI, AUG, SEP);
        component D_FLIP_FLOP
            port (D, CK: in BIT; Q, QN: out BIT);
        end component;
        constant PIN_DELAY: TIME:=125 ns;
        function INTBIT_VEC (INT_WERT: INTEGER)
            return BIT_VECTOR;
    end BEISPIEL;
```

Im package BEISPIEL werden vereinbart:

Der Datentyp SOMMER mit den zulässigen Werten MAI, JUNI, JULI, AUG und SEP, die Komponente D_FLIP_FLOP mit den Eingabewerten D und CK und den Ausgabewerten Q und QN, die Konstante PIN_DELAY mit dem Zeitwert 125 ns und die Funktion INTBIT_VEC mit dem Integer-Parameter INT_WERT und der Rückgabegröße BIT_VECTOR.

Legen wir diese package declaration in der Bibliothek DESIGN_LIB ab, so können wir alle Elemente daraus mit dem Aufruf

```
library DESIGN_LIB;
use DESIGN_LIB.BEISPIEL.all
```

benützen.

Wollen wir nur Teile dieser package declaration nutzen, z.B. die Komponente D_FLIP_FLOP und die Konstante PIN_DELAY, lautet der Aufruf

```
library DESIGN_LIB;
use DESIGN_LIB.BEISPIEL.D_FLIP_FLOP;
use DESIGN_LIB.BEISPIEL.PIN_DELAY;
```

Im zugehörigen package body müssen jetzt die Funktionen und Prozeduren definiert werden. Wir wollen dies für die obige Funktion INTBIT_VEC tun.

```
package body BEISPIEL is
      function INTBIT_VEC (INT_WERT: INTEGER)
            return BIT_VECTOR is
      begin
            case INT_WERT is
                  when < 0 => return 0,0,0;
                  when others return 1,1,1;
      end INTBIT_VEC;
end BEISPIEL;
```

Die Funktion gibt bei negativem Parameter den Bitvektor 0, 0, 0 und sonst den Bitvektor 1, 1, 1 zurück.

Wir wollen jetzt die Vorgehensweise beim Einsatz von VHDL für die Beschreibung von Komponenten zusammenfassen.

Der erste Schritt ist die Erstellung einer Spezifikation.

Wir wollen einen Hardwarebaustein mit zwei Eingängen A und B und einem Ausgang C beschreiben. Dabei soll der Ausgang den Wert 1 haben, wenn beide Eingänge 0 sind, sonst soll er den Wert 0 annehmen.

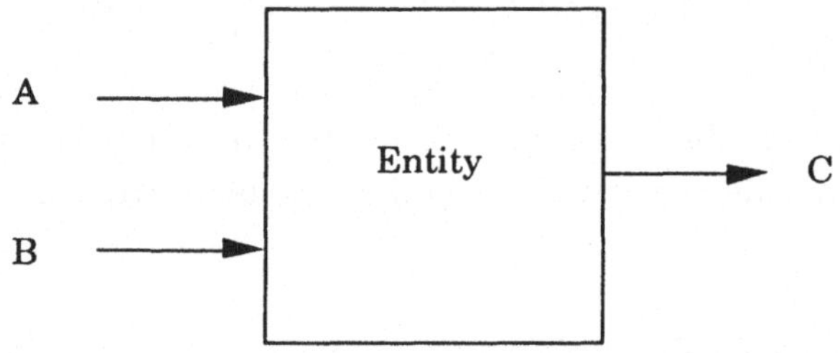

Abb. 4.37 Spezifikation einer entity

Der nächste Schritt ist die Analyse der Funktion des Bausteins. Das führt beispielsweise zu einer Wahrheitstabelle für C in Abhängigkeit von A und B.

Eingang		Ausgang
A	B	C
0	0	1
0	1	0
1	0	0
1	1	0

Der nächste Schritt ist das Design, d.h. der Beschreibung des Modells mit VHDL.

```
entity nor_gate is
      port ( a, b : IN Bit; c : OUT Bit );
end nor_gate;
architecture data_flow of nor_gate is
begin
      c <=   '1' when a = '0' and b = '0' else
             '0' when a = '0' and b = '1' else
             '0' when a = '1' and b = '0' else
             '0' when a = '1' and b = '1' else
             '0';
end data_flow;
```

Der nächste Schritt ist die Vorbereitung des Simulationstests durch Auswahl der anzuzeigenden Werte, durch Wertzuweisungen und Zeitbedingungen. Die Befehle sind dabei abhängig von dem verwendeten Simulationssystem. Wir verwenden hier ein Beispiel der Firma Mentor Graphics mit QuickSim II.

```
palette menu: Open sheet
palette menu: Trace
dialog box:   Add Traces
              Signal name: a
              Signal name: b
              Signal name: c
              Select OK
type: force a  0   0
type: force b  0   0
type: force a  1  50
type: force b  1  100
type: force a  0  150
type: force b  0  200
type: run 250
```

Nach dem Aufruf des Simulators QuickSim II werden die oben angegebenen Kommandos gegeben. Dabei wird ein Fester geöffnet und die Funktion Trace ausgewählt. Für den Trace werden die Signale a, b und c zum anzeigen ausgewählt. In den folgendenAnweisungen werden den Variablen a und b bestimmte Werte zu bestimmten Zeitpunkten zugewiesen.

Die letzte Anweisung startet die Simulation und läßt den Trace von 0 bis 250 Zeiteinheiten laufen. Als Ergebnis erhalten wir ein Zeitdiagramm, das den zeitlichen Verlauf des Signals c in Abhängigkeit von a und b zeigt.

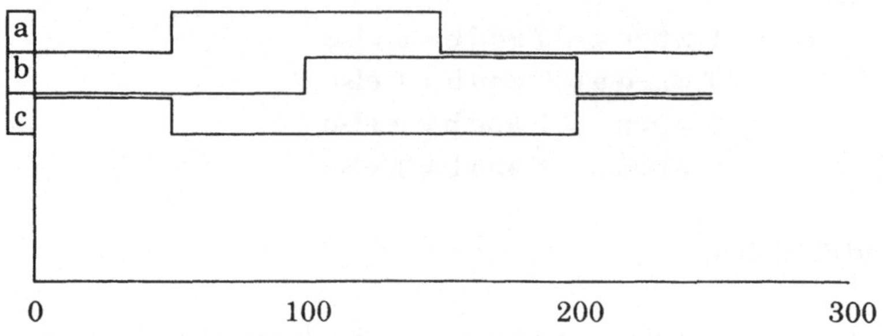

Abb. 4.38 Zeitdiagramm der Simulation

Durch die Untersuchung solcher Zeitdiagramme können wir feststellen, ob das Zeitverhalten unseres Modells richtig ist oder ob z. B. an bestimmten Stellen ein Signal zu spät eintrifft.

4.4 CSP

Eine weitere Beschreibungsmöglichkeit, die insbesondere im Bereich der Kommunikationsprotokolle Anwendung findet, ist durch CSP (Communicating Sequential Processes) gegeben. Hoare [Hoar85] gibt eine Beschreibungsmöglichkeit an, die, basierend auf einer mathematischen Theorie, durch eine Ansammlung logischer Aussagen und Gesetze die Spezifikation, den Entwurf und die Implementierung sowohl von Kommunikationsprotokollen als auch von interagierenden Computersystemen ermöglicht.

Die Grundidee ist die Zerlegung eines Systems in parallel arbeitende Teilsysteme, die untereinander und mit der Umgebung kommunizieren. Durch die Anwendung mathematischer Gesetze lassen sich die Korrektheit und allgemeine Eigenschaften wie z. B. Deadlock-Freiheit oder Nicht-Terminierung von Systementwürfen überprüfen.

4.4.1 Grundbegriffe

- Objekt: Gegenstand, der agiert oder mit seiner Umgebung interagiert
            z.B. Rechner, Programm, Getränkeautomat, Uhr, Kaffeemaschine

- Prozeß: Modell zur Beschreibung des Verhaltens eines uns interessierenden
            Objekts. In einem Prozeß läuft eine Folge von Ereignissen ab.

- Ereignis: (Zeitlose) Veränderung des Verhaltens eines oder mehrerer Prozesse

- Alphabet: Menge der Ereignisse, die einen Prozeß beschreiben. Bezeichnung: αP.

- Präfix-Notation: Die Beschreibung eines Prozesses geschieht in Präfix-Notation.
            Sei P ein Prozeß und αP sein Alphabet. Dann beschreibt
            $R = (x \rightarrow P)$ mit $x \in \alpha P$ ein Objekt, das am Ereignis x teil-
            nimmt und sich anschließend wie der Prozeß P verhält
            $(x \rightarrow P)$ spricht man "x dann P" oder "x folgt P".

- STOP/HALT   Das Ereignis STOP oder HALT ist in jedem Alphabet enthalten
            Bei diesem Ereignis hält der Prozeß an. Um haltende Prozesse
            unterscheiden zu können, geben wir den Prozeß dabei an durch
            $STOP_{\alpha P}$ oder $HALT_{\alpha P}$

Operator $\rightarrow$:   Der Operator ist rechtsassoziativ
            $(x \rightarrow y \rightarrow P) = (x \rightarrow (y \rightarrow P))$

Prozeßbaum: Der Prozeßbaum gibt die möglichen Ereignisfolgen an. Die
            Wurzel des Baumes ist der zu beschreibende Prozeß, die Knoten
            sind die Ereignisse

4.4.2 Auswahlregel

In vielen Fällen kann ein Prozeß entweder an einem Ereignis x oder an einem Ereignis y teilnehmen. Dies ist oftmals von der Reaktion der Umgebung abhängig. Sei $\alpha R = \alpha P = \alpha Q$ und $x,y \in \alpha R$.

Dann beschreibt die Auswahlregel $R = (x \rightarrow P \mid y \rightarrow Q)$ ein Objekt, das entweder am Ereignis x teilnimmt und sich anschließend wie der Prozeß P verhält oder das am Ereignis y teilnimmt und sich anschließend wie der Prozeß Q verhält.

Betrachten wir als Beispiel eine Maus M im Labyrinth. Sei $\alpha M = \{$ oben, rechts $\}$. Dabei bedeuten die Ereignisse oben und rechts, daß sich die Maus in die entsprechende Richtung bewegt.

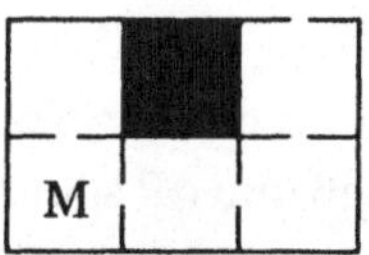

Abb. 4.39 Maus im Labyrinth

Damit läßt sich die Maus M beschreiben mit

$$M = (\text{oben} \rightarrow STOP_{\alpha M} \mid \text{rechts} \rightarrow \text{rechts} \rightarrow \text{oben} \rightarrow STOP_{\alpha M})$$

Zur Darstellung eines Prozesses verwendet man sehr oft den Prozeßbaum. Dieser hat für unser Beispiel folgendes Aussehen.

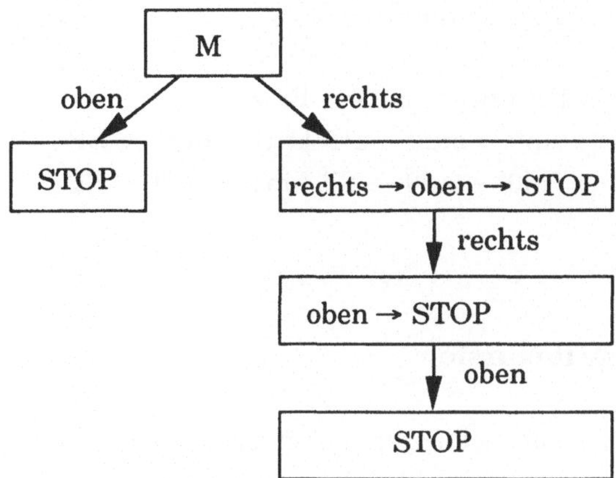

Abb. 4.40 Prozeßbaum

Betrachten wir ein weiteres Beispiel, auf das wir später noch Bezug nehmen werden. Wir wollen einen Bitpuffer beschreiben. In der Realisierung ist dies ein Flipflop. Es kann eine logische 0 oder eine 1 speichern und wieder ausgeben.

Das Alphabet αBP = { in0, in1, out0, out1 } enthält genau diese Ereignisse. Daraus ergibt sich

$$BP = (\text{in0} \to \text{out0} \to \text{STOP}_{\alpha BP} \mid \text{in1} \to \text{out1} \to \text{STOP}_{\alpha BP})$$

Die Auswahlregel läßt sich verallgemeinern auf beliebig viele Alternativen.

4.4.3 Rekursion

Wir haben bisher nur die Möglichkeit, den Prozeß am Ende anhalten zu lassen. Bei Prozessen wiederholen sich aber sehr oft bestimmte Ereignisse in unbekannter Anzahl oder die Prozesse haben unendliche Lebensdauer. Dies läßt sich mit der Rekursion beschreiben. Bei einer Rekursionsgleichung kommt dieselbe Variable auf der rechten und linken Seite vor. Die typische Darstellung ist P = (x → P).

Für das Beispiel Bitpuffer erhalten wir dann die Gleichung

$$BP = (\text{in0} \to \text{out0} \to BP \mid \text{in1} \to \text{out1} \to BP)$$

Durch wiederholtes Einsetzen ergibt sich

$$BP = (\text{in0} \to \text{out0} \to BP \mid \text{in1} \to \text{out1} \to BP) =$$
$$= (\text{in0} \to \text{out0} \to (\text{in0} \to \text{out0} \to BP \mid \text{in1} \to \text{out1} \to BP)\mid$$
$$\text{in1} \to \text{out1} \to (\text{in0} \to \text{out0} \to BP \mid \text{in1} \to \text{out1} \to BP)) =$$
$$= \ldots\ldots\ldots$$

4.4.4 Gegenseitige Rekursion

Verallgemeinern wir die Rekursion von einer Prozeßgleichung auf System von Prozeßgleichungen, so kommen wir zur gegenseitigen Rekursion. Dabei gilt

> jede rechte Seite ist in Präfix-Notierung
> jeder Prozeß tritt genau einmal auf der linken Seite auf
> alle Prozesse haben dasselbe Alphabet

Sei $\alpha P = \alpha Q = \alpha R = \{ a, b, c, d \}$. Dann erhalten wir mit folgendem Gleichungssystem gegenseitige Rekursion.

$$P = (a \to P \mid b \to Q)$$
$$Q = (b \to c \to Q \mid b \to d \to R \mid d \to P)$$
$$R = (a \to c \to Q)$$

4.4.5 Prozeßbeschreibung mit Spuren

Die Spur eines Prozesses ist die Aufzeichnung seines Verhaltens bis zu einem bestimmten Zeitpunkt. Mathematisch gesehen ist es eine endliche Menge von Ereignissen aus dem Alphabet des Prozesses, an denen der Prozeß bisher teilgenommen hat. Die Notation stellt diese Ereignisse in spitze Klammern.

Sei $\langle x,y,z \rangle$ die Spur eines Prozesses. Dann bedeutet dies, das er an den Ereignissen x, y und z in dieser Reihenfolge teilgenommen hat. $\langle \, \rangle$ bedeutet die leere Spur. Für den Bitpuffer aus 4.4.2 ergeben sich folgende mögliche Spuren:

$\langle\,\rangle$, $\langle \text{in0} \rangle$, $\langle \text{in1} \rangle$, $\langle \text{in0,out0} \rangle$, $\langle \text{in1,out1} \rangle$

Auf Spuren kennen wir die Operationen Konkatenation $\hat{\ }$ und Restriktion $\lceil$.

Seien $s = \langle a,b,c \rangle$ und $t = \langle a,d,e \rangle$ zwei Spuren. Dann ist $s \hat{\ } t = \langle a,b,c,a,d,e \rangle$.

Für die Konkatenation gilt:

$s \hat{\ } \langle \rangle = \langle \rangle \hat{\ } s = s$
$s \hat{\ } (t \hat{\ } u) = (s \hat{\ } t) \hat{\ } u$
$s \hat{\ } t = s \hat{\ } u \Leftrightarrow t = u$
$s \hat{\ } t = u \hat{\ } t \Leftrightarrow s = u$
$s \hat{\ } t = \langle \rangle \Leftrightarrow s = \langle \rangle \wedge t = \langle \rangle$
Rekursiv definieren wir $t^0 = \langle \rangle$, $t^{n+1} = t^n \hat{\ } t$

Sei s die Spur eines Prozesses, A sein Alphabet und $A' \subseteq A$. Durch die Operation "Restriktion auf A" wird die Spur auf die in A' enthaltenen Ereignisse reduziert. Die Schreibweise ist $s \lceil A'$.

Beispiel:
$\langle a,b,a,c,d \rangle \lceil \{ a, d \} = \langle a,a,d \rangle$

Für die Restriktion gilt:

$\langle \rangle \lceil A = \langle \rangle$
$(s \hat{\ } t) \lceil A = s \lceil A \hat{\ } t \lceil A$
$\langle x \rangle \lceil A = \langle x \rangle$ für $x \in A$
$\qquad = \langle \rangle$ für $x \notin A$
$s \lceil \{\} = \langle \rangle$
$(s \lceil A) \lceil B = s \lceil (A \cap B)$

Die Menge aller Spuren eines Prozesses P wird mit Sp (P) bezeichnet. Die Menge Sp (P) ist präfixabgeschlossen. Es gilt:

$\forall r \in Sp\,(P), r \neq \langle \rangle \; \exists s \in Sp\,(P), t \in \alpha P: \langle r \rangle = \langle s \rangle \hat{\ } t$

Es gilt:

$$Sp\,(\,STOP_{\alpha X}\,) = \{\,\langle\,\rangle\,\}$$
$$Sp\,(\,x \to P\,) = \{\,\langle\,\rangle\,\} \cup \{\,\langle\,x\,\rangle \,{}^\wedge t \mid t \in Sp\,(P)\,\}$$
$$Sp\,(\,a \to P \mid b \to Q\,) = Sp\,(\,a \to P\,) \cup Sp\,(\,b \to Q\,)$$

Sei $s \in Sp\,(P)$. Die Nachfolge $P|_s$ ("P nach s") definiert einen Prozeß, der sich wie P verhält nach Durchlaufen der Spur s. Falls $s \notin Sp(P)$, dann ist $P|_s$ nicht definiert. Es gilt:

$$P|_{\langle\,\rangle} = P$$
$$P|_{s\,{}^\wedge t} = (\,P|_s\,)\,|_t$$
$$(\,c \to P\,)\,|_{\langle\,c\,\rangle} = P$$

Mit Hilfe der Menge der Spuren eines Prozesses können wir die Äquivalenz von Prozessen definieren. Zwei Prozesse haben dasselbe Verhalten und sind damit äquivalent, wenn die Alphabete übereinstimmen und die Spurenmenge identisch ist: $P \approx S \Leftrightarrow Sp\,(\,P\,) = Sp\,(\,S\,) \wedge \alpha P = \alpha S$

4.4.6 Parallele Komposition

Wir haben bisher einzelne Prozesse beschrieben. Im folgenden wollen wir zwei oder mehrere Prozesse, die parallel (nebenläufig) ablaufen und sich gegenseitig beeinflussen. Dieses neue System kann wieder als ein Prozeß betrachtet werden. Typisches Beispiel ist die Kommunikation zwischen zwei Kommunikationspartner oder in einem Multiprozessorsystem.

Seien P und Q zwei Prozesse mit den Alphabeten αP und αQ. Ein Ereignis x, an dem beide Prozesse teilnehmen, heißt synchronisierendes Ereignis.

Es gilt: $x \in \alpha P \wedge x \in \alpha Q$.

Unter der Komposition von P und Q, $P \parallel Q$ (" P parallel Q"), verstehen wir einen Prozeß, der sich genauso verhält, wie ein System zusammengesetzt aus P und Q. Wir unterscheiden dabei zwei Möglichkeiten, die Interaktion und die Concurrency.

Bei der Interaktion von zwei Prozessen P und Q gilt: $\alpha P = \alpha Q$. Dies bedeutet, daß alle Ereignisse synchronisierend sind.

Beispiel 1:

$\alpha P = \alpha Q = \{\,a, b, c\,\}$
$P = (\,a \to b \to P \mid b \to P\,)$
$Q = (\,a \to (\,b \to Q \mid c \to Q\,))$

Wie ist die Prozeßbeschreibung für $P \parallel Q$?

Betrachten wir zunächst die Prozeßbäume für P und Q.

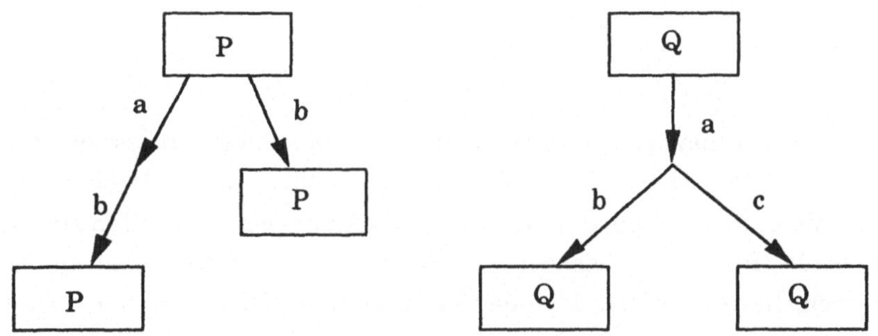

Abb. 4.41 Prozeßbäume

Wir sehen, daß beide Prozesse als erstes am Ereignis a teilnehmen müssen. Danach muß das Ereignis b auftreten. Dies ergibt

$P \parallel Q = (\,a \to b \to P \mid b \to P\,) \parallel (\,a \to (\,b \to Q \mid c \to Q\,)) = (\,a \to P|_a \parallel Q|_a\,) =$
$\qquad = (\,a \to b \to P \parallel Q\,)$

Beispiel 2:

Sei $\alpha P = \alpha Q = \{\,a, b\,\}$, $P = (\,a \to b \to P\,)$ und $Q = (\,b \to a \to Q\,)$.

Dann ist $P \parallel Q = STOP_{\alpha P}$.

Dieses Beispiel beschreibt eine Verklemmung oder einen Deadlock.

Wir nennen einen Prozeß P deadlockfrei, wenn gilt:

$$\forall\, s \in Sp\,(P) : P\,|_s \neq STOP_{\alpha}P.$$

Für die Interaktion gilt:

1. $P \parallel Q = Q \parallel P$
2. $P \parallel (Q \parallel R) = (P \parallel Q) \parallel R$
3. $P \parallel STOP_{\alpha} = STOP_{\alpha}$
4. $(c \to P) \parallel (c \to Q) = c \to P \parallel Q$
5. $(c \to P) \parallel (d \to Q) = STOP_{\alpha}$ für $c \neq d$
6. $(P \parallel Q)|_s = P|_s \parallel Q|_s$
7. $Sp\,(P \parallel Q) = Sp\,(P) \cap Sp\,(Q)$

Bei der Concurrency gilt, daß die Alphabete von zwei Prozessen P und Q verschieden sind: $\alpha P \neq \alpha Q$. Wir müssen daher unterscheiden zwischen synchronisierenden Ereignissen, die in beiden Alphabeten enthalten sind und an denen beide Prozesse gleichzeitig teilnehmen und nichtsynchronisierenden Ereignissen, die nur in einem Alphabet enthalten sind und an denen nur ein Prozeß teilnimmt.

Für die Concurrency gelten folgende Regeln:

1. - 5. aus der Interaktion
Sei $a \in (\alpha P \setminus \alpha Q)$, $b \in (\alpha Q \setminus \alpha P)$, $c \in (\alpha P \cap \alpha Q)$
6. $(a \to P) \parallel (c \to Q) = (a \to (P \parallel (c \to Q)))$
7. $(c \to P) \parallel (b \to Q) = (b \to ((c \to P) \parallel Q))$
8. $(a \to P) \parallel (b \to Q) = (a \to (P \parallel (b \to Q)))|\, b \to (a \to P) \parallel Q)$

Beispiel:
Sei $\alpha P = \{a, c\}$, $\alpha Q = \{b, c\}$ und $P = (a \to c \to P)$, $Q = (c \to b \to Q)$.
Damit ist c ein synchronisierendes Ereignis.

Wir berechnen jetzt $P \parallel Q$.

$$P \parallel Q = (a \rightarrow c \rightarrow P) \parallel (c \rightarrow b \rightarrow Q) = \qquad (6)$$
$$= (a \rightarrow ((c \rightarrow P) \parallel (c \rightarrow b \rightarrow Q))) = \qquad (4)$$
$$= (a \rightarrow c \rightarrow (P \parallel (b \rightarrow Q)))$$

$$P \parallel (b \rightarrow Q) = (a \rightarrow c \rightarrow P) \parallel (b \rightarrow Q) = \qquad (8)$$
$$= (a \rightarrow (c \rightarrow P) \parallel (b \rightarrow Q) \mid b \rightarrow P \parallel Q) = \qquad (7)$$
$$= (a \rightarrow b \rightarrow (c \rightarrow P) \parallel Q \mid b \rightarrow P \parallel Q) = \qquad (\text{Einsetzen})$$
$$= (a \rightarrow b \rightarrow (c \rightarrow P) \parallel (c \rightarrow b \rightarrow Q) \mid b \rightarrow a \rightarrow c \rightarrow P \parallel (b \rightarrow Q))$$
$$= (a \rightarrow b \rightarrow c \rightarrow P \parallel (b \rightarrow Q) X \parallel (b \rightarrow Q))$$

Damit erhalten wir für $P \parallel Q$ in etwas anderer Schreibweise

$$P \parallel Q = (a \rightarrow c \rightarrow \mu X (a \rightarrow b \rightarrow c \rightarrow X \mid b \rightarrow a \rightarrow c \rightarrow X)).$$

Dabei bedeutet $\mu X (.....)$, daß der Inhalt der Klammer rekursiv definiert ist.

Als nächstes stellen wir uns die Aufgabe ein Schieberegister mit CSP zu beschreiben. Um eine einfache Darstellung zu erreichen, beschränken wir uns auf ein zweistelliges Schieberegister. Zur Realisierung verwenden wir den bereits definierten Bitpuffer $BP = (in0 \rightarrow out0 \rightarrow BP \mid in1 \rightarrow out1 \rightarrow BP)$.

Wir müssen allerdings jetzt Bitpuffer BP1 und BP2 spezifizieren, die synchronisierende Ereignisse haben. Eine Synchronisation erfolgt dort, wo aus dem Bitpuffer BP1 etwas ausfließt und beim Bitpuffer BP2 einfließt.

Wir definieren deshalb zunächst die Alphabete neu.

$$\alpha BP1 = \{ in0, in1, mid0, mid1 \} \text{ und } \alpha BP2 = \{ mid0, mid1, out0, out1 \}$$

Daraus ergeben sich die Spezifikationen für BP1 und BP2.

$$BP1 = (in0 \rightarrow mid0 \rightarrow BP1 \mid in1 \rightarrow mid1 \rightarrow BP1) \text{ und}$$
$$BP2 = (mid0 \rightarrow out0 \rightarrow BP2 \mid mid1 \rightarrow out1 \rightarrow BP2).$$

Damit erhalten wir

$$BP1 \parallel BP2 = (\,in0 \rightarrow mid0 \rightarrow BP1 \mid in1 \rightarrow mid1 \rightarrow BP1\,) \parallel (\,mid0 \rightarrow out0 \rightarrow BP2$$
$$\mid mid1 \rightarrow out1 \rightarrow BP2\,).$$

Unter Anwendung der Regeln 1 - 8 können wir dies formal ausrechnen. Als Alternative wollen wir hier den Prozeßbaum betrachten.

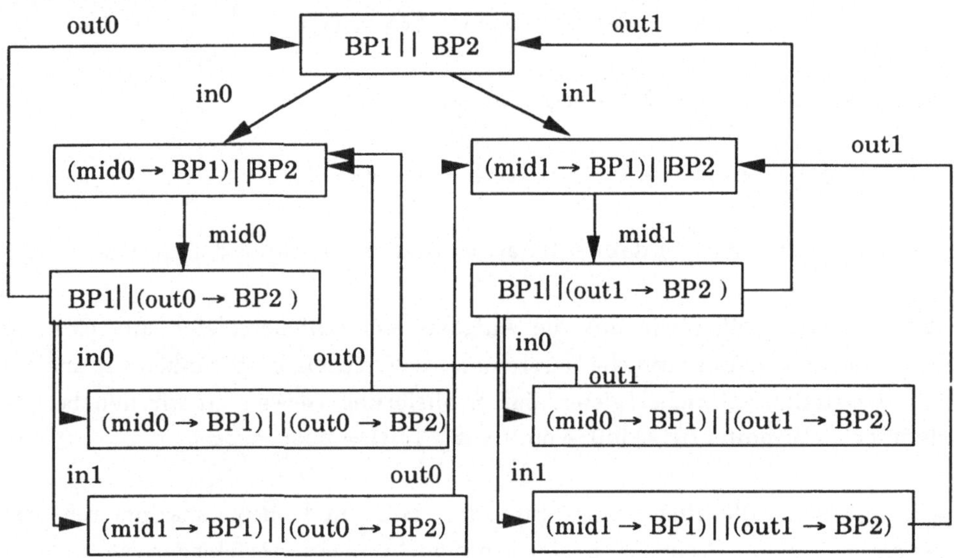

Abb. 4.42 Prozeßbaum Schieberegister

Wir wollen abschließend zur Beschreibung mit CSP anmerken, daß sich auch nicht-deterministische Prozesse und insbesondere Kommunikationsprozesse mit CSP beschreiben lassen. Ein Nachteil von CSP ist, daß sich interne Ereignisse, die nach außen nicht sichtbar werden, nicht darstellen lassen. Man spricht hier auch vom Ausblenden solcher Ereignisse. Dies führt dazu, daß Prozesse als äquivalent erkannt werden, obwohl sie dies gar nicht sind.

Als weiterführende Literatur sei hingewiesen auf " Communicating Sequential Processes " [Hoar85] und " A Calculus of Communicating Systems (CCS) " [Miln80].

5 Leistungsbewertung

Die Leistungsbewertung von Rechensystemen ist oftmals geprägt von der subjektiven Einschätzung des Bewerters. Leistungsbewertung von seriellen Rechnern ist bereits eine nicht einfach zu lösende Aufgabe und wird bei Parallelrechnern zunehmend schwierig, da neben der reinen Hardware auch die Kommunikation zwischen den Prozessoren und geeignete Algorithmen bewertet werden müssen.

Wir müssen zunächst fragen, was ist Leistung und wie läßt sie sich bewerten?
Die Aussage "Die Leistung des Rechners X ist hoch" läßt vielleicht auf einen zufriedenen Benutzer schließen, eine objektive Einordnung des Rechners X in ein allgemeines Leistungsspektrum ist damit nicht möglich.

Zur Charakterisierung der Leistung eignen sich alle vom Benutzer oder Betreiber einer Rechenanlage in irgendeiner Form meßbaren Größen wie z.B. die Antwortzeiten, die Durchsatzrate oder die effektive Übertragungszeit.

Generell kann man sagen, daß die Leistung eine Funktion der einzelnen Komponenten einer Rechenanlage (Prozessoren, Speicher usw.), der Kommunikation zwischen diesen Komponenten, insbesondere zwischen Prozessoren bei Parallelrechnern, und der verwendeten Algorithmen zur Lösung eines bestimmten Problems ist.

Leistungsbewertung versucht objektive Aussagen über ein oder mehrere Rechensysteme mit Hilfe rein meßbarer Größen abzugeben.

5.1 Ziele und Methoden

Ziele der Leistungsbewertung liegen in

- der Messung und formalen Beschreibung realer Abläufe

- der Definition und Bestimmung charakteristischer Leistungsgrößen

- dem Bereitstellen von Entscheidungshilfen für den Entwurf der Hardwarestruktur, der Systemsoftware und der Anwenderprogramme

Einsatzgebiete der Leistungsbewertung sind:

- Entwurf neuer Hard- und Softwarestrukturen (planning phase)

In der Entwurfsphase müssen einzelne Komponenten ständig überprüft werden, ob sie die an sie gestellten Anforderungen erfüllen und sich in das Gesamtsystem leistungsgerecht einpassen.
So macht z. B. ein schneller Speicher in Verbindung mit einer langsamen Adreßberechnung keinen Sinn.

- Realisierung von Rechnerkomponenten (design and implementation phase)

Bei der Realisierung von Komponenten muß überprüft werden, ob der Entwurf leistungsgerecht übertragen wird und ob diese Komponenten die gewünschte Leistung auch tatsächlich erbringen.

- Auswahl einer Rechenanlage (configuration process)

Bei der Auswahl einer Rechenanlage werden Bewertungsgrundlagen benötigt, die es ermöglichen, verschiedene Anlagen hinsichtlich bestimmter Gesichtspunkte vergleichend zu bewerten.
Durch geeignete Methoden kann erkannt werden, welche Engpässe zu erwarten sind, wenn sich die Anforderungen ändern.

- Veränderungen bei bestehenden Anlagen (system tuning)

Die rechtzeitige Erkennung und Beseitigung von Engpässen an einzelnen
Komponenten einer bestehenden Anlage kann oftmals eine kostengünstige
Leistungsverbesserung der Gesamtanlage zur Folge haben.

Was sind leistungsbeeinflussende Größen eines Systems?

Hierzu gehört

- die Hardware (Anzahl und Art der Prozessoren, Befehlssatz und
Mikro-
    programmierung, Art und Größe der Speicher, Speicherhierarchie, Ein-
    /Ausgabe)

- die Kommunikation (Größe und Art der Kommunikationspfade,
    Kommunikationsprotokoll, Synchronisation)

- das Betriebssystem (Komponenten, Art der Parallelität, Sprachen)

- die Algorithmen (Arten der Parallelität, Unterstützung der
    Granularität, Konvergenz, Zuverlässigkeit, Verfügbarkeit)

Um bestimmte Methoden der Leistungsbewertung auswählen zu können, muß
zunächst klar sein, auf welche Fragen man eine Antwort erwartet.

Eine Auswahl möglicher Fragen könnte sein

- Wirken Architektur und Anwendung zu gleichen Teilen auf die
    Leistung ein?

- Welche Attribute fördern bzw. hemmen die erfolgreiche Imple-
    mentierung einzelner Anwendungen auf speziellen Architekturen?

- Gibt es eine optimale Anzahl von Prozessoren für bestimmte
    Klassen von Anwendungen?

- Gibt es bestimmte Klassen von Anwendungen, die für bestimmte Architekturen geeignet bzw. ungeeignet sind?

- Wie beeinflußt eine Speicherhierarchie den Parallelismus?

- Wie wirken sich Änderungen an der Implementierung auf die Parallelität aus?

- Wie läßt sich die Güte und Leistungsfähigkeit eines Algorithmus quantitativ analysieren?

- Welche Kriterien lassen sich finden, um Algorithmen für dasselbe Problem zu vergleichen?

- Gibt es den besten Algorithmus für ein bestimmtes Problem?

- Lassen sich theoretische Ergebnisse und praktische Implementierungen vergleichen?

Methoden der Leistungsbewertung sind

- Ermittlung von Kenngrößen und Leistungskriterien

- Beobachtende Leistungsbewertung

- Berechnende Leistungsbewertung

- Benchmarks

- Leistungsdatenbanken

- Neue Parameter bei Parallelverarbeitung

- Algebraische Leistungsbewertung

5.2 Kenngrößen und Leistungskriterien

Kenngrößen lassen sich normalerweise aus den Prospekten der Hersteller ablesen und geben Anhaltspunkte zur Einordnung bestimmter Komponenten in ein Leistungsspektrum.

Bei Prozessoren sind dies zum Beispiel

- Additions- und Multiplikationszeit

- MIPS (millions of instruction per second) $\mu = \dfrac{1}{n\, t_c}$ (5.1)

   mit t_c = Zykluszeit und n = Anzahl der Zyklen pro Befehl

- MFLOPS (millions of floating point operations per second)

- die Wortbreite der Verarbeitung

Bei Speichern gibt man zum Beispiel an

- die Zugriffsart (wahlfrei, sequentiell)

- die Kapazität

- die Zugriffs- und Zykluszeit

- die Bandbreite

Gemeinsam ist allen Kenngrößen, daß sie nur eine sehr grobe Einordnung zulassen. Dies liegt einmal an der oft schwammigen Definition. So gibt ein Hersteller bei der Größe MFLOPS die Anzahl der Gleitpunktadditionen pro Sekunde an, ein anderer wählt ein Mix zwischen Gleitpunktadditionen und -multiplikationen. Auch die Mantissenlänge ist hierbei nicht exakt festgelegt.

Zum anderen sind diese Größen oftmals nur durch theoretische Überlegungen bestimmt. Bei mehreren vorhandenen Prozessoren oder Rechenwerken wird davon ausgegangen, daß zu jedem Zeitpunkt jeder Prozessor eine Operation ausführen kann. Dies kann vom Benutzer im Normalfall jedoch nicht ausgenutzt werden.

Diese Kennzahlen können daher nur interpretiert werden als die Leistung, die mit Sicherheit nicht überschritten werden kann (peak performance). Realistisch sind z. B. bei Pipelinerechnern nur 30 % dieser Leistungsangabe vom Benutzer tatsächlich zu erzielen.

Eine weitere Kenngröße ist die mittlere Befehlsausführungszeit, die sich auf der Basis von Befehlsmixen errechnen läßt. Dabei wird die Ausführungszeit eines Befehls oder einer Befehlsklasse mit der relativen Häufigkeit gewichtet. Die mittlere Befehlsausführungszeit ergibt sich aus

$$T = \sum_{i=1}^{n} p_i t_i \qquad\qquad (5.2)$$

Der bekannteste Befehlsmix ist der Gibson-Mix, der bei IBM entwickelt wurde. Die Befehle sind dabei in 13 Klassen wie z.B. Laden und Speichern, Integeraddition, Vergleiche, log. Befehle usw. eingeteilt. Die relativen Häufigkeiten der Klassen wurden durch Messungen an Programmen ermittelt. Da es sich hierbei um Programme aus dem technisch-wissenschaftlichen Bereich handelte, ist Vorsicht geboten, wenn das eigene Benutzerprofil hiervon abweicht.

Die Befehlsmixe sind maschinenabhängig, da unterschiedliche Befehlssätze auch unterschiedliche Häufigkeiten einzelner Befehle nach sich ziehen.

Eine andere Möglichkeit einen Mix zu erzeugen, besteht darin, bestimmte Grundfunktionen wie z.B. die Addition von n Zahlen, Tabellensuche usw. als Aufgaben zu definieren. Man spricht dann von einem Funktionsmix. Ein bekannter Funktionsmix ist der GAMM-Mix, der von der Gesellschaft für Angewandte Mathematik und Mechanik entwickelt wurde.

Dabei werden für fünf Grundfunktionen die Ausführungszeiten gemessen:

t_1 : Skalarprodukt zweier Vektoren mit je 30 Elementen

t_2 : Summe zweier Vektoren mit je 30 Elementen

t_3 : Horner-Methode für ein Polynom 10. Grades

t_4 : Wurzelziehen mit Newton-Verfahren

t_5 : Maximumbestimmung unter 100 Tabellenwerten

Daraus ergibt sich der GAMM-Mix

$$T = \frac{1}{300} \left(t_1 + 2t_2 + 3t_3 + 4t_4 + \frac{t_5}{5} \right) \tag{5.3}$$

Durch Mixe lassen sich lediglich einzelne Prozessoren oder Rechenwerke bewerten. Das Systemverhalten läßt sich damit nicht ausdrücken.

Eine weitere Möglichkeit eine Last zu beschreiben, sind sog. Kernprogramme oder kernels. Kernprogramme enthalten oft durchlaufene innere Schleifen bestimmter Programme, wie z.B. Matrizeninversion oder Lösung von Gleichungssystemen. Die Gewichtung der einzelnen Teile erfolgt nach der Auftrittshäufigkeit im Benutzerprofil.

Kernels haben genauso wie Funktionsmixe gewisse Nachteile:

- Die Repräsentativität für das eigene Benutzerprofil ist nur schwer
  zu bestimmen

- Es lassen sich nur die Hardwarekomponenten und einige wenige
  Softwarekomponenten wie z.B. Compiler bewerten

- Es werden keine Nebenläufigkeiten betrachtet

Zusammenfassend läßt sich sagen, daß Kenngrößen, Mixe und kernels keine Rolle mehr in der Leistungsbewertung spielen.

Leistungskriterien geben einen Anhaltspunkt, wie die Leistung beim Einsatz mehrerer Prozessoren (Parallelität) in einem Rechensystem steigt.
Wir wollen hier zunächst zwei Theoreme aus der Komplexitätstheorie anführen, die die Problematik objektiver Leistungsbewertung bewußt machen sollen:

Das Speed-up-Theorem:

Es gibt Probleme, die keinen optimalen Algorithmus besitzen. D.h. zu jedem Algorithmus A, der ein bestimmtes Problem löst, gibt es einen Algorithmus B, der das Problem löst und schneller ist als A.

Das GAP-Theorem:

Bei zwei Rechner, der eine langsam, der andere schnell, kann der langsamere den schnelleren bei bestimmten Problemen und bestimmten Zeitgrenzen stets einholen.

Als Leistungskriterium für ein Rechensystem können wir als erstes die Ausführungszeit für einen Algorithmus bestimmen. Dabei ist p die Anzahl der eingesetzten Prozessoren und n ein Maß für die Anzahl der Eingabegrößen.

$$T_p\,(n) = c_p\,(n) + o_p\,(n)$$

(5.4)

Dabei ist c_p die eigentliche Rechenzeit und o_p ein Maß für den Overhead bei der Verwendung von p Prozessoren. Er beinhaltet z. B. die Zeit für die Kommunikation der Prozessoren untereinander und für die Synchronisation. Im seriellen Fall ist der Overhead gleich 0.

Daraus läßt sich die Beschleunigung oder der speed-up ableiten:

$$\text{Speed-up } S_p\,(n) = \frac{T_1(n)}{T_p(n)} \tag{5.5}$$

Hier beginnen bereits die Probleme, da es in der Literatur unterschiedliche Ansätze gibt, $T_1(n)$ und $T_p(n)$ zu bestimmen. Drei unterschiedliche Definitionen seien hier angegeben:

$$1.\ \text{Speed-up} = \frac{\text{Rechenzeit des Algorithmus A für Rechner X mit 1 Prozessor}}{\text{Rechenzeit des Algorithmus A für Rechner Y mit p Prozessoren}}$$

$$2.\ \text{Speed-up} = \frac{\text{Rechenzeit des schnellsten ser. Alg. am Rechner X mit 1 Proz.}}{\text{Rechenzeit des schnellsten par. Alg. am Rechner Y mit p Proz.}}$$

$$3.\ \text{Speed-up} = \frac{\text{Hypoth. Rechenzeit auf Rechner X mit 1 Prozessor}}{\text{Rechenzeit auf Rechner Y mit p Prozessoren}}$$

Daraus ergeben sich unterschiedliche Werte für den Speed-up.

So teilt Amdahl [Amda67] die Rechenzeit für einen Algorithmus in einen seriellen Anteil und einen parallelen Anteil auf. Damit ergibt sich

$$T_p = T_{ser} + \frac{T_{par}}{p} + o_p \qquad (5.6)$$

Mit der Normierung $T_{ser} + T_{par} = 1$ ergibt sich hieraus der **hypothetische** Speed-up. Dies ist auch als Amdahls Law in der Literatur bekannt.

$$S_p = \frac{T_1}{T_p} = \frac{T_1}{T_1(T_{ser} + \frac{T_{par}}{p})} = \frac{1}{(1-T_{par}) + \frac{T_{par}}{p}} \qquad (5.7)$$

Um einen maximalen Wert für S_p zu erreichen, muß sich T_{par} dem Wert 1 nähern. Diese Definition läßt den Overhead vollkommen unbeachtet.

Gustafson hat festgestellt, daß diese Formel für massiv parallele Systeme wenig Aussagekraft enthält [Gust88]. Er geht von den Rechenzeitanteilen T_{ser} und T_{par}

auf einem parallelen System mit p Prozessoren aus. Daraus ergibt sich die Rechenzeit auf einem seriellen Rechner für dasselbe Problem mit $T_1 = T_{ser} + p\,T_{par}$. Mit der Normierung $T_p = T_{ser} + T_{par} = 1$ erhält man den **skalierten** Speed-up

$$S_p = \frac{T_1}{T_p} = \frac{T_{ser} + p\,T_{par}}{T_{ser} + T_{par}} = T_{ser} + p\,T_{par} = p + (1\text{-}p)\,T_{ser} \qquad (5.8)$$

Der Unterschied zwischen den beiden Speed-up-Definitionen liegt in der Sichtweise. Während Amdahl den seriellen Fall als Ausgangsbasis benutzt, geht Gustafson vom parallelen Fall aus.

Deutlich sieht man dies auch, wenn man den Speed-up als Funktion von T_{ser} betrachtet und an der Stelle $T_0 = 0$ die Ableitungen bildet:

$$\text{Amdahl:} \quad \frac{d(S_p)}{T_{ser}}(T_0) = p - p^2$$
$$\qquad (5.9)$$
$$\text{Gustafson:} \quad \frac{d(S_p)}{T_{ser}}(T_0) = 1 - p$$

Dies bedeutet, daß die Funktion nach der Definition von Amdahl p-mal steiler abfällt. Es ist also p-mal "leichter", hohe Speed-ups für Probleme skalierbarer Größen zu erzielen als für Probleme fester Größen. Das bedeutet, daß Parallelrechner besser geeignet sind zur Lösung größerer Probleme und nicht zur Bearbeitung einer größeren Anzahl von Programmen.

Aus dem Speed-up läßt sich die Effizienz berechnen, die das Verhältnis des erreichten Speed-ups S_p zum idealen Speed-up p ausdrückt:

$$E_p = \frac{S_p}{p} = \frac{T_1}{p T_p} \quad \text{mit } \frac{1}{p} \le E_p \le 1 \qquad (5.10)$$

Ist kein Overhead o_p vorhanden, dann ergibt sich der Idealwert $E_p = 1$. Für den Fall einer idealen Parallelisierung läßt sich (5.6) schreiben als

$$T_p = \frac{T_1}{p} + o_p \tag{5.11}$$

Durch Einsetzen in (5.10) erhält man

$$E_p = \frac{T_1}{T_1 + p\, o_p} \tag{5.12}$$

Dies bedeutet, daß die Effizienz genau dann maximal wird, wenn $p \cdot o_p$ minimal wird. In den meisten Fällen stellt $p \cdot o_p$ eine monoton steigende Funktion dar, so daß E_p nur für $p = 1$ ein Maximum annimmt.

Während man zur Berechnung der Effizienz immer die Ausführungszeit im seriellen Fall benötigt, ist dies bei der Auslastung nicht der Fall. Die Auslastung einer Komponente ist definiert als das Verhältnis der Zeit, in der die Komponente während eines vorgegebenen Beobachtungsintervalls genutzt wird, zur Länge dieses Intervalls.

Bei einem System mit p Prozessoren beschreibt die Auslastung (utilisation) U_p den Zeitanteil, bei dem p_i Prozessoren mit der Ausführung der zu Schritt i eines Algorithmus gehörenden Operationen belegt sind.

$$U_p = \frac{\sum_{i=0}^{X-1} t_i p_i}{p T_p} \leq 1 \tag{5.13}$$

Dabei ist t_i die Zeit für die Ausführung des Schritts i, p_i die Anzahl der aktiven Prozessoren im Schritt i, X die Gesamtzahl der Schritte und T_p die Gesamtrechenzeit mit p Prozessoren.

Weitere Leistungskriterien, auf die hier nicht genauer eingegangen wird, sind:

Antwortzeit: Wartezeit bis zum Eintreffen eines Resultats
Bedienzeit: Gesamtzeit, die ein Auftrag im System bearbeitet wird
Durchsatz: Anzahl der Aufträge, die pro Zeitintervall bearbeitet werden
Verweilzeit: Zeit, die ein Auftrag im System verbringt
Wartezeit: Zeit, die ein Auftrag auf Bearbeitung wartet

5.3 Beobachtende Leistungsbewertung

Die beobachtende Leistungsbewertung setzt Monitore als Meßgeräte zur
Ermittlung von Leistungsgrößen ein. Sie wird deshalb auch als Monitoring
bezeichnet.

Monitoring wird eingesetzt zu

Vergleichszwecken: Vergleich verschiedener Rechensysteme vor einer Kauf-
entscheidung

Validierung theoretische Voraussagen: Die Leistungsvoraussagen in der
Entwicklungsphase werden nach dem Bau des Rechners überprüft

Überwachung des Betriebs: Identifikation von Engpässen und unausgewogenen
Lastsituationen durch die Überwachung der Auslastung des Systems und
einzelner Komponenten. Mit diesen Aussagen kann die Leistungsfähigkeit des
Systems verbessert werden (tuning)

Einsicht in den inneren Ablauf eines Systems: Beobachtung des dynamischen
Systemverhaltens

Vor dem Einsatz des Monitorings muß die Frage geklärt werden, was gemessen
bzw. beobachtet werden soll. Um z. B. tiefere Einsichten in das Ablaufgeschehen
zu bekommen, helfen pauschale Laufzeiten nicht weiter. Es müssen einzelne Teil-
abläufe und deren Zusammenwirken beobachtet werden. Dazu müssen die
Akteure und Aktionen, die das dynamische Verhalten bestimmen, identifiziert

werden. Hierzu wird man in der Regel ein Modell für das zu beobachtende System entwickeln [Lutt89].

Bei der Aufzeichnung unterscheidet man zwischen ereignisabhängigem bzw. -unabhängigem Monitoring. Ist die Aufzeichnung von Meßdaten ereignisabhängig, dann wir der Monitor nur beim Auftreten eines vorher definierten Ereignisses gestartet. Bis zu diesem Auftreten ist der Monitor nicht aktiv. Bei ereignisunabhängiger Aufzeichnung wird der Monitor zufällig oder in bestimmten Zeitintervallen gestartet.

Weitere Aufzeichnungsmethoden sind die reine Ereigniszählung, dabei wird bei Auftreten des Ereignisses der Zählerstand um eins erhöht, sowie die Erfassung der Zeitdauer eines bestimmten Ereignisses.

Beim Meßvorgang selbst kann eine Flut von Daten auftreten, die die Aufzeichnungskapazität der Monitore sprengen. Hier muß durch entsprechende Filter selektiert oder komprimiert werden, um nur für die Auswertung relevante Daten zu sammeln.

Die Auswertung der gesammelten Daten hängt von der vorgegebenen Fragestellung ab. Für einfache Fragestellungen, wie z.B. die Auftrittswahrscheinlichkeit eines bestimmten Zustands, kann dies mit Hilfe statistischer Methoden erfolgen. Bei komplexeren Fragestellungen werden dagegen ausführliche Ereignisspuren benötigt, um z. B. festzustellen, in welcher zeitlichen Reihenfolge und in welchem zeitlichen Abstand die beobachteten Ereignisse stattgefunden haben.

Bei den Meßmethoden unterscheidet man zwischen Hardware-Monitoring und Software-Monitoring. Hybrides Monitoring ist eine Mischform dieser beiden Methoden.

5.3.1 Hardware-Monitoring

Von einem elektronischen Meßgerät, dem Hardware-Monitor, werden Meßfühler (probes) direkt an der Hardware des zu untersuchenden Systems angeschlossen. Die dabei gemessenen Zustandswechsel, sog. Ereignisse, lassen sowohl

Rückschlüsse auf reine Hardwaregrößen zu (A) als auch auf das Verhalten bestimmter Objektprogramme (B).

Im ersten Fall werden Größen wie Prozessor- oder Kanalauslastung, Nutzung des Befehlsvorrats gemessen, im zweiten Fall werden die Meßfühler an bestimmten Hardware-Meßpunkten angeschlossen, die Rückschlüsse auf die Objekt-Software erlauben.

Durch eine Rückkopplung lassen sich die Meßergebnisse nutzen, um beispielsweise in einem adaptiven Betriebssystem Veränderungen vorzunehmen (C).

Den prinzipiellen Aufbau zeigt Abbildung 5.14.

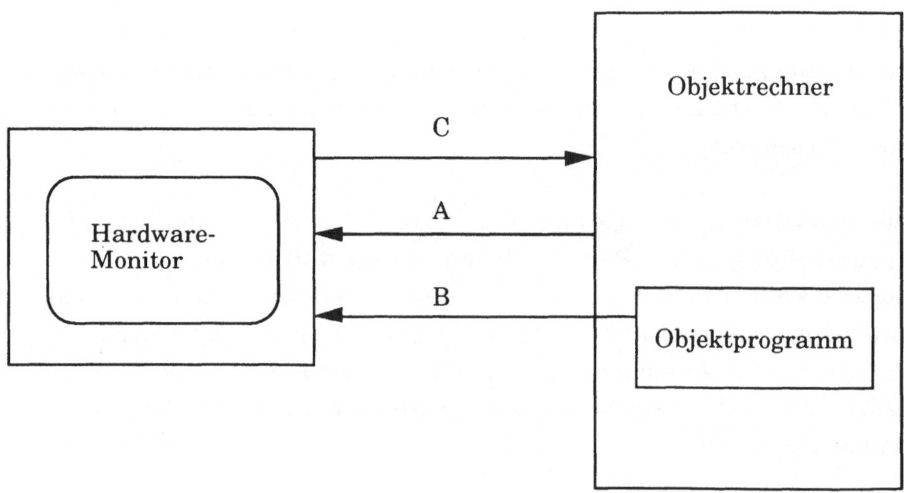

Abb. 5.1 Hardware-Monitoring

Beim Hardware-Monitoring besteht zwischen dem Meßmonitor und dem Meßobjekt keine Abhängigkeit. Dadurch wird sichergestellt, daß die Messung die Abläufe im Beobachtungsobjekt nicht stört.

Beim Hardware-Monitoring können aber auch eine Vielzahl von Problemen entstehen.

Um die Meßfühler an der richtigen Stelle anbringen zu können, sind meist detaillierte Hardwarekenntnisse des Objektrechners notwendig.

Bei Mikroprozessoren in VLSI-Technologie ist es meist nicht mehr möglich, innere Zustände zu messen, da diese nicht von außen abgegriffen werden können.

Das Anbringen der Meßfühler kann durch die Änderung der elektronischen Umgebung zu entsprechenden Fehlern führen.
Bei reinen Hardware-Monitoren besteht keine Möglichkeit, softwarebezogene Information zu erhalten. Es läßt sich meist nicht oder nur sehr schwer erkennen, welches Softwareobjekt ein Ereignis ausgelöst hat.

5.3.2 Software-Monitoring

Beim Software-Monitoring läuft im Objektrechner ein Meßprogramm ab, das Ereignisse oder Zustände aufzeichnet. Man sieht sofort, daß dadurch das Ablaufgeschehen im Objektrechner beeinflußt wird und durch das Meßprogramm verfälscht wird.

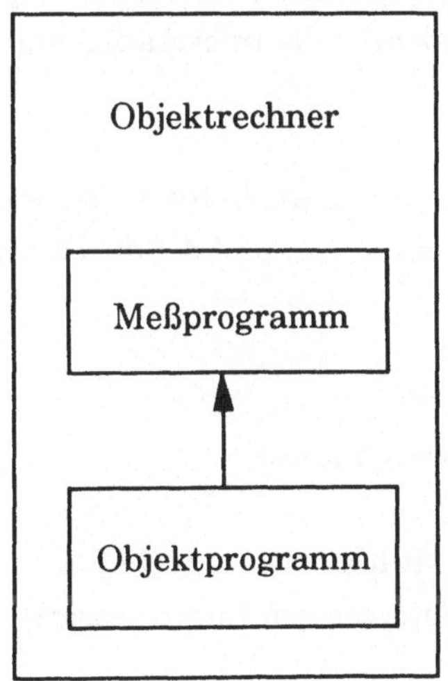

Abb. 5.2 Software-Monitoring

Durch das Meßprogramm werden normalerweise bestimmte Speicherinhalte beobachtet, die Rückschlüsse auf das Ablaufgeschehen im Objektprogramm zulassen. Unter einem Meßprogramm kann man sich Prozeduren vorstellen, die dem Objektprogramm hinzugebunden werden.

Meßergebnisse werden normalerweise mit einer Zeit (Zeitstempel) versehen, die von der Uhr des Objektrechners abgelesen wird. Die Auflösung der Meßergebnisse ist deshalb von der Auflösung der Uhr des Objektrechners abhängig.

5.3.3 Hybrides Monitoring

Bei der Kombination von Hard- und Software-Monitoring spricht man von hybridem Monitoring. Hierbei sollen die Vorteile der jeweiligen Methoden ausgenutzt und die Nachteile vermieden werden. Das zu beobachtende Programm gibt dabei von sich aus Informationen an den Monitor aus. Dazu wird es an den interessierenden Stellen mit Aufrufen von Monitorroutinen versehen.

Wird eine solche Stelle im Programmablauf erreicht, dann wird eine Information an die Hardwareschnittstelle des Objektrechners ausgegeben, an die der Monitor angeschlossen ist. Dieser zeichnet die Information auf und versieht sie mit einem Zeitstempel.

Mit dieser Methode lassen sich auch Informationen gewinnen, die z.B. an chipinternen Meßpunkten entstehen und die durch reines Hardware-Monitoring nicht erfaßt werden können.

5.3.4 Monitoring verteilter Systeme

Bei der Beobachtung von Multiprozessorsystemen treten Fragestellungen und Probleme auf, die beim Monitoring von Einprozessorsystemen nicht gelöst werden müssen.

Wir betrachten hierbei ein System von räumlich und funktionell verteilten Prozessoren, das aus Knoten (Prozessoren) und einem Verbindungssystem zwischen diesen Knoten besteht.

Zur Beobachtung eines solchen Systems bieten sich im wesentlichen zwei Methoden an:

- Knotenmonitore

- Verbindungsmonitore

Bei der ersten Methode werden alle interessierenden Knoten mit einem Monitor versehen. Dabei lassen sich sowohl das interne Knotenverhalten als auch die Schnittstellen zum Verbindungssystem beobachten.

Bei der zweiten Methode werden die einzelnen Abschnitte des Verbindungssystems mit Monitoren versehen. Diese Methode ist meist leichter zu implementieren, da diese Monitore in Form zusätzlicher Knoten realisiert werden.

Bei beiden Methoden hat man es in der Regel mit mehreren Monitoren zu tun. Man spricht daher von einem Monitorsystem, bei dem die Monitore für unterschiedliche Meßaufgaben an unterschiedlichen Stellen eingesetzt werden. Das Hauptproblem besteht darin, die Wechselwirkung der Komponenten eines verteilten Systems aufeinander zu verdeutlichen. Dazu müssen die von den einzelnen Monitoren lokal aufgezeichneten Meßereignisse in eine globale Sicht des gesamten Systems gebracht werden. Dies bedeutet, daß zeitliche Reihenfolge der Ereignisse global eindeutig bestimmt werden muß.

Diese globale Zeitbasis hat folgende Konsequenzen [Lutt89],[EGGP91]:

- Die globale Zeitbasis kann nicht durch lokale Uhren allein etabliert werden, auch wenn diese hochgenau sind. Zum einen müßten alle Uhren exakt zum selben Zeitpunkt gestartet werden, zum anderen müßten sie fortlaufend synchronisiert werden, damit sich im Lauf der Messung keine Zeitabweichungen einstellen. Es ist also eine entsprechende Synchronisationseinrichtung nötig.

- Die Synchronisationseinrichtung muß in Hardware ausgeführt werden, da software-mäßig ausgeführte Synchronisationsalgorithmen wegen ihrer Synchronisationsgenauigkeit von ca. 20 ms ausscheiden. Die gewünschte Genauigkeit sollte im Bereich von 1 μs liegen.

- Reines Software-Monitoring an den Knoten scheidet aus, weil nur lokale Meßspuren erzeugt werden können, die jeweils die Zeitbasis des Knotens haben. Aus ihnen läßt sich keine globale, für das gesamte System geltende Meßspur erstellen.

Ein Beispiel für verteiltes Monitoring ist der in Erlangen entwickelte Zählmonitor4 (ZM4) [HKLM87].

5.3.5 Zusammenfassung

Monitoring ist ein hervorragendes Werkzeug für die Messung charakteristischer Leistungsgrößen und für die Beobachtung des dynamischen Verhaltens eines Rechensystems. Mit den Informationen lassen sich Engpässe aufdecken und beheben.

Hardware-Monitore sind durch den Fortschritt in der Technologie allerdings meist sehr kurzlebig. Ihr Einsatz wird noch durch folgende Entwicklungen erschwert [EGGP 91]:

- Virtuelle Speicherkonzepte bewirken, daß die mit einem Hardware-Monitor von Speicherzugriffen abgeleiteten Meßdaten nicht mehr einem bestimmten Prozeß zugeordnet werden können

- Bei RISC-Architekturen manipulieren die Compiler die Reihenfolge der abzuarbeitenden Befehle, dadurch läßt sich mit dem Beobachten der Bus-Aktivitäten nicht mehr direkt auf den tatsächlichen Programmablauf schließen

- Auf einem Mikroprozessor-Chip implementierte Daten- und Befehls-Caches verhindern, daß Informationen über ablaufende Befehlsfolgen an die Außenwelt gelangen

- Zunehmende Taktraten verlangen nach Meßgeräten mit entsprechend schnellen Technologien

5.4 Berechnende Leistungsbewertung

Im Gegensatz zur beobachtenden Leistungsbewertung, die ein reales System
voraussetzt, geht die beobachtende Leistungsbewertung von der Auswertung von
Modellen aus. Dabei kann ein Modell ein ganzes Rechensystem oder nur einzelne
Teile daraus beschreiben.

Zur Erstellung eines Modells wird das zu untersuchende System zunächst
analysiert und mit bestimmten Annahmen versehen. Das Modell, das dabei
entsteht, soll zum einen möglichst einfach sein, damit die spätere Auswertung
leicht möglich ist. Zum anderen soll das Modell aber auch genau das zu
untersuchende System charakterisieren. Hier sind gewisse Kompromisse
notwendig.

Bei der Auswertung des Modells lassen sich dann aufgrund dieser Annahmen
bestimmte Leistungsaussagen treffen. Eine solche Leistungsvorhersage ist vor
allem für folgende Bereiche wichtig:

- In der Planungsphase werden Modelle und Leistungsaussagen benötigt für neue
Hard- und Softwarestrukturen

- In der Realisierungsphase werden die Modelle konkretisiert und es wird
insbesondere die Interaktion zwischen den Systemkomponenten berücksichtigt

- Bei einer Systemerweiterung kann der Effekt der Maßnahme anhand eines
Modells im Voraus abgeschätzt werden

- Bei Multiprozessorsystemen helfen Modelle bei der Suche nach optimalen
Scheduling-Strategien

5.4.1 Modellierungsmethoden

Um das Ablaufgeschehen in einem System mit Hilfe eines Modells nachzubilden,
bieten sich mehrere Möglichkeiten an. Es handelt sich dabei um [Herz88],[Herz89]

- graphentheoretische Beschreibungen

- wahrscheinlichkeits- oder verkehrstheoretische Beschreibungen

- Beschreibungen mit Hilfe von Transitionsnetzen, detaillierten Ablaufplänen,
  Programmiersprachen usw.

- eine Kombination der Methoden

5.4.2 Graphentheoretische Beschreibung

Bei der graphentheoretischen Beschreibung wird das System (Rechner oder
Rechnernetz bzw. Teile davon) und das Ablaufgeschehen mit Hilfe von Knoten,
Kanten und Flüssen nachgebildet.

Dabei stellen die Knoten die einzelnen Komponenten des Systems dar. Es kann
sich dabei um Sende-, Empfangs- und Durchgangsknoten handeln. Die Kanten
bilden die Verbindungen zwischen den Knoten nach. Die Topologie eines Systems
liegt meist zwischen den Extrema Baum-Graph (minimale Verbindung) und
vollständiger Graph (maximale Verbindung) [BoHä80].

Der Informationsaustausch zwischen den Knoten wird durch den Fluß dargestellt,
dessen Wert die Übertragungskapazität zwischen zwei Knoten nicht
überschreiten darf. Ein Pfad ist dabei eine Folge von Knoten und Kanten, der eine
Verbindung von einem Sende- zu einem Empfangsknoten herstellt.

Mit diesen Modellen lassen sich die Strukturen und Reihenfolgebeziehungen eines
System gut beschreiben. Dabei lassen sich optimale Pfade finden und Engpässe
aufdecken. Allerdings wird in diesen Modellen ein kontinuierlicher Informationsfluß
vorausgesetzt und das dynamische Ablaufgeschehen nicht berücksichtigt.

Die typische graphentheoretische Beschreibung eines Systems zeigt die folgende
Abbildung 5.3 [BoHä80].

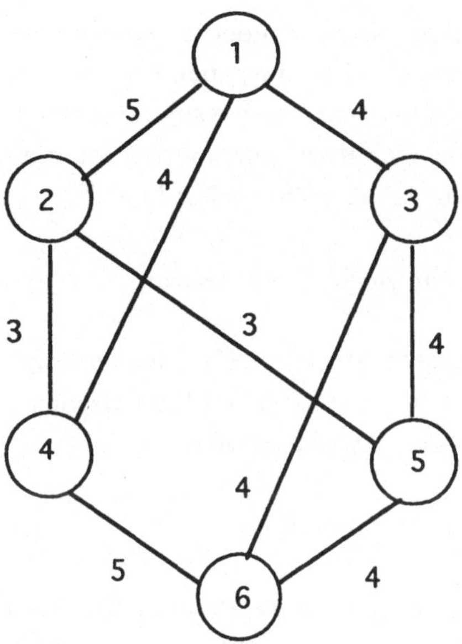

Abb. 5.3 Graphentheoretische Beschreibung

Dabei sind die Knoten durch Nummern bezeichnet, die Kanten werden mit
Kapazitätsangaben versehen. Zu diesem Graphen gehört eine Verbindungsmatrix,
die angibt, welcher Knoten mit welchem verbunden ist und eine Kapazitätsmatrix,
die angibt, wie groß der maximale Fluß zwischen zwei Knoten sein kann.

	1	2	3	4	5	6
1	0	1	1	1	0	0
2	1	0	0	1	1	0
3	1	0	0	0	1	1
4	1	1	0	0	0	1
5	0	1	1	0	0	1
6	0	0	1	1	1	0

	1	2	3	4	5	6
1	0	5	4	4	0	0
2	5	0	0	3	3	0
3	4	0	0	0	4	4
4	4	3	0	0	0	5
5	0	3	4	0	0	4
6	0	0	4	5	4	0

Abb. 5.4   Verbindungs- und Kapazitätsmatrix

Mit Hilfe des Ford-Fulkerson-Algorithmus [FoFu62],[BoHä80] läßt sich nun der maximale Fluß zwischen einem Sender S und einem Empfänger T in einem System bestimmen. Dabei wird, ausgehend von einem beliebigen zulässigen Ausgangsfluß, der S-T-Fluß schrittweise solange erhöht, bis kein größerer Fluß mehr möglich ist. Das Hauptproblem hierbei ist die Suche eines Weges im Graphen, auf dem sich der Fluß noch erhöhen läßt.

Der Algorithmus läßt sich wie folgt beschreiben:

Sei N die Menge der Knoten. Mit $x,y \in N$ bezeichnet $c(x,y)$ die Kapazität der Kante zwischen x und y, $f(x,y)$ den momentanen Fluß zwischen x und y mit $f(x,y) \leq c(x,y)$. Man geht von irgendeinem möglichen Fluß aus.

1. Die Quelle S erhält die Markierung $(-,\infty)$.

2. Wähle einen markierten, nicht abgehakten Knoten x. Seine Markierung sei $(z,e(x))$. Alle Knoten y, die nicht markiert sind und für die gilt: $f(x,y) < c(x,y)$ erhalten die Markierung $(x, e(y))$ mit $e(y) = \min [e(x), c(x,y) - f(x,y)]$. Anschließend wird der Knoten x abgehakt.

3. Empfänger T markiert mit $(y, e(t))$ und nicht abgehakt, weiter mit 4.
Es können keine weiteren Markierungen angebracht werden und T ist unmarkiert: Fertig.
Weiter mit 2.

4. Ersetze $f(y,t)$ durch $f(y,t) + e(t)$.

5. Ersetze beim Knoten y mit der Markierung $(x,e(y))$ $f(x,y)$ durch $f(x,y) + e(t)$.

6. $x \neq S$: Setze $y := x$, weiter bei 5.
   $x = S$: Löschen aller Markierungen, weiter bei 1.

Der Algorithmus soll jetzt am Beispiel aus Abbildung 5.4 erläutert werden. Dabei soll der maximale Fluß zwischen den Knoten 1 (= S) und 6 (= T) bestimmt werden. Wir bestimmen zunächst einen beliebigen möglichen Fluß.

Zwischen den Knoten 1 - 2 - 4 - 6 ist der maximale Fluß 3, zwischen 1 - 3 - 5 - 6
ist er 4. Unser Ausgangswert ist die Summe der beiden Teilflüsse und ist gleich 7.

Es gilt: $f(1,2) = f(2,4) = f(4,6) = 3$ und $f(1,3) = f(3,5) = f(5,6) = 4$.
(Vorsicht: Die Funktion f ist richtungsabhängig, dagegen ist es die Funktion c
nicht, es gilt $c(x,y) = c(y,x)$)

Schritt 1:   Knoten 1 erhält die Markierung $(-,\infty)$

Schritt 2a: Knoten 2 erhält die Markierung $(1,2)$
              Knoten 4 erhält die Markierung $(1,4)$
              Knoten 1 wird abgehakt

Schritt 2b: Knoten 5 erhält die Markierung $(2,2)$
              Knoten 2 wird abgehakt

Schritt 2c: Knoten 3 erhält die Markierung $(5,2)$
              Knoten 5 wird abgehakt

Schritt 2d: Knoten 6 erhält die Markierung $(3,2)$
              Knoten 3 wird abgehakt

Schritt 4: $f(3,6) := f(3,6) + e(6) = 0 + 2 = 2$

Schritt 5a: $f(5,3) := f(5,3) + e(6) = 0 + 2 = 2$

Schritt 5b: $f(2,5) := f(2,5) + e(6) = 0 + 2 = 2$

Schritt 5c: $f(1,2) := f(1,2) + e(6) = 3 + 2 = 5$

Diese Berechnung läßt sich auch mittels Graphen darstellen:

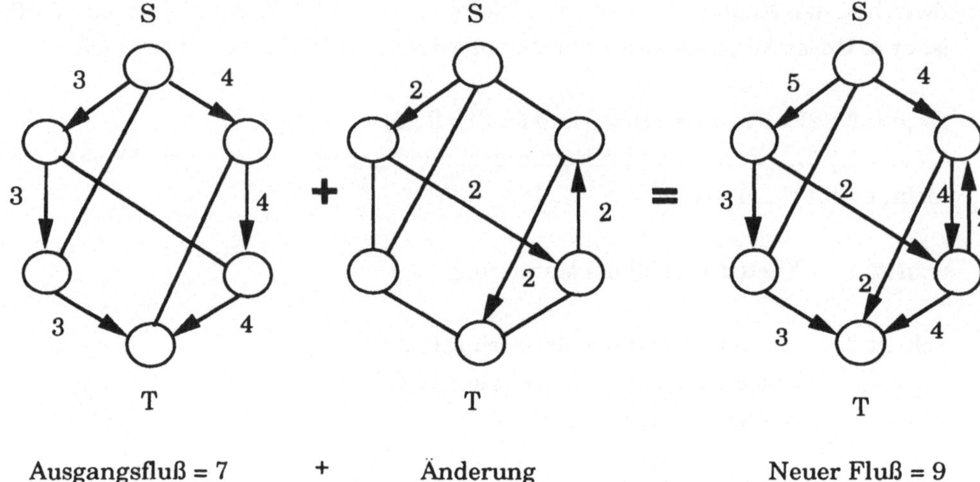

Ausgangsfluß = 7   +   Änderung   Neuer Fluß = 9

Abb. 5.5 Berechnung des max. Flusses

Schritt 6:   Löschen aller Markierungen

Schritt 1:   Knoten 1 erhält die Markierung (-,∞)

Schritt 2a: Knoten 4 erhält die Markierung (1,4)
Knoten 1 wird abgehakt

Schritt 2b: Knoten 6 erhält die Markierung (4,2)
Knoten 4 wird abgehakt

Schritt 4: $f(4,6) := f(4,6) + e(6) = 3 + 2 = 5$

Schritt 5: $f(1,4) := f(1,4) + e(6) = 0 + 2 = 2$

Mittels Graphen erhält man anschaulich:

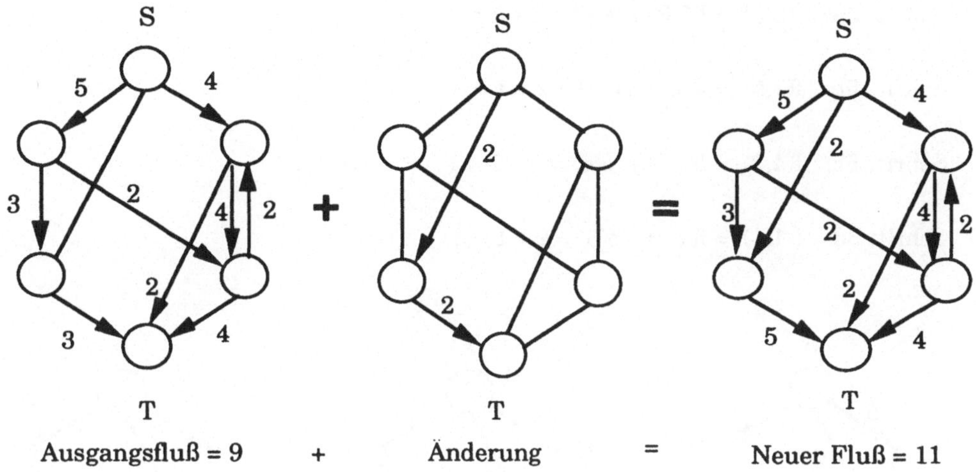

Abb. 5.6 Berechnung des max. Flusses

Schritt 6:   Löschen der Markierungen

Schritt 1:   Knoten 1 erhält die Markierung (-,∞)

Schritt 2a: Knoten 4 erhält die Markierung (1,2)
               Knoten 1 wird abgehakt

Schritt 2b: Knoten 2 erhält die Markierung (4,2)
               Knoten 4 wird abgehakt

Schritt 2c: Knoten 5 erhält die Markierung (2,1)
               Knoten 2 wird abgehakt

Schritt 2d: Knoten 3 erhält die Markierung (5,1)
               Knoten 5 wird abgehakt

Schritt 2e: Knoten 6 erhält die Markierung (3,1)
               Knoten 3 wird abgehakt

Schritt 4: $f(3,6) := f(3,6) + e(6) = 2 + 1 = 3$

Schritt 5a: f(5,3) := f(5,3) + e(6) = 2 + 1 = 3

Schritt 5b: f(2,5) := f(2,5) + e(6) = 2 + 1 = 3

Schritt 5c: f(4,2) := f(4,2) + e(6) = 0 + 1 = 1

Schritt 5d: f(1,4) := f(1,4) + e(6) = 2 + 1 = 3

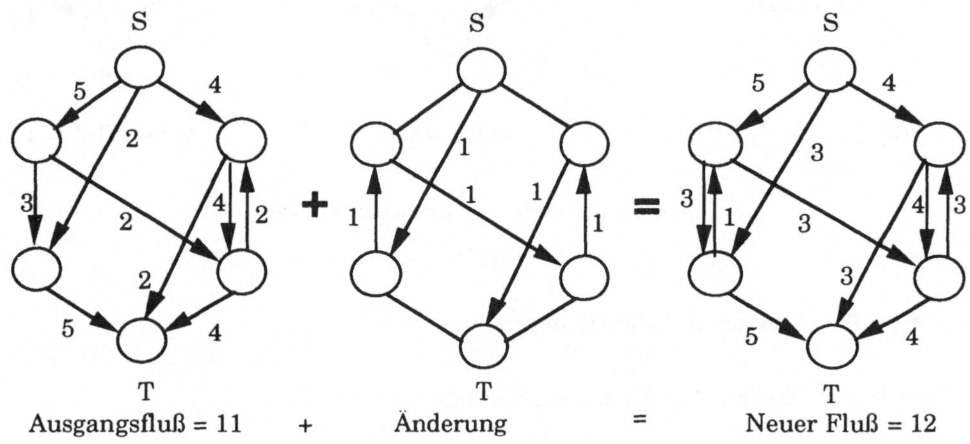

Abb. 5.7 Berechnung des max. Flusses

Schritt 6:   Löschen der Markierungen

Schritt 1:   Knoten 1 erhält die Markierung (-,∞)

Schritt 2a: Knoten 4 erhält die Markierung (1,1)
               Knoten 1 wird abgehakt

Schritt 2b: Knoten 2 erhält die Markierung (4,1)
               Knoten 4 wird abgehakt

Schritt 3:   Keine weiteren Markierungen möglich, T nicht markiert: Fertig

Damit ist die Lösung gefunden. Der maximale Fluß beträgt 12.

5.4.3 Verkehrstheoretische Beschreibung

Die Aufgabe der Verkehrstheorie ist die Untersuchung von Bedien- und Kommunikationsprozessen und die Definition und Berechnung von charakteristischen Gütemerkmalen. Dadurch lassen sich systeminterne Engpässe aufdecken.

Zur Nachbildung eines Rechensystems mit wahrscheinlichkeits- oder verkehrstheoretischen Methoden verwendet man Modelle, die die wichtigsten Eigenschaften des Systems berücksichtigen. Elemente dieses Modells sind Bedienstationen, in denen die Aufträge mit Hilfe eines bestimmten Bedienprozesses abgearbeitet werden und Warteschlangen, in denen Aufträge, die mit einer bestimmten Ankunftsrate im System ankommen, auf ihre Bedienung warten. Man spricht deshalb auch von Warteschlangenmodellen. Die Analyse dieser Modelle erfolgt durch exakte oder approximative Methoden oder durch Simulation.

Das Grundmodell ist wie folgt aufgebaut:

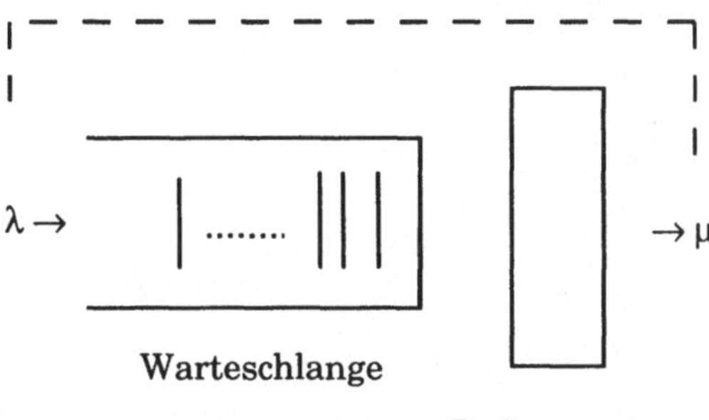

Abb. 5.8 Offenes bzw. geschlossenes Warteschlangenmodell

Ohne die gestrichelte Linie spricht man von einem offenen Modell. Aus einer unendlich großen Quelle treffen in bestimmten Abständen Aufträge von außen in das Warteschlangenmodell ein und verlassen es wieder, wenn sie in der Bedienstation vollständig bearbeitet worden sind.

Mit gestrichelter Linie spricht man von einem geschlossenen Modell. Jeder Auftrag, der das Modell verläßt, löst die Ankunft eines neuen Auftrags im Modell aus.

Die Anzahl der Aufträge im Modell ist hierbei konstant. Wenn beide Aufträge, verlassender und ankommender, die gleichen Anforderungen an das Modell besitzen, dann kann die Last des neuen Auftrags durch eine Wiederholung des alten Auftrags erzeugt werden.

Die charakteristischen Größen des Modells sind:

1. Ankunftsprozeß

Die Ankunftsabstände werden von einer Vielzahl von Faktoren beeinflußt. Für das Modell müssen hier meist vereinfachende Annahmen gemacht werden. Man geht davon aus, daß alle Ankünfte dem gleichen Zufallsgesetz unterliegen und daß die einzelnen Abstände voneinander unabhängig sind. Beschrieben wird der Ankunftsprozeß, genau wie der Bedienprozeß, durch die Verteilungsfunktion der Ankunftsabstände. Der Kehrwert des mittleren Ankunftsabstandes a_m ergibt die mittlere Ankunftsrate:

$$\lambda = \frac{1}{a_m} \qquad (5.14)$$

2. Bedienprozeß

Analog zum Ankunftsprozeß wird der Bedienprozeß definiert. Der Kehrwert der mittleren Bedienzeit b_m ergibt die mittlere Bedienrate μ:

$$\mu = \frac{1}{b_m} \qquad (5.15)$$

3. Warteschlange

Die Anzahl und die Kapazität (Warteplätze) der Warteschlangen beeinflußt das
Warteverhalten und die Anzahl der Aufträge im System. Bei mehr als einer
Warteschlange können die Aufträge in unterschiedlichen Warteschlangen mit
unterschiedlicher Priorität abgearbeitet werden.

4. Bedienstation

Es kann mehr als eine Bedienstation im Modell vorhanden sein. Je nach
Anordnung der Bedienstationen läßt sich damit Parallelität oder Pipelineverhalten
modellieren. Aufträge im System können mit unterschiedlichen Bedienstrategien
bearbeitet werden.

5. Verteilungsfunktionen

Die gebräuchlichsten Verteilungsfunktionen sind:

Negativ-exponentielle Verteilung
Konstante Verteilung
Erlang-k-Verteilung
Hyperexponentielle Verteilung

Für die Beschreibung eines Modells wird die Kendall-Notation verwendet. Sie
besteht aus sechs Größen

$$A/B/m/K/Q/Z \qquad (5.16)$$

Dabei bedeutet:

A   Verteilung der Ankunftszeiten
B   Verteilung der Bedienzeiten
m   Anzahl der Bedienstationen
K   Kapazität der Warteschlange (Vorbesetzung = ∞)
Q   Anzahl der Aufträge in der Quelle (Vorbesetzung = ∞)
Z   Auswahlregel für wartende Aufträge (Vorbesetzung = FCFS (First come
first   served))

Die drei ersten Parameter werden in der Modellbeschreibung immer angegeben, die drei letzten nur wenn sie sich von der Vorbesetzung unterscheiden.

Dabei steht für die Verteilungsfunktionen (siehe 5.4.3.3) bei A und B ein

M   bei negativ exponentieller Verteilung
H_k bei hyperexponentieller Verteilung k-ter Ordnung
E_k bei Erlang-k-Verteilung
D   bei konstanter Verteilung
G   bei beliebiger Verteilung

5.4.3.1 Poisson-Ankunftsprozeß

Die einfachste Art und Weise einen Ankunftsprozeß zu modellieren, ist die Annahme, daß die Ankünfte rein zufällig und unabhängig voneinander sind. Die Anzahl der Ankünfte in einem bestimmten Zeitintervall wird nur durch die mittlere Ankunftsrate λ und nicht durch die Lage des Intervalls auf der Zeitachse bestimmt. Dabei sind die Ankünfte in der Zukunft unabhängig vom Geschehen in der Gegenwart und Vergangenheit. Man spricht hier auch von Gedächtnislosigkeit oder der Markov-Eigenschaft.

Sei $\lambda > 0$ die mittlere Ankunftsrate. Dann können die Ankünfte (Punkte) auf der Zeitachse etwa wie folgt dargestellt werden:

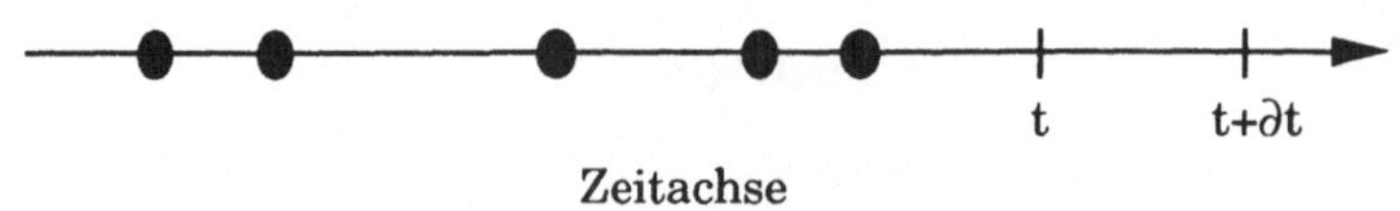

Abb. 5.9 Ankunftsrate

Für einen Poisson-Prozeß gilt nun, daß die Wahrscheinlichkeit einer Ankunft im Intervall [t,t+∂t] $\lambda\partial t + O(\partial t)$ ist. Dabei bedeutet $O(\partial t)$ eine Größe, deren Größenordnung kleiner als ∂t ist oder mathematisch ausgedrückt $\lim\limits_{\partial t \to 0} \dfrac{O\partial t}{\partial t} = 0$.

Die Wahrscheinlichkeit von mehr als einer Ankunft im Intervall [t,t+∂t] ist $O(\partial t)$.

Daraus läßt sich $P_n(t)$, die Wahrscheinlichkeit von n Ankünften im Zeitintervall der Länge t, berechnen.

Wir betrachten zunächst $P_0(t+\partial t)$, also die Wahrscheinlichkeit keiner Ankunft im Intervall der Länge $t+\partial t$.

$$P_0(t+\partial t) = P_0(t)\, P_0(\partial t) = P_0(t)\, (\, 1 - (\, \lambda\partial t + O(\partial t))) = P_0(t)\, (\, 1 - \lambda\partial t) + O(\partial t) \qquad (5.17)$$

Durch Division mit ∂t erhält man

$$\frac{P_0(t+\partial t) - P_0(t)}{\partial t} = -\lambda\, P_0(t) + \frac{O(\partial t)}{\partial t} \qquad (5.18)$$

Mit $\partial t \to 0$ erhält man

$$\frac{d}{dt}\, P_0(t) = -\lambda P_0(t) \qquad (5.19)$$

Mit $P_0(0) = 1$ ergibt sich die Lösung $P_0(t) = e^{-\lambda t}$.

Aus dem allgemeinen Ansatz $P_n(t+\partial t) = P_n(t)\, P_0(\partial t) + P_{n-1}(t)\, P_1(\partial t)$ erhält man

$$P_n(t) = \frac{(lt)^n}{n!}\, e^{-lt} \qquad (5.20)$$

Ein Zusammenhang zwischen der Poisson-Verteilung $P_n(t)$ und der negativ exponentiellen Verteilungsfunktion ergibt sich bei Betrachtung der sog. Zwischenankunftszeiten.

Sei $0 < t_1 < t_2 < t_3 \ldots$ die Folge der Ankunftszeiten. Dann erhält man mit $z_1 = t_1$, $z_2 = t_2 - t_1$, $z_3 = t_3 - t_2 \ldots$ die Zwischenankunftszeiten z_i. Diese Zwischenankunftszeiten sind negativ exponentiell verteilt und man erhält die Verteilungsfunktion

$$P(\, z_i \leq t\,) = F(t) = 1 - P_0(t) = 1 - e^{-\lambda t} \qquad (5.21)$$

5.4.3.2 Bedienzeitverteilung

Analog zu 5.4.3.1 kann man nun die Bedienzeitverteilung bestimmen. Sei μ die mittlere Bedienrate. Die Wahrscheinlichkeit, daß die Bedienzeit im Intervall $[t,t+\partial t]$ endet, ist dann $\mu\partial t + O(\partial t)$.

Sei $S(t)$ die Wahrscheinlichkeit, daß die Bedienzeit größer als t ist. Dann gilt

$$S(t+\partial t) = S(t)\, S(\partial t) = S(t)\, (\, 1- (\, \mu\partial t + O(\partial t))) = S(t)\, (\, 1- \mu\partial t) + O(\partial t) \qquad (5.22)$$

Daraus erhält man vollkommen analog zu 5.4.3.1 die sog. Überlebensfunktion

$$S(t) = e^{-\mu t} \qquad (5.23)$$

Die Verteilungsfunktion ist dann $F(t) = 1 - S(t) = 1- e^{-\mu t}$. $\qquad (5.24)$

Die zugehörige Dichtefunktion $f(t) = \dfrac{d}{dt}\, F(t) = \mu e^{-\mu t}$ gibt die Wahrscheinlichkeit an, daß die Bedienung im Intervall $[t,\, t+\partial t]$ endet.

5.4.3.3 Verteilungsfunktionen

Wir haben bereits die negativ exponentielle Verteilungsfunktion kennengelernt. Weitere geläufige Verteilungsfunktionen sind:

Erlang-k-Verteilung

$$F(t) = 1 - e^{-k\frac{t}{b_m}} \sum_{\xi=0}^{k-1} \frac{(k\frac{t}{b_m})^{\xi}}{\xi!} \qquad (5.25)$$

Für k=1 erhält man die negativ exponentielle Verteilung und für $k \to \infty$ die konstante Verteilung.

Das zu dieser Verteilung gehörige Modell hat eine Bedienstation mit k Phasen. Der Auftrag geht während der Bedienung von einer Phase in die andere über.
Mit diesem Modell lassen sich Pipelinestrukturen modellieren.

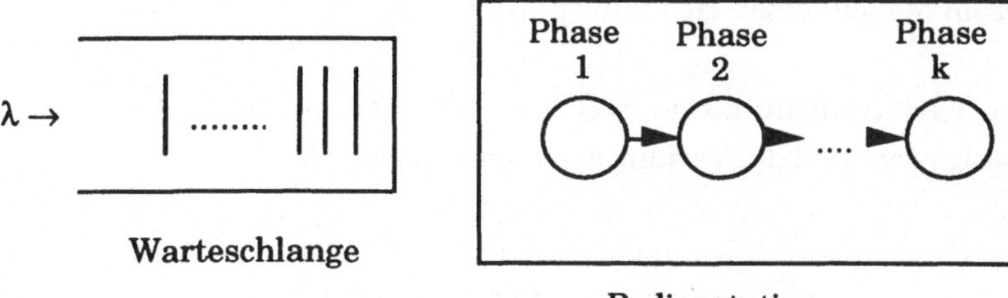

Abb. 5.10 Erlang-k-Verteilung

Hyperexponentielle Verteilung k-ter Ordnung

$$F(t) = \sum_{\xi=1}^{k} p_\xi \left(1 - e^{-\frac{t}{b_{m_\xi}}}\right) \quad \text{mit} \quad \sum_{\xi=1}^{k} p_\xi = 1 \qquad (5.26)$$

Das zugehörige Modell hat k Bedienstufen mit den Bedienzeiten $\mu_\xi = \dfrac{1}{b_{m_\xi}}$ mit $1 \le \xi \le k$. Die Bedienstufen sind parallel geschaltet und mit der Wahrscheinlichkeit p_ξ wird in die Stufe ξ verzweigt.

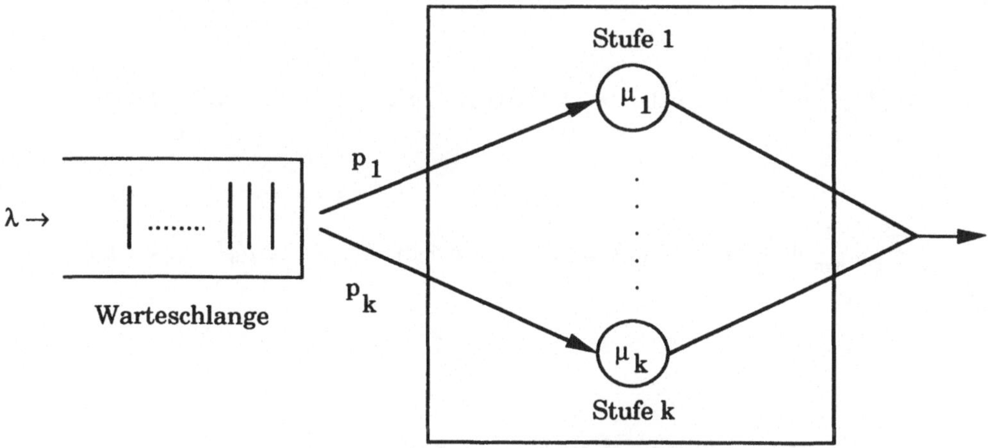

Abb. 5.11 Hyperexponentielle Verteilung

Mit diesem Modell lassen sich Multiprozessorsysteme modellieren.

Aus der Verteilungsfunktion F(t) bzw. der Dichtefunktion f(t) lassen sich der Erwartungswert und die Varianz berechnen. Es gilt

$$\text{Erwartungswert} \quad E[T] \; = \; \int_0^\infty t\, f(t)\, dt \qquad\qquad (5.27)$$

$$\text{Varianz } VAR[T] \; = \; \sigma^2 = \int_0^\infty (\, t - E\,[T]\,)^2 f(t)\, dt \qquad\qquad (5.28)$$

Wir wollen beide Werte für die Poisson-Verteilung berechnen. Es gilt

$$E[T] \; = \; \int_0^\infty t\, f(t)\, dt \; = \; \int_0^\infty \lambda t\, e^{-\lambda t}\, dt \; = \; \int_0^\infty \frac{t}{t_m}\, e^{-\frac{t}{tm}}\, dt \; = \; t_m \int_0^\infty x\, e^{-x}\, dx \; = \; t_m$$

(5.29)

$$VAR[T] = \int_0^\infty (t - t_m)^2 f(t)\, dt \; = \; \int_0^\infty t^2 f(t)\, dt - 2\, t_m \int_0^\infty t\, f(t)\, dt + t_m{}^2 \int_0^\infty f(t)\, dt =$$

$$\int_0^\infty \frac{t^2}{t_m}\, e^{-\frac{t}{tm}}\, dt - 2\, t_m{}^2 + t_m{}^2 = t_m{}^2 \int_0^\infty x^2 e^{-x}\, dx - t_m{}^2 = 2\, t_m{}^2 - t_m{}^2 = t_m{}^2 \quad (5.30)$$

5.4.3.4 Die Behandlung von Markov-Modellen

Bei der Behandlung von Markov-Modellen geht man in mehreren Schritten vor. Wir werden diese Vorgehensweise zunächst allgemein darstellen und an Beispielen verdeutlichen. Folgende Schritte sind notwendig:

1. Erstellen der Systembeschreibung und Bestimmung der charakteristischen Parameter

2. Auswahl der Zufallsvariablen (z.B. die Anzahl der Aufträge im System)

3. Aufstellen des Zustandsdiagramms mit Zustandsübergängen

4. Aufstellen des allgemeinen Chapman-Kolmogoroff-Gleichungssystems

$$P_r(t_{n+1}) = \sum_k P_k(t_n)\, \ddot{U}_{k,r}(t_n,t_{n+1})$$

mit $P_k(t_n)$ = Wahrscheinlichkeit, daß sich das System
zum Zeitpunkt t_n im Zustand k befindet
$\ddot{U}_{k,r}(t_n,t_{n+1})$ = Übergangswahrscheinlichkeit vom
Zustand k in den Zustand r

$$(5.31)$$

und Bestimmung der Übergangswahrscheinlichkeiten

5. Aufstellen des speziellen Chapman-Kolmogoroff-Gleichungssystems

6. Grenzübergang $\delta t \to 0$: Man erhält ein Differentialgleichungssystem für die $P_r(t)$

7. Berechnung der $P_r(t)$ mit analytischen oder approximativen Methoden und Ableitung der charakteristischen Verkehrsgrößen, wie z.B. mittlere Wartezeit, mittlere Warteschlangenlänge oder Wartewahrscheinlichkeiten

5.4.3.5 Beispiele

Wir wollen dieses Vorgehen an Beispielen vertiefen. Dazu erstellen wir zunächst eine Systembeschreibung.

Abb. 5.12 Systembeschreibung

Dabei soll für die Ankunfts- und Bedienzeiten negativ exponentielle Verteilung gelten. Die Anzahl der Plätze in der Warteschlange ist 1. Damit handelt es sich um ein System M/M/1/1.

Als Zufallsvariable bestimmen wir die Anzahl der Aufträge im System. Die Zufallsvariable kann die Werte 0, 1 und 2 annehmen.

Mit p_i = Wahrscheinlichkeit der Ankunft von i Aufträgen und $\overline{p_i}$ = Wahrscheinlichkeit des Verlassen von i Aufträgen erhält man folgendes Zustandsdiagramm:

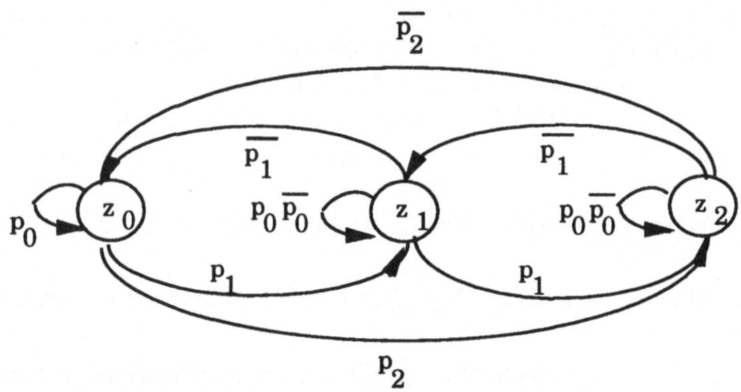

Abb. 5.13 Zustandsdiagramm

Dabei gilt:

$p_0(\delta t) = 1 - (\lambda\delta t + O(\delta t))$ $\overline{p_0}(\delta t) = 1 - (\mu\delta t + O(\delta t))$

$p_1(\delta t) = \lambda\delta t + O(\delta t)$ $\overline{p_1}(\delta t) = \mu\delta t + O(\delta t)$ (5.32)

$p_2(\delta t) = O(\delta t)$ $\overline{p_2}(\delta t) = O(\delta t)$

Das allgemeine Chapman-Kolmogoroff-Gleichungssystem hierzu lautet:

$$P_0(t_{s+1}) = P_0(t_s)\, \ddot{U}_{0,0}(t_s,t_{s+1}) + P_1(t_s)\, \ddot{U}_{1,0}(t_s,t_{s+1}) + P_2(t_s)\, \ddot{U}_{2,0}(t_s,t_{s+1})$$

$$P_1(t_{s+1}) = P_0(t_s)\, \ddot{U}_{0,1}(t_s,t_{s+1}) + P_1(t_s)\, \ddot{U}_{1,1}(t_s,t_{s+1}) + P_2(t_s)\, \ddot{U}_{2,1}(t_s,t_{s+1})$$ (5.33)

$$P_2(t_{s+1}) = P_0(t_s)\, \ddot{U}_{0,2}(t_s,t_{s+1}) + P_1(t_s)\, \ddot{U}_{1,2}(t_s,t_{s+1}) + P_2(t_s)\, \ddot{U}_{2,2}(t_s,t_{s+1})$$

Aus dem Zustandsdiagramm lassen sich die Übergangswahrscheinlichkeiten $\ddot{U}_{k,r}(t_s,t_{s+1}) = \ddot{U}_{k,r}(\delta t)$ bestimmen:

$$\ddot{U}_{0,0}(\delta t) = p_0(\delta t) = 1 - (\lambda \delta t + O(\delta t))$$
$$\ddot{U}_{1,0}(\delta t) = \overline{p_1}(\delta t) = \mu \delta t + O(\delta t)$$
$$\ddot{U}_{2,0}(\delta t) = \overline{p_2}(\delta t) = O(\delta t)$$

$$\ddot{U}_{0,1}(\delta t) = p_1(\delta t) = \lambda \delta t + O(\delta t)$$
$$\ddot{U}_{1,1}(\delta t) = p_0(\delta t)\,\overline{p_0}(\delta t) = (1 - (\lambda \delta t + O(\delta t)))(1 - (\mu \delta t + O(\delta t))) \qquad (5.34)$$
$$\ddot{U}_{2,1}(\delta t) = \overline{p_1}(\delta t) = \mu \delta t + O(\delta t)$$

$$\ddot{U}_{0,2}(\delta t) = p_2(\delta t) = O(\delta t)$$
$$\ddot{U}_{1,2}(\delta t) = p_1(\delta t) = \lambda \delta t + O(\delta t)$$
$$\ddot{U}_{2,2}(\delta t) = p_0(\delta t)\,\overline{p_0}(\delta t) = (1 - (\lambda \delta t + O(\delta t)))(1 - (\mu \delta t + O(\delta t)))$$

Damit läßt sich das spezielle Chapman-Kolmogoroff-Gleichungssystem angeben:

$$(\ P_k(t_{s+1})\ = P_k(t_s + \delta t))$$

$$P_0(t_s + \delta t) = P_0(t_s)\,(1 - (\lambda \delta t + O(\delta t)))\ + P_1(t_s)\,(\mu \delta t + O(\delta t)) + P_2(t_s)\,O(\delta t)$$
$$P_1(t_s + \delta t) = P_0(t_s)\,(\lambda \delta t + O(\delta t)) + P_1(t_s)(1 - (\lambda \delta t + O(\delta t)))(1 - (\mu \delta t + O(\delta t))) +$$
$$P_2(t_s)\,\mu \delta t + O(\delta t) \qquad (5.35)$$

$$P_2(t_s + \delta t) = P_0(t_s)O(\delta t) + P_1(t_s)\,(\lambda \delta t + O(\delta t)) + P_2(t_s)\,(1 - (\lambda \delta t + O(\delta t)))(1 - (\mu \delta t +$$
$$O(\delta t)))$$

Durch entsprechende Umstellungen erhalten wir zur Vorbereitung des Grenzübergangs $\delta t \to 0$:

$$\frac{P_0(t_s+\delta t)-P_0(t_s)}{\delta t} = -P_0(t_s)(\lambda - \frac{O(\delta t)}{\delta t}) + P_1(t_s)(\mu + \frac{O(\delta t)}{\delta t}) + P_2(t_s)\frac{O(\delta t)}{\delta t} \qquad (5.36)$$

$$\frac{P_1(t_s+\delta t)-P_1(t_s)}{\delta t} = P_0(t_s)(\lambda + \frac{O(\delta t)}{\delta t}) + P_1(t_s)(-\lambda - \mu + \lambda\mu\delta t + \frac{O(\delta t)}{\delta t}) + P_2(t_s)(\mu + \frac{O(\delta t)}{\delta t})$$

$$\frac{P_2(t_s+\delta t)-P_2(t_s)}{\delta t} = P_0(t_s)\frac{O(\delta t)}{\delta t} + P_1(t_s)(\lambda + \frac{O(\delta t)}{\delta t}) + P_2(t_s)(-\lambda - \mu + \lambda\mu\delta t + \frac{O(\delta t)}{\delta t})$$

Für $\delta t \to 0$ ergibt sich

$$\frac{dP_0(t_s)}{dt} = -\lambda\, P_0(t_s) + \mu\, P_1(t_s)$$

$$\frac{dP_1(t_s)}{dt} = \lambda\, P_0(t_s) - (\lambda + \mu)\, P_1(t_s) + \mu\, P_2(t_s) \tag{5.38}$$

$$\frac{dP_2(t_s)}{dt} = \lambda\, P_1(t_s) - (\lambda + \mu)\, P_2(t_s)$$

Bei entsprechenden Anfangsbedingungen ist dieses Differentialgleichungssystem lösbar und die Lösung ergibt eine zeitabhängige, vollständige Beschreibung des Systems.

Durch eine einfache Modifikation läßt sich dieses Beispiel zu einem M/M/1-System ausbauen, das sehr oft für die Modellierung herangezogen wird. Der Unterschied zum vorhergehenden Beispiel ist die unbegrenzte Kapazität der Warteschlange. Damit erhält man folgendes Differentialgleichungssystem:

$$\frac{dP_0(t_s)}{dt} = -\lambda\, P_0(t_s) + \mu\, P_1(t_s)$$

$$\frac{dP_n(t_s)}{dt} = \lambda\, P_{n-1}(t_s) - (\lambda + \mu)\, P_n(t_s) + \mu\, P_{n+1}(t_s) \quad \text{für } n \geq 1 \tag{5.39}$$

Normalerweise ist nicht das zeitliche Verhalten interessant, sondern der sogenannte Gleichgewichtszustand. Dies ist gleichbedeutend mit $t_s \rightarrow \infty$ oder $\frac{dP_n(t)}{dt} = 0$ für alle n.

Betrachtet man diesen Gleichgewichtszustand, dann erhält man aus obigem Differentialgleichungssystem

$$\mu P_1 = \lambda\, P_0 \Rightarrow P_1 = \frac{\lambda}{\mu}\, P_0 = \sigma\, P_0 \tag{5.40}$$

$$(\lambda + \mu)\, P_1 = \lambda\, P_0 + \mu P_2 \Rightarrow (\lambda + \mu)\, \sigma\, P_0 = \lambda\, P_0 + \mu P_2 \Rightarrow \frac{\lambda\sigma + \mu\sigma - \lambda}{\mu}\, P_0 = P_2 \Rightarrow$$

$$P_2 = \sigma^2\, P_0$$

und durch Verallgemeinerung: $P_n = \sigma^n\, P_0$

Dabei bezeichnet σ die Verkehrsintensität oder Verkehrsgüte. Da ein System nur sinnvoll arbeitet, wenn die Ankunftsrate kleiner oder gleich der Bedienrate ist, gilt: $\sigma \leq 1$.

$$\text{Mit } 1 = \sum_{i=0}^{\infty} P_i = \sum_{i=0}^{\infty} \sigma^i P_0 = P_0 \sum_{i=0}^{\infty} \sigma^i = \frac{P_0}{1-\sigma} \text{ folgt:} \quad P_0 = 1 - \sigma = 1 - \frac{\lambda}{\mu} \qquad (5.41)$$

P_0 ist die Wahrscheinlichkeit, daß kein Auftrag im System ist, d.h. die Bedienstation sich im Leerlauf (idle) befindet. Die Verkehrsgüte σ gibt die Wahrscheinlichkeit an, daß die Bedienstation Aufträge bearbeitet.

Wir wollen jetzt die Wahrscheinlichkeit bestimmen, daß mehr als k Warteplätze in der Warteschlange notwendig sind. Dies dient dazu, notwendigen Pufferbereich abzuschätzen.

$P_r(> k$ Warteplätze erforderlich$) =$

$$\sum_{i=k+1}^{\infty} P_i = \sum_{i=k+1}^{\infty} \sigma^i P_0 = \sum_{i=k+1}^{\infty} \sigma^i (1-\sigma) = \sigma^{k+1}(1-\sigma) \sum_{i=0}^{\infty} \sigma^i = \sigma^{k+1} \qquad (5.42)$$

Eine weitere interessante Größe ist die mittlere Warteschlangenlänge $\overline{Q}$.

$$\overline{Q} = \sum_{i=0}^{\infty} i P_i = \sum_{i=0}^{\infty} i \, \sigma^i P_0 = \sum_{i=0}^{\infty} i \, \sigma^i (1-\sigma) = (1-\sigma) \sum_{i=1}^{\infty} i \, \sigma^i = \sigma(1-\sigma) \sum_{i=1}^{\infty} i \, \sigma^{i-1} =$$

$$\sigma(1-\sigma) \sum_{i=1}^{\infty} \frac{d\,\sigma^n}{d\sigma} = \sigma(1-\sigma) \frac{d \sum_{i=1}^{\infty} \sigma^i}{d\sigma} = \sigma(1-\sigma) \frac{d}{d\sigma}\left(\frac{\sigma}{1-\sigma}\right) = \frac{\sigma}{1-\sigma} \qquad (5.43)$$

Nach dem Gesetz von Little $\overline{Q} = \lambda \, \overline{W}$ läßt sich daraus die mittlere Wartezeit $\overline{W}$ bestimmen:

$$\overline{W} = \overline{Q} / \lambda = \frac{\sigma}{\lambda\,(1-\sigma)} = \frac{1}{\mu - \lambda} \qquad (5.44)$$

Die mittlere Wartezeit $\overline{W}$ läßt sich ganz allgemein für ein M/G/1-System nach der Formel von Pollaczek-Khinchine berechnen. Es gilt

$$\overline{W} = \frac{1}{\lambda}\,(\,\sigma + \frac{\sigma^2\,(\,1 + C^2\,)}{2\,(\,1 - \sigma\,)}\,) \qquad (5.45)$$

Dabei ist C der Quotient aus Standardabweichung Bedienzeit und erwarteter Bedienzeit. Für ein M/M/1-System gilt C=1. Daraus ergibt sich obiger Wert für $\overline{W}$.

Als weiteres Beispiel wollen wir jetzt ein Multiprozessorsystem mit n Bedienstationen betrachten. Das zugehörige Modell zeigt Bild 5.14.

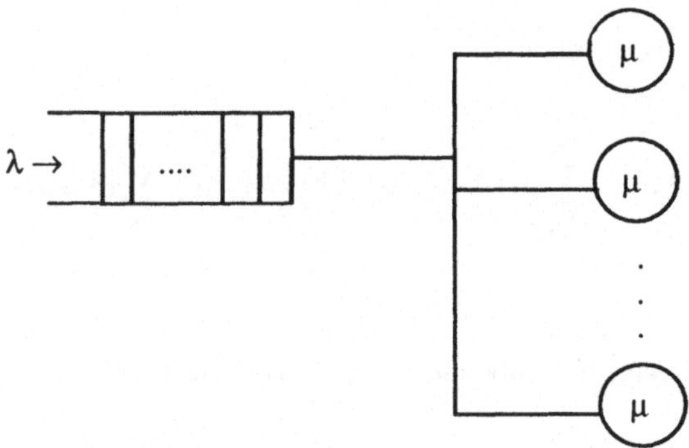

Abb. 5.14 M/M/n - System

Wir gehen dabei davon aus, daß alle Bedienstationen dieselbe Bedienrate haben und daß jede freie Bedienstation sofort wieder einen Auftrag aus der Warteschlange übernimmt.
Zum besseren Verständnis erweitern wir zunächst unser M/M/1 - System zu einem M/M/2 - System. Wir erhalten folgende Gleichungen

$$\frac{dP_0(t_s)}{dt} = -\lambda\, P_0(t_s) + \mu\, P_1(t_s)$$

$$\frac{dP_1(t_s)}{dt} = \lambda\, P_0(t_s) - (\lambda + \mu)\, P_1(t_s) + 2\mu\, P_2(t_s) \tag{5.46}$$

$$\frac{dP_n(t_s)}{dt} = \lambda\, P_{n-1}(t_s) - (\lambda + 2\mu)\, P_n(t_s) + 2\mu\, P_{n+1}(t_s) \quad \text{für } n \geq 2$$

Analog zur Berechnung im M/M/1-System erhält man für den Gleichgewichtszustand:

$$P_0 = \frac{1 - \sigma'}{1 + \sigma'} \quad \text{mit} \quad \sigma' = \frac{\lambda}{2\mu} \quad \text{und}$$

$$P_n = 2\, \sigma'^n \frac{1 - \sigma'}{1 + \sigma'} \tag{5.47}$$

Für die Verallgemeinerung n=k (k Bedienstationen) ergibt sich mit

$$\sigma' = \frac{\lambda}{k\mu} \quad \text{und } S = 1 + k\sigma' + \frac{(k\sigma')^2}{2!} + \ldots + \frac{(k\sigma')^{k-1}}{(k-1)!} + \frac{(k\sigma')^k}{k!(1-\sigma')}$$

$$P_i = \frac{(k\sigma')^i}{i!\, S} \quad \text{für } 0 \leq i \leq k-1 \tag{5.48}$$

$$P_i = \frac{k^k \sigma'^i}{k!\, S} \qquad \text{für } i \geq k$$

Mit ähnlichen Methoden können wir auch Probleme in der Kommunikation analysieren. Betrachten wir hierzu einen gerichteten Übertragungskanal mit einem send-and-wait-Protokoll. Dies wird z.B. im ISO-OSI-Referenzmodell in der Ebene 2 realisiert. Wir haben dabei einen gerichteten Kanal für die Übertragung von Nachrichten vom Sender S zum Empfänger E und einen Quittungskanal in umgekehrter Richtung. Dabei kann sowohl die Nachricht als auch die Quittung gestört sein. Bild 5.15 zeigt den möglichen Ablauf einer Kommunikation.

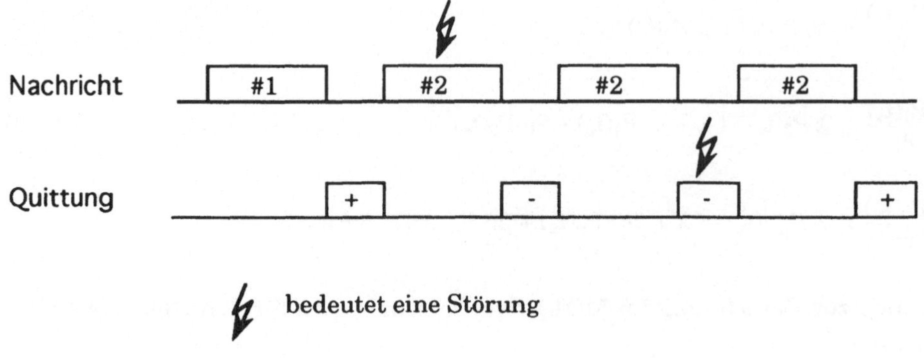

Abb. 5.15 Übertragung mit send-and-wait

Daraus ergibt sich folgendes Warteschlangenmodell:

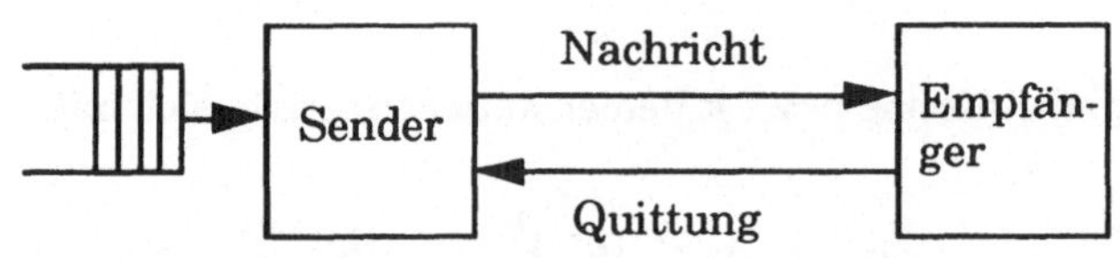

Abb. 5.16 Warteschlangenmodell send-and-wait

Wir wollen im folgenden die Bedienzeit für unser System analysieren. Die Bedienzeit für einen Auftrag ist dabei die effektive Übertragungszeit für die Nachricht und die Quittung.

Für die Analyse gehen wir von folgenden Größen aus:

n: Anzahl der Bits pro Übertragung (Nachricht und Quittung)
v: Übertragungsgeschwindigkeit in bps
P_B: Bitfehlerwahrscheinlichkeit

Daraus ergibt sich die Wahrscheinlichkeit, daß kein Bitfehler auftritt zu $1 - P_B$ und daß kein Bitfehler in der Übertragung auftritt zu $(1 - P_B)^n$.

Die Wahrscheinlichkeit, daß ein Fehler in der Übertragung ist, ergibt sich zu

$$P_M(n) = 1 - (1 - P_B)^n = 1 - (1 - nP_B + \frac{n\,(n\text{-}1)}{2!}\,P_B^2 - \frac{n(n\text{-}1)(n\text{-}2)}{3!}\,P_B^3 \pm .... \approx n\,P_B$$

(5.49)

Damit berechnen wir die effektive Übertragungszeit $T_{eff}(n)$ mit

$$T_{eff}(n) = \frac{n}{v}(1 + P_M(n) + P_M(n)^2 + P_M(n)^3 + ...) \approx \frac{n}{v}(1 + nP_B)$$

$$= t_n (1 + t_n\, v\, P_B) = t_n (1 + k\, t_n) \quad \text{mit } t_n = \frac{n}{v} \text{ und } k = v\, P_B. \tag{5.50}$$

Daraus ergibt sich

$$E[T_{eff}] = \sum_n T_{eff}(n)\, p(n) \text{ und } VAR[T_{eff}] = \sum_n (T_{eff}(n) - E[T_{eff}])^2 p(n) \tag{5.51}$$

Im weiteren betrachten wir das send-and-wait-Verfahren für einen Duplexkanal.
Dabei gehen wir aus von einem fehlerfreien Kanal und einem gesättigten System,
d.h. es stehen immer genügend Nachrichten zur Übertragung an. Die Quittungen
können abgeschickt werden, wenn beide Nachrichten übertragen sind. Bild 5.17
zeigt die Übertragung.

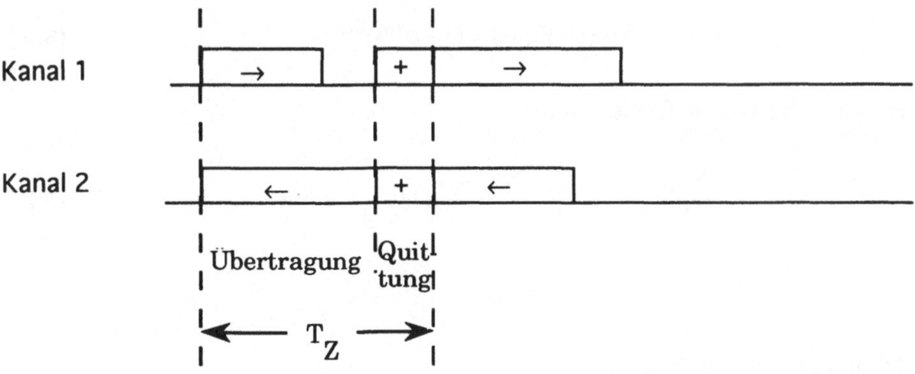

Abb. 5.17 Duplexkanal mit send-and-wait

Das zugehörige Warteschlangenmodell zeigt Bild 5.18.

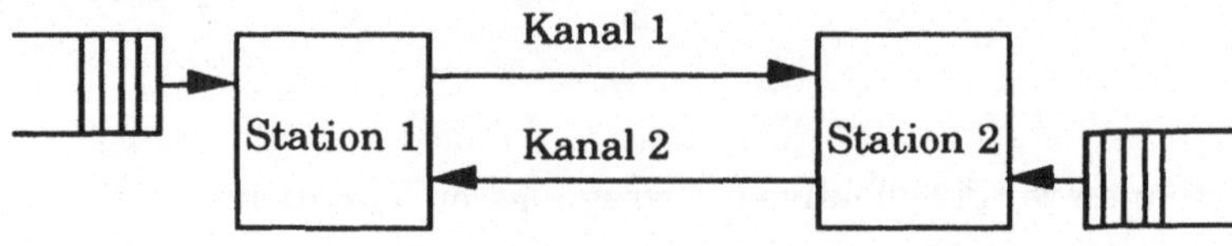

Abb. 5.18 Warteschlangenmodell Duplex, send-and-wait

Die Länge der Nachrichten sei negativ exponentiell verteilt, t_k sei die mittlere Übertragungszeit $E[T_k]$ und t_q die mittlere Übertragungszeit $E[T_q]$ für die Quittung. Quittungen haben eine konstante Länge. Damit erhält man als Verteilungsfunktionen für Nachrichten und Quittungen auf Kanal K1 und K2

$$F_{K_1}(t) = F_{K_2}(t) = 1 - e^{-t/t_k} \tag{5.52}$$

$$F_Q(t) = \left\{ \begin{array}{ll} 0 & \text{für } t < t_q \\ 1 & \text{für } t \geq t_q \end{array} \right. \tag{5.53}$$

Die Verteilungsfunktion für die Übertragungsphasen ist dann

$$F_{\ddot{U}}(t) = F_{K_1}(t) \; F_{K_2}(t) = (1 - e^{-t/t_k})^2 \tag{5.54}$$

Daraus erhält man die Dichtefunktion

$$\frac{dF_{\ddot{U}}(t)}{dt} = \frac{d(1 - e^{-t/t_k})^2}{dt} = \frac{2}{t_k} e^{-t/t_k} - \frac{2}{t_k} e^{-2t/t_k} \tag{5.55}$$

und damit den Erwartungswert

$$E[T_{\ddot{U}}] = \int t\, dF_{\ddot{U}}(t)dt = \int \frac{2t}{t_k}\, e^{-t/t_k}dt - \int \frac{2}{t_k}\, e^{-2t/t_k}dt =$$

$$2\, t_k \int \frac{t}{t_k}\, e^{-t/t_k}\, \frac{dt}{t_k} - \frac{t_k}{2} \int \frac{2t}{t_k}\, e^{-2t/t_k}\, \frac{2dt}{t_k} = 2\, t_k - \frac{t_k}{2} = 1.5\, t_k \qquad (5.56)$$

Der Durchsatz C berechnet sich zu

$$C = \frac{1}{E[T_Z]} = \frac{1}{1.5\, t_k + t_q} < \frac{2}{3}\, \frac{1}{t_k} \qquad (5.57)$$

Dies bedeutet, daß die Übertragungsleitungen nur zu weniger als 2/3 der maximalen Übertragungskapazität genutzt werden. Dies ist ein typischer Wert für die Übertragung in lokalen Netzen. Eine ähnliche Modellierung gilt auch für das HDLC-Modell. Dort werden die Quittungen im sog. piggy-backing mit der nächsten Nachricht in Gegenrichtung übertragen.

5.5 Benchmarks

Steht ein Rechner tatsächlich zur Verfügung, so kann man dort Benchmarks ablaufen lassen und Kriterien zum Vergleich mit anderen Rechnern ermitteln.

Ein Benchmark ist eine Sammlung von lauffähigen Programmen, die entweder dem Benutzerprofil des Anwenders entnommen sind oder künstlich (synthetischer Benchmark) zusammengestellt werden. Sie sollen möglichst gut die zu erwartende Arbeitslast charakterisieren.

Das zu testende System muß in allen Komponenten dem System entsprechen, daß später beim Anwender auch installiert wird. Abweichungen hiervon machen die ermittelten Vergleichskriterien unbrauchbar.

Wird der Benchmark aus Programmen des Anwenders zusammengestellt, so ist hier eine sorgfältige Auswahl, die meist zeitaufwendig ist, vorzunehmen.

Meist wird die Ausführungszeit für Benchmarks gemessen und dann mit entsprechenden Zahlen anderer Rechnern verglichen. Dabei läßt sich nicht nur die reine Hardware messen, sondern auch die Güte von Betriebssystemfunktionen (z.B. Speicherverwaltung, Adressierungsmechanismen, Prozeßwechsel) und Compilern (z.B. Geschwindigkeit, Optimierung, Implementierung von Standardfunktionen). Durch Vergleich der arithmetischen Ergebnisse nach Ablauf der Programme lassen sich Aussagen zur Genauigkeit der Arithmetik machen.

Nach der Messung müssen die Ergebnisse interpretiert werden. Dies sollte möglichst objektiv erfolgen. In der Praxis verfälschen aber im wieder subjektive Eindrücke (z.B. Vorliebe für einen bestimmten Hersteller, vorgefaßte Meinungen) diese Interpretation.

Dies läßt sich auch an einem Experiment aus der Praxis verdeutlichen. Zwei Benutzergruppen A und B erhielten identische Benchmarks. Die Benutzergruppe A sollte damit den Rechner X bewerten, die Benutzergruppe B den Rechner Y. Nach der Messung und Interpretation der Ergebnisse war der Rechner X um 20% schneller als der Rechner Y. Tatsächlich handelte es sich bei X und Y um ein und denselben Rechner.

Durch die Verwendung synthetischer Benchmarks spart man bei der Vorbereitung oftmals sehr viel Zeit. Allerdings muß hier kritisch überprüft werden, ob dadurch auch wirklich das erwartete Lastprofil annähernd charakterisiert wird. An synthetischen Benchmarks sind vor allem bekannt

LINPACK	Ein Paket zur Lösung linearer Gleichungssysteme, das insbesondere Vektor-Vektor- und Vektor-Matrix-Operationen enthält
Whetstone	Enthält Programme zur Integer- und Gleitpunktarithmetik, eindimensionale indizierte Felder, Prozeduraufrufe, Berechnung von Standardfunktionen, Zuweisungen und bedingte Sprünge

Dhrystone   Zusätzlich zu den Programmen aus dem Whetstone-Benchmark sind zweidimensionale indizierte Felder, Boolsche Funktionen und Zeichenkettenvergleich enthalten

Wir wollen die Vorgehensweise beim Einsatz von Benchmarks zusammenfassen bei jedem Schritt auf mögliche Probleme aufmerksam machen.

1. Charakterisierung der Arbeitslast
Bei großen Benutzergruppen ist diese Arbeitslast meist nicht bekannt. Oftmals werden vom Betreiber der Rechenanlage nur einige "Großverbraucher" von Rechenzeit, die meist gut bekannt sind, berücksichtigt. Auch können Rivalitäten zwischen Benutzergruppen die Auswahl verfälschen.

2. Auswahl von Programmen und Generierung
Der Aufwand für die Auswahl und die Aufbereitung der Programme, die auf allen zu testenden Rechner lauffähig sein müssen, ist sehr groß. Es werden daher meist nur einige wenige Programme ausgewählt. Dadurch kann die Charakterisierung der Arbeitslast verfälscht werden. Auch die Überlegung, ob man es zuläßt, daß der Anbieter die Programme optimieren darf, spielt eine Rolle.

3. Benchmarking
Die Konfiguration muß absolut identisch mit der später anzuschaffenden sein. Bereits geringfügige Modifikationen (z.B. anderer schnellerer Plattenspeicher, Betriebssystemmodifikationen) verfälschen die Ergebnisse erheblich.

5. Auswertung
Welche Leistungsmaße werden gemessen? Sind sie vergleichbar mit entsprechenden Leistungsmaßen anderer Rechner?
Gerade im Bereich der Parallelrechner mit sehr unterschiedlichen Strukturen ist es außerordentlich schwierig, zu aussagekräftigen Vergleichszahlen zu kommen.

6. Interpretation
Auch bei vorhandenem Willen zu objektiver Interpretation der Ergebnisse werden immer wieder subjektive Gesichtspunkte eine Rolle spielen.

Oftmals werden die Ergebnisse der Messungen unter verschiedenen Gesichtspunkten so lange interpretiert, bis der Rechner als der beste gilt, den man gerne haben möchte.
(Motto: Trau keiner Statistik, die Du nicht eigenhändig gefälscht hast).

5.6 Parameter von Hockney

Die Schwierigkeiten beim Vergleich unterschiedlicher Parallelrechnerstrukturen haben zur Entwicklung weiterer Leistungsparameter geführt [HoJe88]. Dabei wird insbesondere die unterschiedliche Struktur berücksichtigt. Dazu werden die Parameter r_∞ und $n_{1/2}$ neu eingeführt.

Dabei gibt r_∞ die maximale Leistung an. Dieser Parameter charakterisiert die verwendete Technologie. $n_{1/2}$ gibt die Vektorlänge an, bei der die halbe maximale Leistung $r_\infty/2$ erreicht wird. Dieser Parameter charakterisiert die Parallelität der Architektur.

Wir werden im folgenden die Strukturen Pipeline-Rechner, Feldrechner, Multiprozessor und serieller Rechner mit Hilfe dieser neuen Parameter bewerten und vergleichen. Zur Beschreibung der einzelnen Strukturen wird auf [Erha90] verwiesen.

Zunächst berechnen wir die Rechenzeit für bestimmte Operationen (Befehle).

Dabei sei

t_a Taktzeit des Rechners
n   Vektorlänge (Anzahl der auszuführenden Befehle)
L   Anzahl der Ausführungsschritte einer Operation

Daraus läßt sich die Rechenzeit für die unterschiedlichen Strukturen berechnen.

Für den seriellen Rechner gilt:

$$t_s = n\,L\,t_a \qquad\qquad (5.58)$$

Für den Pipeline-Rechner erhalten wir:

$$t_{pipe} = t_a \, (\, s + L + (n\text{-}1))$$
(5.59)

Dabei ist s die sogenannte start-up time oder Einschwingzeit. Das ist die Zeit, die notwendig ist, um die Pipeline zu füllen. Danach steht pro Taktzeit ein Ergebnis am Ende der Pipeline zur Verfügung.

Für einen Feldrechner und Multiprozessoren gilt folgende Berechnung:

$$t_{multi} = t_{feld} = L \, t_a \lceil \, n/N \, \rceil$$
(5.60)

Dabei ist N die Anzahl der Prozessoren.

Für die maximale Leistung r_∞ ergibt sich entsprechend

im seriellen Fall:
$$r_\infty = \frac{1}{L \, t_a}$$
(5.61)

im Fall eines Pipeline-Rechners:
$$r_\infty = \frac{1}{t_a}$$
(5.62)

Bei Feldrechner und Multiprozessor:
$$r_\infty = \frac{N}{L \, t_a}$$
(5.63)

(Wir sind bei den Angaben für den Multiprozessor davon ausgegangen, daß alle Prozessoren vom gleichen Typ sind. Ist dies nicht der Fall, so ergibt sich die Rechenzeit und die Maximalleistung des Systems durch Summation der Rechenzeiten bzw. Maximalleistungen der einzelnen Prozessoren).

Hockney definiert nun die Bearbeitungszeit neu, indem er die Größe des Problems (Vektorlänge n), die Maximalleistung und $n_{1/2}$ zueinander in Beziehung setzt. Daraus ergibt sich

$$t = \frac{n + n_{1/2}}{r_\infty}$$
(5.64)

Setzen wir diese Definition gleich mit den Berechnungen für die Rechenzeit in (5.58), (5.59) und (5.60), so erhalten wir für den seriellen Rechner:

$$n\,L\,t_a \;=\; \frac{n + n_{1/2}}{r_\infty} \;\Rightarrow\; n_{1/2} = 0 \qquad\qquad (5.65)$$

Wir können das so interpretieren, daß ein serieller Rechner arbeitet oder nicht arbeitet. Eine halbe Maximalleistung im obigen Sinn existiert nicht. Für den Pipeline-Rechner ergibt sich

$$t_a\,(\,s + L + (n\text{-}1)\,) \;=\; \frac{n + n_{1/2}}{r_\infty} \;\Rightarrow\; n_{1/2} = s + L - 1 \qquad\qquad (5.66)$$

Dieses Ergebnis ist leicht verständlich. Zunächst wird die Pipeline gefüllt, ohne daß am Ende Ergebnisse zu Verfügung stehen. Der Zeitaufwand zum Füllen beträgt s+L-1 Zeiteinheiten. Danach steht pro Takteinheit ein Ergebnis zur Verfügung und die Pipeline leert sich wieder. Dies dauert genau die gleiche Zeitspanne.

Unter der Annahme, daß n/N eine natürliche Zahl ist, erhalten wir für den Feldrechner und den Multiprozessor das gleiche Ergebnis wie beim seriellen Rechner.

5.7 Leistungssteigerung

Die Ergebnisse der Leistungsbewertung dienen auch zum Aufspüren von Möglichkeiten der Steigerung der Rechenleistung. Dabei können Maßnahmen in unterschiedlichen Bereichen zur Leistungssteigerung beitragen. Dazu zählen

    Hardwareverbesserungen
    Strukturveränderungen
    Veränderungen am Betriebssystem
    Einführung neuer Algorithmen in den Anwenderprogrammen

Unter Hardwareverbesserungen versteht man den Ersatz eines Prozessors durch einen schnelleren, Vermindern der Speicherzugriffszeiten, Verändern des Speicheraufbaus (z.B. Einsatz eines Cache-Speicher), Einbau eines Coprozessors oder Einsatz eines anderen Busses zur Beschleunigung der Kommunikation.

Strukturveränderungen erhält man beim Übergang vom seriellen Rechner zu
Pipeline-, Feld- oder Multiprozessorstrukturen [Erha90].
Bei Veränderungen am Betriebssystem denkt man an z. B. an Verbesserung der
Prozeßumschaltzeiten oder Änderung der Speicherverwaltung.

Weitaus weniger wird bei Methoden zur Leistungssteigerung an Veränderungen bei
Algorithmen gedacht. Es hat sich gezeigt, daß auch hier enorme Steigerungen
möglich sind [Erha90]. Dies soll hier an 2 Beispielen verdeutlicht werden.

Beispiel 1: Minimum-/Maximumbestimmung in einer Menge von $n = 2^k$ Zahlen

Ein einfaches Programm hierzu braucht n-1 Vergleiche zur Bestimmung des
Minimums und dieselbe Anzahl von Vergleichen für die Bestimmung des
Maximums. Wir können deshalb sagen, der Aufwand ist

$$T(n) \approx 2\,n \tag{5.67}$$

Durch Anwendung des Prinzips Teile und herrsche erhalten wir bereits im seriellen
Fall eine Verbesserung. Das Prinzip besagt, daß ein Problem in viele kleine
Teilprobleme zerlegt wird. Wir berechnen die Lösung für jedes Teilproblem und
setzen diese Teillösung zur Gesamtlösung zusammen. Dabei verringert sich der
Aufwand.

Für unser Beispiel zerlegen wir unsere Menge von n Zahlen in 2 Teilmengen von
jeweils n/2 Zahlen, diese Mengen werden wieder halbiert usw. Nach $k = $ ld n
Schritten haben wir Teilmengen, die jeweils 2 Zahlen enthalten:

$(\, n_1, n_2\,)\ (\, n_3, n_4\,)\ (\, n_5, n_6\,)\ \dots\dots$

Zur Berechnung des Minimums und des Maximums in einer dieser zweielementigen
Mengen ist ein Vergleich notwendig: $T(2) = 1$.

Wenn wir nun die Minima und Maxima min_1, max_1 und min_2, max_2 in
2 zweielementigen Mengen bestimmt haben, so können wir durch 2 weitere
Vergleiche das Minimum und Maximum einer vierelementigen Menge bestimmen.

Es gilt $T(4) = 2\,T(2) + 2 = 4$.

Allgemein gilt: $T(n) = 2\,T(\,n/2\,) + 2$ für $n > 2$.

Aus dieser Rekursionsformel läßt sich $T(n)$ explizit berechnen.

$$T(n) = 2\,T(\,n/2\,) + 2 = 2\,(\,2\,T(\,n/4) + 2\,) + 2 = 4\,T(\,n/4\,) + 4 + 2 = \ldots\ldots\ldots\ldots\ldots =$$

$$2^{k-1}\,T(2) + 2^{k-1} + 2^{k-2} + \ldots\ldots + 2^1 = 2^{k-1} + 2^k - 2 = n/2 + n - 2 = 1.5\,n - 2 \qquad (5.68)$$

Beim Vergleich mit unserem obigen einfachen Algorithmus (5.67) haben wir ein Reduktion des Aufwands um 25 %.

Beispiel 2: Tridiagonalmatrizen

Tridiagonalmatrizen bestehen aus der Hauptdiagonale und zwei Nebendiagonalen. Sie entstehen bei der Diskretisierung der eindimensionalen Poisson-Gleichung. Bild 5.19 zeigt die allgemeine Form einer Tridiagonalmatrix.

$$\begin{pmatrix} b_1 & c_1 & & & & & & \\ a_2 & b_2 & c_2 & & & & & \\ & a_3 & b_3 & c_3 & & & & \\ & & & \ddots & \ddots & \ddots & & \\ & & & & a_{i-1} & b_{i-1} & c_{i-1} & \\ & & & & & a_i & b_i & c_i \\ & & & & & & a_{i+1} & b_{i+1} & c_{i+1} \\ & & & & & & & \ddots & \ddots & \ddots \end{pmatrix}$$

Abb. 5.19 Tridiagonalmatrix

Bei der Lösung eines Gleichungssystems $Ax = y$ mit der Tridiagonalmatrix A nimmt dabei die Gauß-Elimination eine besonders einfache Form an. Bei einem seriellen Rechner ist die Rechenzeit, die für die Lösung benötigt wird, $O\,(n)$.

Für einen Parallelrechner wenden wir das Prinzip der zyklischen Reduktion an. Betrachten wir hierzu die i-te Zeile der Matrix. Wir erhalten

$$a_i\, x_{i-1} + b_i\, x_i + c_i\, x_{i+1} = y_i \qquad (5.69)$$

Für die i-1 - te und i+1 - te Zeile erhalten wir analog

$$a_{i-1}\, x_{i-2} + b_{i-1}\, x_{i-1} + c_{i-1}\, x_i = y_{i-1} \qquad (5.70)$$

$$a_{i+1}\, x_i + b_{i+1}\, x_{i+1} + c_{i+1}\, x_{i+2} = y_{i+1} \qquad (5.71)$$

Lösen wir (5.70) nach x_{i-1} und (5.71) nach x_{i+1} auf und setzen in (5.69) ein, so erhalten wir

$$- \frac{a_i\, a_{i-1}}{b_i\, b_{i-1}}\, x_{i-2} + \left(1 - \frac{a_i\, c_{i-1}}{b_i\, b_{i-1}} - \frac{c_i\, a_{i+1}}{b_i\, b_{i+1}} \right) x_i - \frac{c_i\, c_{i+1}}{b_i\, b_{i+1}}\, x_{i+2} = \frac{y_i}{b_i} - \frac{a_i\, y_{i-1}}{b_i\, b_{i-1}} - \frac{c_i\, y_{i+1}}{b_i\, b_{i+1}}$$

$$(5.72)$$

Wir sehen, daß x_i nur noch von x_{i-2} und x_{i+2} abhängig ist. Wenn wir diesen Vorgang ld(n) - mal wiederholen, wobei n die Dimension der Matrix ist, dann erhalten wir eine Matrix die nur noch die Hauptdiagonale enthält. Damit haben wir die Lösung gefunden.

5.8 Verfügbarkeit

Bei der Leistungsbewertung geht man stillschweigend von einem ständig funktionierenden System aus. Die Verfügbarkeit eines Systems spielt hier keine Rolle. Was nützt dem Benutzer aber ein leistungsfähiges System, wenn es die meiste Zeit nicht funktioniert?
Wenn wir die Ausfallrate von Geräten im allgemeinen betrachten, dann können wir die Ausfallwahrscheinlichkeit in drei Phasen einteilen: Fallende Wahrscheinlichkeit in einer Phase der Frühausfälle, konstante Ausfallrate in der zweiten Phase und ansteigende Ausfallwahrscheinlichkeit in der Spätphase durch Alterung. Bild 5.20 zeigt den Verlauf.

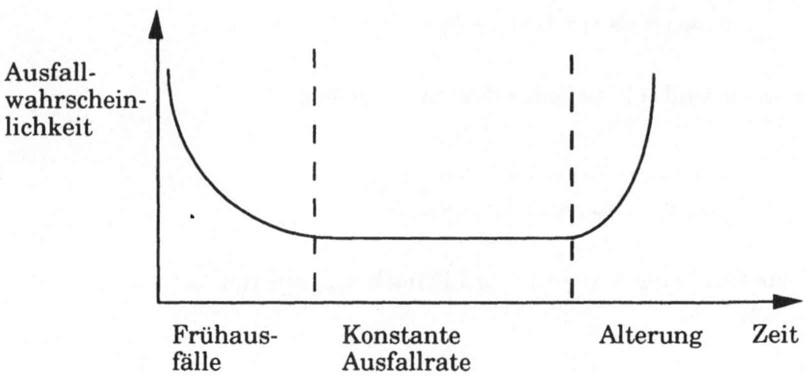

Abb. 5.20 Zeitlicher Verlauf der Ausfallrate

5.8.1 Reparierbare und nicht reparierbare Systeme

Für die weitere Betrachtung müssen wir zwischen reparierbaren und nicht reparierbaren Systemen unterscheiden. Bei nicht reparierbaren Systemen, wie sie z. B. in Satelliten eingesetzt werden, kann man die Überlebenswahrscheinlichkeit durch $R(t) = e^{-\lambda t}$ mit der Ausfallrate λ angeben. Die mittlere Lebensdauer, mean time to failure, ergibt sich dann aus

$$T(MTTF) = \int_0^\infty R(t)\, dt = \int_0^\infty e^{-\lambda t} = \frac{1}{\lambda} \tag{5.73}$$

Bei reparierbaren Systemen ergibt sich die Verfügbarkeit a eines Systems als

$$a = \frac{MTBF}{MTBF + MTTR} \tag{5.74}$$

mit MTBF = mean time between failure und MTTR = mean time to repair.

Daraus läßt sich die Ausfallwahrscheinlichkeit p = 1 - a berechnen mit

$$p = 1 - a = 1 - \frac{MTBF}{MTBF + MTTR} = \frac{MTTR}{MTBF + MTTR} \qquad (5.75)$$

Damit sich der Leser eine Vorstellung von der Größenordnung von a für bestimmte Systeme machen kann, seien hier die Anforderung der Post genannt. Eine Ortsvermittlung darf demnach 2 Stunden pro Jahr und ein ISDN-Knoten drei Minuten pro Jahr ausfallen. Dies ergibt Verfügbarkeiten a = 0.999772 und a = 0.999994.

In Rechensystemen werden eine Vielzahl von Komponenten zusammengeschaltet. Wir betrachten im folgenden, wie sich die unterschiedlichen Kombinationen auf die Verfügbarkeit auswirken.

5.8.2 Serien- und Parallelschaltung von Systemkomponenten

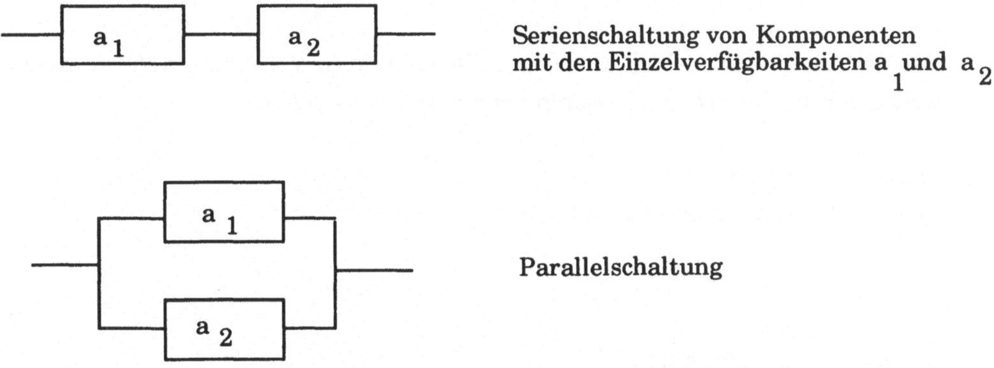

Abb. 5.21 Serien- und Parallelschaltung von Komponenten

Für die Serienschaltung ergibt sich die Gesamtverfügbarkeit

$$a_{ges} = a_1\, a_2 \qquad (5.76)$$

Für die Parallelschaltung erhalten wir

$$a_{ges} = 1 - (1 - a_1)(1 - a_2) \qquad (5.77)$$

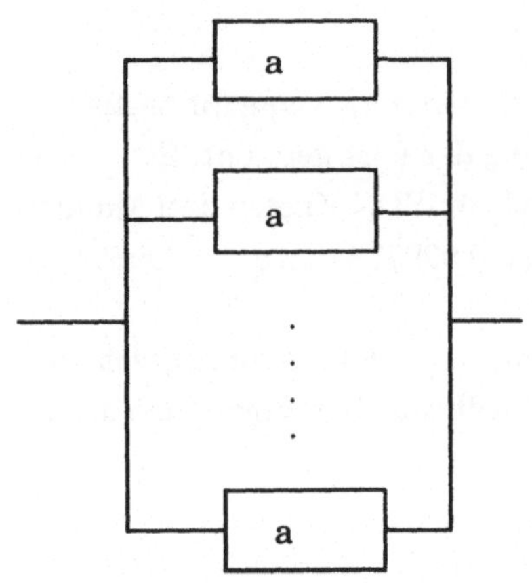

Parallelschaltung von n gleichartigen
Komponenten mit Einzelverfügbarkeit a
Das Gesamtsystem ist verfügbar, wenn
$m \leq n$ Komponenten verfügbar sind

Abb. 5.21 Mehrfachparallelschaltung

Bei der Auswahlschaltung, wo m von n Elementen zur Verfügung stehen müssen,
wollen wir die Formel zum besseren Verständnis entwickeln.

$m = n \qquad a_n = a^n$

$m = n\text{-}1 \qquad a_{n\text{-}1} = n\, a^{n-1}(1 - a)$

$\cdot$

$\cdot$

$\cdot$

$m = n - i \qquad a_{n\text{-}i} = \binom{n}{i} a^{n-i}(1 - a)^i$

$$\text{Daraus ergibt sich } a_{ges} = \sum_{i=0}^{n-m} \binom{n}{i} a^{n-i}(1 - a)^i \qquad (5.78)$$

Wir wollen daraus die Verfügbarkeit unterschiedlicher paralleler Strukturen mit gleicher Anzahl von Teilelementen und gleicher Ausfallwahrscheinlichkeiten berechnen. Die Anzahl der Teilelemente sei 20 und die Verfügbarkeit eines jeden Teilelements a = 0.9.

Dann erhält man für ein Pipeline-System

Abb. 5.22 Pipeline-System

$$a_p = a^{20} = 0.9^{20} = 0.13 \tag{5.79}$$

Dieses Ergebnis gilt auch für einen seriellen Rechnern, der aus 20 hintereinander geschalteten Teilsystemen besteht.

Für einen Feldrechner mit einem Master und 19 Arbeitsrechnern erhält man

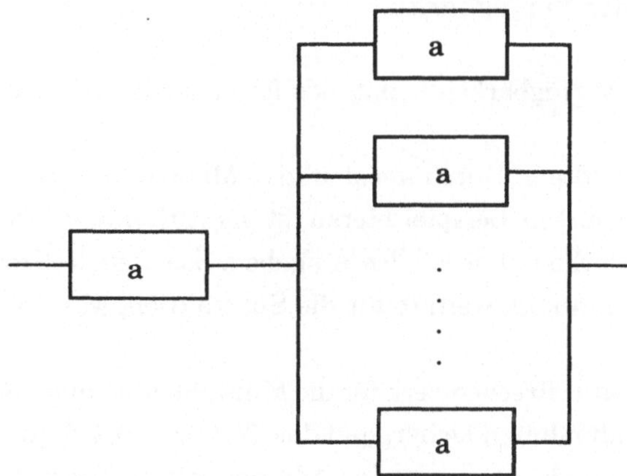

Abb. 5.23 Feldrechner

$$a_F = a\,(\,1 - (\,1 - a\,)^{19}) = 0.899 \tag{5.80}$$

Für ein Multiprozessorsystem mit 20 Prozessoren ergibt sich

$$a_M = 1 - (1-a)^{20} = 0.999 \tag{5.81}$$

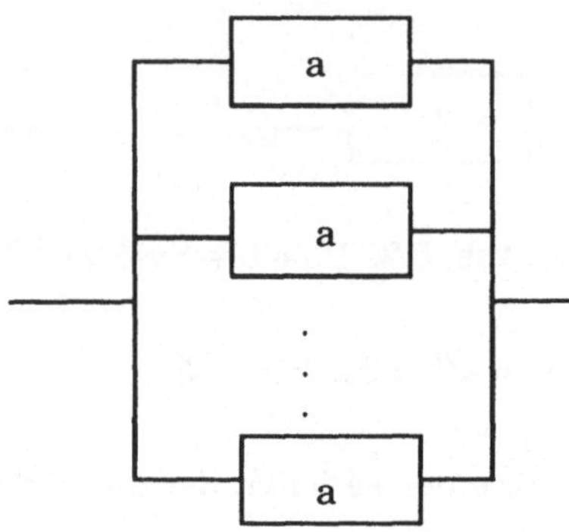

Abb. 5.24 Multiprozessor

5.8.3 Erhöhung der Verfügbarkeit

Zur Erhöhung der Verfügbarkeit kennt man folgende Maßnahmen:

Fehlervermeidung: Durch konstruktive Maßnahmen versucht man Fehler zu vermeiden. Ein Beispiel hierzu ist die Aufteilung des Rechenwerks in Teilrechenwerke mit speziellen Aufgaben. So ist ein Teilrechenwerk für die Addition zuständig, weitere für die Subtraktion, Multiplikation, Division usw.
Fällt nun das Teilrechenwerk für die Multiplikation aus, so stellt man durch Softwaremaßnahmen sicher, daß das Teilrechenwerk für die Addition die Multiplikation durch sukzessive Addition mit ausführt. Die Leistung geht dadurch zwar zurück, aber die Verfügbarkeit des Gesamtsystems bleibt erhalten.

Fehlertoleranz: Redundante Hard- und Software zur Aufrechterhaltung der
Funktionsfähigkeit bei wohldefinierten Fehlern. Wir werden in Kapitel 5.8.4
darauf noch näher eingehen.

Wartung: Vorbeugende Maßnahmen zur Erhaltung der Funktionsfähigkeit.
Dazu gehört der vorbeugende Austausch von Verschleißteilen und der
systematische Test von Systemkomponenten.

5.8.4 Fehlertoleranz

Alle Fehlertoleranzmethoden beruhen auf folgenden Grundsätzen:

Fehlererkennung: Man muß anstreben, möglichst alle Fehler zu erkennen,
denn nur bei erkannten Fehlern können Gegenmaßnahmen ergriffen
werden. So wurde beim Intel Pentium lange Zeit ein Fehler in der Arithmetik
nicht erkannt.

Schadenseingrenzung: Es muß vermieden werden, daß sich Fehler
fortpflanzen können und sich von einer Komponente, wo sie entstanden
sind, auf weitere Komponenten oder das Gesamtsystem ausdehnen. Das
trifft sowohl auf Fehler im Hardware- als auch im Softwarebereich zu. So
darf z. B. ein Kurzschluß in einem Modul nicht zu Kurzschlüssen in
weiteren Modulen führen.

Error recovery: Das System wird in einen bekannten fehlerfreien Zustand
gebracht.

Reparatur: Die den Fehler verursachende Komponente im Hard- oder
Softwarebereich wird repariert.

Fehlertoleranzmethoden sind nur mit zusätzlichem Aufwand, der Redundanz
möglich. Dies ist derjenige Aufwand, der bei einem fehlerfreien System nicht nötig
ist. Dabei tritt die Redundanz in unterschiedlichen Bereichen auf, die bei Fehlertoleranzmethoden oftmals kombiniert werden. Als Formen der Redundanz kennen
wir

Strukturelle Redundanz: Die Architektur des Systems wird durch gleich-
oder andersartige Komponenten mit identischer Funktion ergänzt
Ein Beispiel hierzu sind die Systeme in Flugzeugen oder Raumfähren. Dabei
werden n (n $\geq$ 3) Systeme eingesetzt, die dieselben Aufgaben berechnen.
Durch einen Voter wird eine Mehrheitsentscheidung initiiert. Ein System,
daß ein Ergebnis ungleich der Mehrheitsentscheidung berechnet hat, wird
als defekt erklärt.

Funktionelle Redundanz: Die Systemfunktionalität wird um zusätzliche
Funktionen erweitert. Diese zusätzlichen Funktionen dienen der
Fehlerbehebung wie z. B. bestimmte Recovery-Verfahren.

Informationsredundanz: Die Nutzinformation wird um zusätzliche
Information zur Fehlererkennung und Behebung erweitert. Diese
Redundanz kennen wir auch bei magnetischen Aufzeichnungsverfahren.
Hier spielen beispielsweise Hammingcodes eine Rolle. Auch Längs- und
Querparität oder CRC-Verfahren gehören in diese Gruppe.

Zeitredundanz: Zusätzlicher Zeitaufwand bei der Berechnung bestimmter
Funktionen. Beim Ausfall der Multiplikationsoperation könnten wir dies z.
B. auch durch sukzessive Addition berechnen.

Bei allen diesen Formen unterscheiden wir zwischen statischer und dynamischer
Redundanz. Statische Redundanz ist während der gesamten Einsatzdauer aktiv,
dynamische oder stand-by Redundanz wird nur im Bedarfsfall aktiviert.

Als Fehlertoleranzmethoden kennen wir

die Fehlerbehandlung und
die Rekonfiguration.

Bei der Fehlerbehandlung versucht man zu verhindern, daß der Fehler zu einem
Systemausfall führt. Dabei versucht man das System in einen fehlerfreien
Zustand zu überführen.

Eine Möglichkeit ist dabei die Fehlerkompensation, mit der die Wirkung des
Fehlers ausgeglichen werden soll. Dies kann geschehen durch eine Fehlerkorrektur

bei der Verwendung von fehlerkorrigierenden Codes oder durch eine Fehlermaskierung bei Mehrheitsentscheidungen. Auf die Bewertung eines solchen Verfahrens werden wir später noch eingehen.

Die zweite Möglichkeit im Rahmen der Fehlerbehandlung ist die Fehlerbehebung. Bei der Erkennung eines Fehlers geht man entweder auf einen bekannten fehlerfreien Zustand in der Vergangenheit zurück (backward error recovery) oder bestimmt durch geeignete Verfahren einen fehlerfreien Folgezustand (forward error recovery).

Die Rekonfiguration schließt sich an die Fehlerbehandlung an. Dabei wird eine als fehlerbehaftet erkannte Komponente deaktiviert und aus dem System entfernt. Die Ersatzkomponente wird anschließend in das System integriert. Nach dieser Rekonfiguration ist das System wieder voll einsetzbar.

5.8.5 Bewertung eines fehlertoleranten Systems

Wir betrachten hierzu ein System mit drei gleichartigen Rechner. Jeder Rechner R_i hat dabei die Ausfallrate λ. Über einen Voter werden die Ergebnisse verglichen. Dabei gilt das System als zuverlässig, wenn 2 von 3 Ergebnissen übereinstimmen.

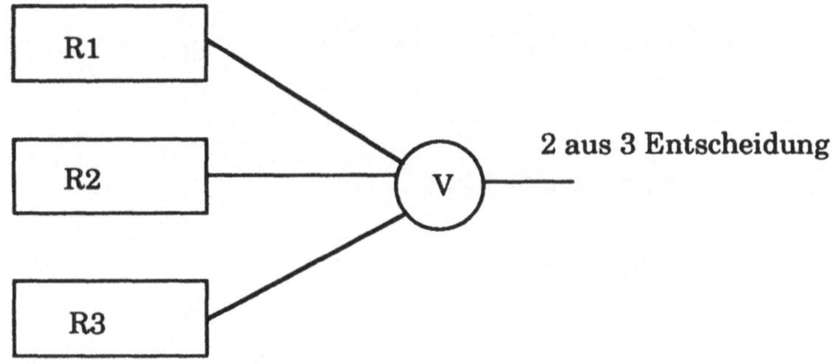

Bild 5.25 System mit Voter

Für unser Modell sind drei Zustände relevant:

Zustand 0: Das System ist fehlerfrei
Zustand 1: Ein Prozessor ist ausgefallen
Zustand 2: Mehr als ein Prozessor ist ausgefallen, damit Totalausfall.

Dies ergibt folgendes Modell mit den entsprechenden Übergangswahrscheinlichkeiten.

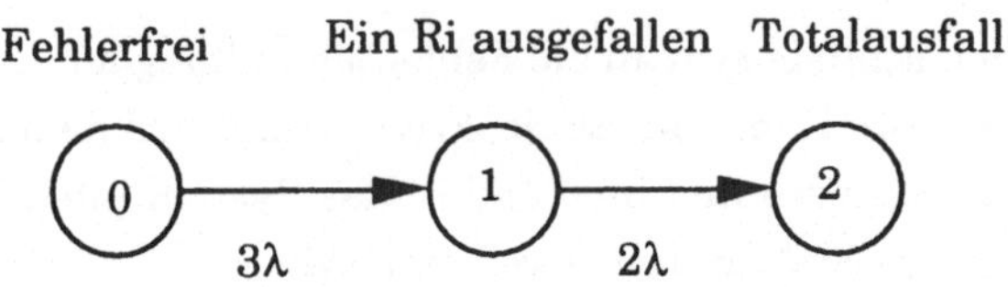

Bild 5.26 Fehlertoleranzmodell

Sie P_i die Wahrscheinlichkeit, daß wir uns im Zustand i befinden. Dann erhalten wir nach 5.4.3.4 zur Behandlung von Markov-Modellen folgendes Differentialgleichungssystem.

$$\frac{dP_0}{dt} = -3\,\lambda\,P_0 \qquad \frac{dP_1}{dt} = 3\,\lambda\,P_0 - 2\,\lambda\,P_1 \qquad \frac{dP_2}{dt} = 2\,\lambda\,P_1 \qquad (5.82)$$

Mit $t = 0$, $P_0 = 1$, $P_1 = P_2 = 0$ ergibt sich

$$P_0 = e^{-3\lambda t} \quad \text{und} \quad P_1 = 3\,(\,e^{-2\lambda t} - e^{-3\lambda t}\,) \qquad (5.83)$$

Damit ergibt sich für die Zuverlässigkeit $R(t) = P_0 + P_1 = 3\,e^{-2\lambda t} - 2\,e^{-3\lambda t}$. Daraus erhält man die MTTF $= \int\limits_{0}^{\infty} R(t)\,dt = \dfrac{5}{6\lambda}$.

Vergleichen wir dieses Ergebnis mit einem nicht reparierbaren Einzelprozessor in 5.8.1, so sehen wir, daß für dort MTTF $= \dfrac{1}{\lambda}$ gilt. Damit ist der Wert für unser fehlertolerantes System schlechter als für den Einzelprozessor. Wir müssen hier jedoch die Reparatur mit einbeziehen. Nach dem Ausfall eines Rechners, also im Zustand 1, kann mit der Reparatur des defekten Rechners begonnen werden, ohne daß das System ausfällt. Mit der Bedien- bzw. Reparaturrate μ können wir unserer Modell entsprechend erweitern.

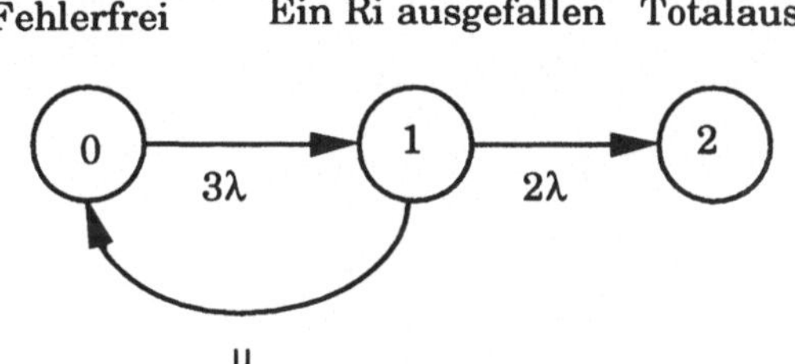

Abb. 5.27 Fehlertoleranzmodell mit Reparatur

Daraus erhalten wir das neue Differentialgleichungssystem

$$\frac{dP_0}{dt} = -3\,\lambda\,P_0 + \mu\,P_1 \qquad \frac{dP_1}{dt} = 3\,\lambda\,P_0 - (2\,\lambda + \mu)P_1 \qquad \frac{dP_2}{dt} = 2\,\lambda\,P_1 \qquad (5.84)$$

Wir erhalten MTTF $= \dfrac{5}{6\lambda} + \dfrac{\mu}{6\lambda^2}$. Damit wir hier einen besseren Wert als beim Einzelprozessor bekommen, muß gelten $\dfrac{5}{6\lambda} + \dfrac{\mu}{6\lambda^2} > \dfrac{1}{\lambda}$. Daraus folgt $\mu > \lambda$.

Aus unserem Modell in Bild 5.27 sehen wir, daß μ sogar größer als 2λ sein muß, da wir vom Zustand 1 mit 2λ in den Totalausfall kommen und mit μ in den fehlerfreien Zustand.

6 Parallelrechnerstrukturen

Die Fortschritte in der Halbleitertechnologie haben in den letzten Jahren zu einer enormen Leistungssteigerung bei Prozessoren und Rechnern geführt.

Immer mehr jedoch treten, neben dem Bemühen um die Verbesserung der Technologie, Strukturfragen in den Vordergrund. Dies vor allem auch deshalb, weil die Technologie an physikalische Grenzen stößt.

Bereits in Kapitel 1 haben wir unterschiedliche Strukturen klassifiziert und ihr Zeitverhalten analysiert. In diesem Kapitel wollen wir uns deshalb kurz mit dem Aufbau von Strukturen befassen, die vom von-Neumann-Prinzip des seriellen Rechners abweichen. Für ausführliche Information zu diesem Thema, auch zu Algorithmen für Parallelrechner, wird auf [Erha90] verwiesen. Nach der Klassifikation von Flynn (siehe Kap. 1) wollen wir hier auf die SIMD-Rechner (Pipeline- und Feldrechner) und auf die MIMD-Rechner (Multiprozessoren) eingehen.

6.1 Funktionales Trennen

Der Pipeline-Rechner hatte als Vorläufer einen Rechner, der nach dem Prinzip des funktionalen Trennens arbeitete. Dabei war das Rechenwerk unterteilt in mehrere spezielle Rechenwerke, die unterschiedliche Aufgaben ausführten und parallel arbeiteten.

Bei dem Rechner handelt es sich um die CD6600 von Control Data. Sie hatte 10 spezielle Funktionseinheiten für die Addition, Multiplikation, Division usw. Den Aufbau zeigt im Ausschnitt Bild 6.1.

Alle Funktionseinheiten arbeiteten parallel, d.h. pro Takteinheit konnten im günstigsten Fall zehn Ergebnisse berechnet werden.

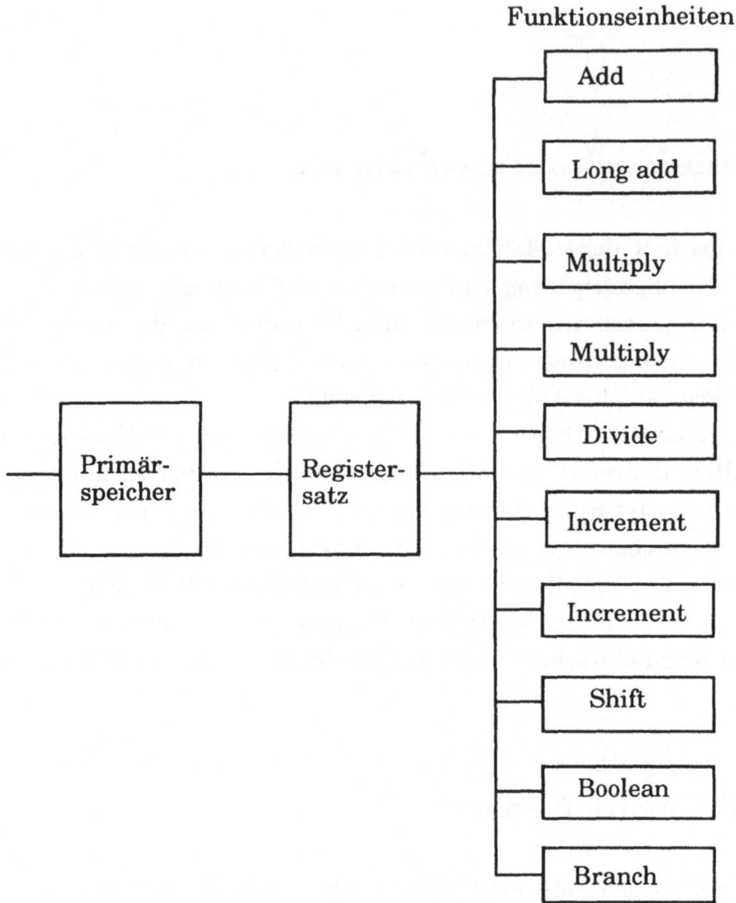

Abb. 6.1 Funktionales Trennen

6.2 Pipeline-Prinzip

Aus dem Prinzip des funktionalen Trennens, also der Idee für verschiedenartige
Aufgaben jeweils Spezialrechenwerke einzusetzen, entstand in den siebziger
Jahren der Typ des Pipeline-Rechners.

Hierbei werden die Spezialrechenwerke nochmals in mehrere Einheiten zerlegt, die eine hohe Taktfrequenz haben und Teile einer Operation sehr schnell ausführen. Dies wollen wir uns am Beispiel der Gleitpunktaddition verdeutlichen. Sie wird in mehrere Teilschritte zerlegt.

> Teilschritt 1: Exponentenvergleich und Mantissenanpassung
> Teilschritt 2: Addition der Mantissen
> Teilschritt 3: Normierung der Mantissen
> Teilschritt 4: Rundung

Alle Teilschritte sind so auszulegen, daß sie dieselbe Ausführungszeit haben. Betrachtet man die Addition zweier Vektoren X und Y, so steht nach einer gewissen Einschwingzeit, die zum Füllen der Pipeline benötigt wird, pro Taktzeit ein Ergebnis zur Verfügung. Bild 6.2 zeigt, welche Vektorelemente sich in welchem Bearbeitungsschritt befindet. Nach dem vierten Takt steht am Ausgang der Pipeline jeweils ein Additionsergebnis zur Verfügung.

Taktzeit	Teilschritt 1	Teilschritt2	Teilschritt 3	Teilschritt 3
1	x_1, y_1			
2	x_2, y_2	x_1, y_1		
3	x_3, y_3	x_2, y_2	x_1, y_1	
4	x_4, y_4	x_3, y_3	x_2, y_2	x_1, y_1
5	x_5, y_5	x_4, y_4	x_3, y_3	x_2, y_2

Abb. 6.2 Verarbeitungsstationen in einer Pipeline

Die Pipeline ist die zentrale Verarbeitungseinheit. Bild 6.3 zeigt den Aufbau eines Pipeline- oder Vektorrechners. Neben dem eigentlichen Vektorprozessor mit einer oder mehreren Pipeline-Einheiten sind die Komponenten Hauptspeicher und Skalarprozessor vorhanden. Die Pfeile geben die Pfade für Daten und Steuerinformation an.

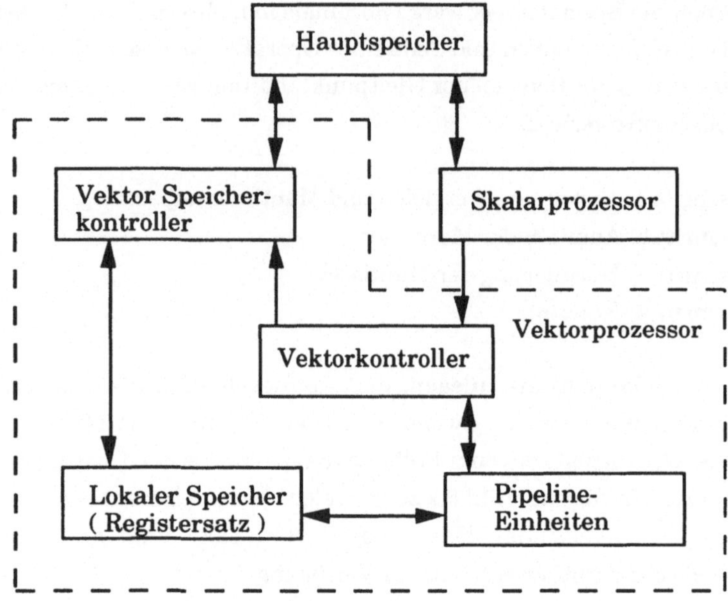

Abb. 6.3 Aufbau eines Vektorrechners

Um den zeitlichen Unterschied bei der Bearbeitung eines Programms in einem seriellen Rechner und in einem Pipeline-Rechner zu verdeutlichen, betrachten wir die Abarbeitung einer Laufschleife

$$\text{DO } 1 \text{ I} = 1 \text{ TO N}$$
$$1 \qquad Z(I) = X(I) + Y(I)$$

Beim seriellen Rechner laufen dafür etwa folgende Assemblerbefehle ab:

```
READ   Operand 1
READ   Operand 2
ADD
STORE Ergebnis
INC, TEST & BRANCH
```

Unter der Annahme das alle Befehle dieselbe Ausführungszeit von zwei Maschinentakten haben, ergibt sich der zeitliche Ablauf in Bild 6.4.

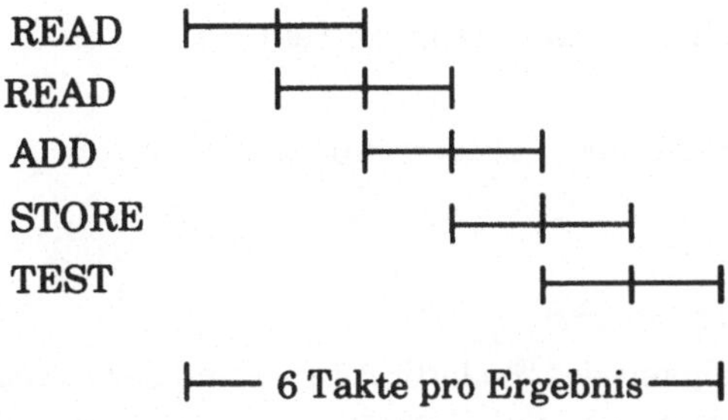

Abb. 6.4 Zeitlicher Ablauf beim seriellen Rechner

Beim Pipeline-Rechner werden zunächst Vorbereitungen getroffen, um die Pipeline zu füllen. Je nach Länge der Vektoren werden diese von den entsprechenden Steuereinheiten ganz oder teilweise vom Hauptspeicher in den lokalen Speicher übertragen. Die entsprechenden Steuereinheiten sorgen bei Vektoren, die nicht komplett in den Registersatz passen, dafür, daß beim Fortschreiten der Bearbeitung weitere Teile nachgeladen und bereits bearbeitete Teile, falls notwendig, zurückgeschrieben werden. Damit ergibt sich der zeitliche Ablauf der Bearbeitung in Bild 6.5.

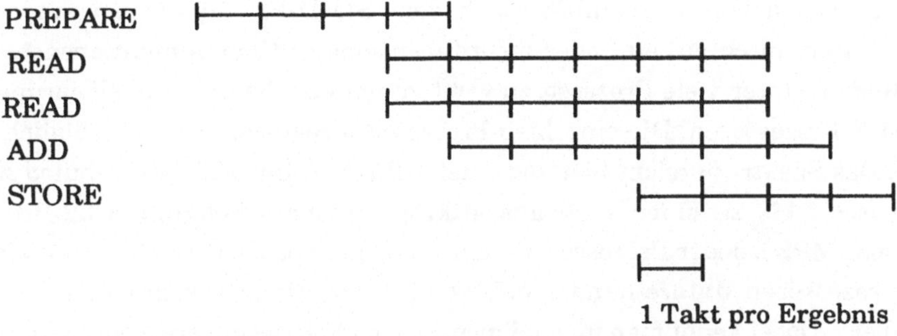

Abb. 6.5 Zeitlicher Verlauf beim Vektorrechner

Nach der Vorbereitungsphase (PREPARE) werden kontinuierlich Operanden vom Registersatz zur Pipeline-Einheit transportiert (READ) und dort addiert (ADD).

Der Beginn des Speicherns (STORE) ist abhängig von der Länge der Pipeline. Nach der Einschwingphase erhalten wir pro Takt ein Ergebnis.

Die Leistungsfähigkeit eines Vektorrechners wird durch mehrere Parameter bestimmt:

- Die Taktzeit der Pipeline
- Die Geschwindigkeit des Skalarprozessors und der Adreßberechnung
- Die Breite der Datenpfade und die Speicherorganisation

Leistungseinbußen können entstehen

- Durch kurze Vektoren bedingtes häufiges Ein- und Ausschwingen der Pipeline
- Bei Speicherzugriffskonflikten
- Durch Abhängigkeiten von mehreren Pipelines untereinander
- Durch die Abhängigkeit der Pipelines vom Skalarprozessor
- Durch programmbedingte Datenabhängigkeiten (IF-Befehle)

6.3 Feldrechner

Feldrechner arbeiten ebenfalls nach dem SIMD-Prinzip. Dabei sind viele Prozessoren durch ein ein- oder mehrdimensionales Kommunikationsnetzwerk verbunden. Unter viele Prozessoren versteht man bei heutigen Realisierung 1 K bis 64 K Prozessoren. Die einzelnen Prozessoren realisieren dabei lediglich eine ALU. Das Spektrum reicht hier von einer 1-Bit-ALU im DAP (Distributed Array Processor) bis zu einer auch aus Mikroprozessoren bekannten 32-Bit-ALU (Maspar MP2). Jeder Prozessor hat einen lokalen Speicher. Die Kommunikation der Prozessoren untereinander erfolgt über das Netzwerk mit den direkten Nachbarn. Dabei kennt man im eindimensionalen Fall die lineare Anordnung, jeder Prozessor kommuniziert mit seinem linken und rechten Nachbarn. Im zweidimensionalen Fall findet man NEWS-Netzwerke, jeder Prozessor kommuniziert mit seinen Nachbarn im Norden, Osten (East), Westen und Süden oder X-Netzwerke, wo zu den NEWS-Verbindungen noch die Diagonalverbindungen kommen. Im dreidimensionalen Fall hat man kubische Verbindungen mit sechs Nachbarn.

Die Steuerung erfolgt durch einen Kontrollprozessor, der die auszuführenden
Befehle an alle Prozessoren verteilt. Bild 6.6 zeigt den prinzipiellen Aufbau eines
Feldrechners.

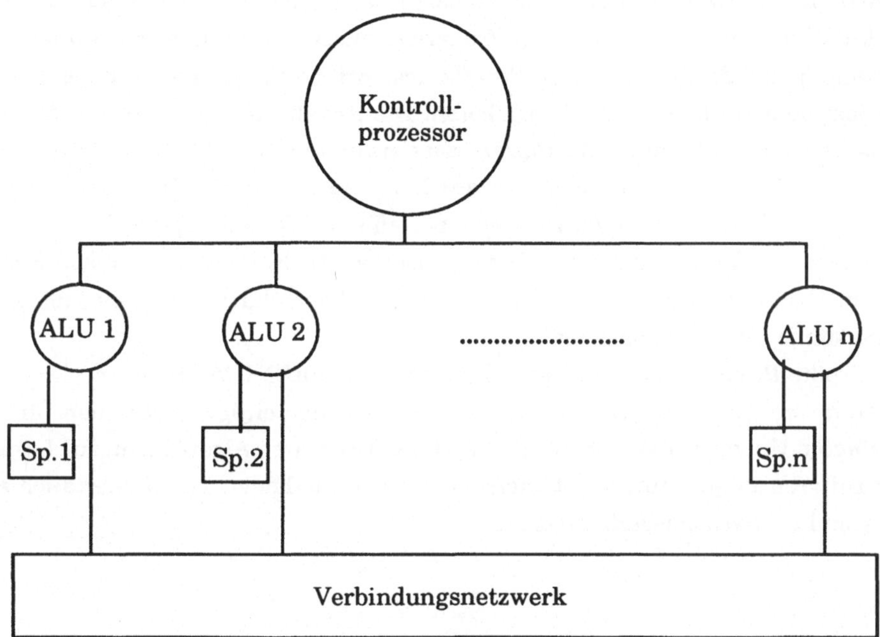

Abb. 6.6 Prinzipieller Aufbau eines Feldrechners

Für die Leistung eines Feldrechners ist es wichtig, einen Algorithmus zur Lösung
eines Problems auf die Struktur des Prozessorfeldes abzubilden. Die Programme
selbst werden dann sehr einfach und übersichtlich. Ausführliche Information
hierzu findet man in [Erha90].

6.4 Multiprozessoren

Multiprozessoren sind hardwaremäßig nicht so klar einzugrenzen wie Pipeline- oder Feldrechner. Gemeinsames Merkmal der Multiprozessoren ist das Arbeitsprinzip MIMD. Die Anzahl und Art der Prozessoren ist genauso vielfältig wie ihre Verknüpfung durch Netzwerke. In früheren Jahren entstanden Multiprozessorsysteme meist als Prototypen in Forschungseinrichtungen, erst in jüngerer Zeit werden sie auch kommerziell angeboten. Die Anzahl der Prozessoren, die alle typischen Elemente eines Mikroprozessors enthalten, umfaßt etwa den Bereich von 2 - 512 Prozessoren. Diese Anzahl hängt auch mit der Beherrschbarkeit zusammen. Die auftretenden Probleme betreffen die Verteilung der Last auf die einzelnen Prozessoren und deren Synchronisation. Als Kommunikation kennt man sowohl Kommunikation über gemeinsame Speicher (shared memory) als auch Bussysteme (message passing).

Das größte Projekt hierzu in Deutschland war SUPRENUM (**Su**perrechner für **num**erische Anwendungen). Auch hier wurden nur einige Prototypen für die beteiligten Universitäten gebaut. Die hierfür entwickelten Algorithmen zur Lösung von Differentialgleichungssystemen (Mehrgittermethoden) sind aber auch auf anderen Rechnern einsetzbar [Gilo88].

7 Optische Architekturkonzepte

In der Vergangenheit wurde immer wieder über optische Rechentechnik diskutiert. Die Vorteile des Photons gegenüber dem Elektron sollten die Rechengeschwindigkeit enorm steigern. Den Physikern gelang es auch, optische Komponenten für die Rechentechnik zu entwickeln. Zum Einsatz kommt diese neue Technik aber im Moment nur für den Bereich der Kommunikation.

Optische Kommunikationsnetzwerke sind bereits im Weitverkehr (Lichtwellenleiter) als auch im Nahbereich (Laserdiode, Photodiode) im Einsatz.

Zur Zeit werden Versuche unternommen, das Gebiet "Optische Rechentechnik" wieder zu beleben. Sie erscheinen erfolgversprechender als in der Vergangenheit, da sich Physiker und Informatiker inzwischen zu einer engen interdisziplinären Zusammenarbeit entschlossen haben. Auch im Ausland, insbesondere in Kanada und in den Vereinigten Staaten, gibt es ähnliche Anstrengungen.

Wir wollen in diesem Kapitel drei Architekturkonzepte für digitale optische Recheneinheiten diskutieren. Grundlegende physikalische Gesetze, die für den Einsatz der Optik in der Rechentechnik sprechen, sollen hier nicht besprochen werden. Sie können in [ErFe94] oder [Stuc89] nachgelesen werden.

7.1 Mustersubstitutionslogik

Die Grundlagen der Mustersubstitutionslogik (MSL) sind in [BrHu86] veröffentlicht worden. Innerhalb einer binären Datenebene wird ein bestimmtes Muster erkannt und durch ein anderes Muster ersetzt. Durch eine entsprechende Wahl der Such- und Ersetzungsmuster kann prinzipiell eine binäre Logik realisiert werden. Eine logische Funktion wird spezifiziert durch eine Substitutionsregel, in der Such- und Ersetzungsmuster als logische Einheit zusammengefaßt werden. In

Bild 7.1 wird eine solche Substitutionsregel gezeigt. Dabei entspricht ein weißes Feld dem Zustand Licht an, das schwarze Feld dem Zustand Licht aus.

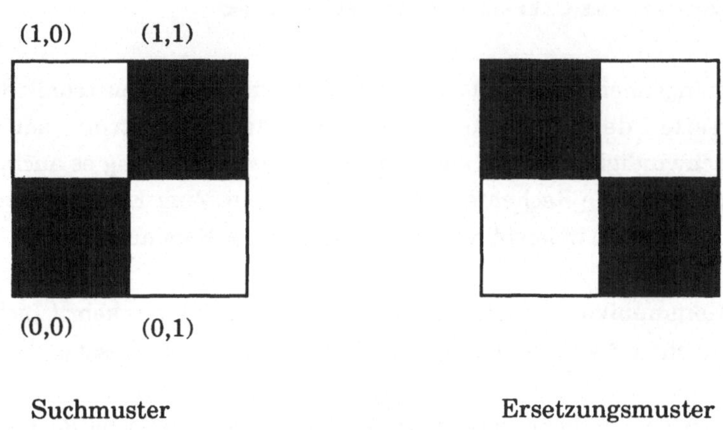

Abb. 7.1 Substitutionsregel

Die Nummern in Klammern geben die relative Position des Pixels (Bildpunkts) zum Koordinatenursprung links unten an.

Bei der Suche in einem Muster wird für jedes dunkle Pixel im Suchmuster eine Kopie des Musters erzeugt und entsprechend der relativen Lage des Pixels in Richtung Ursprung im Suchmuster verschoben. In unserem Beispiel werden zwei Kopien erzeugt, dabei bleibt die erste unverändert (0,0), die andere wird um je eine Stelle nach unten bzw. links verschoben (1,1). Diese beiden Kopien werden jetzt konjunktiv überlagert. Dies bedeutet, daß sich dort dunkle Pixels ergeben, wo das Suchmuster gefunden wurde. Bild 7.2 zeigt diesen Vorgang. Die Überlagerung ist Ausgangspunkt für die Ersetzung. Es werden wieder so viele Kopien hergestellt wie dunkle Pixels im Ersetzungsmuster vorhanden sind. Die Verschiebung erfolgt jetzt in umgekehrter Richtung. Die Überlagerung wird disjunktiv vorgenommen. Dies wird in Bild 7.3 dargestellt.

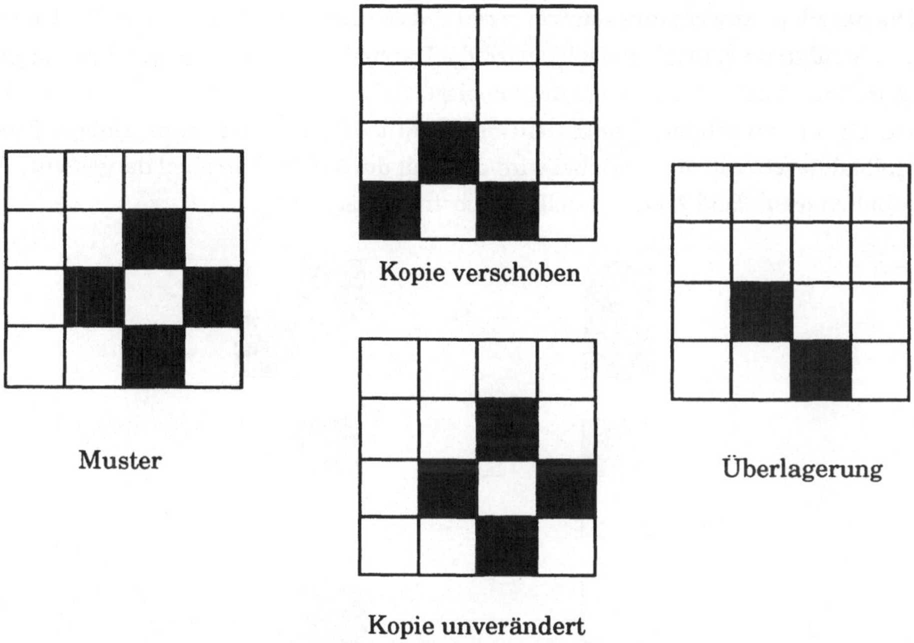

Kopie verschoben

Muster

Überlagerung

Kopie unverändert

Abb. 7.2 Erkennungsvorgang

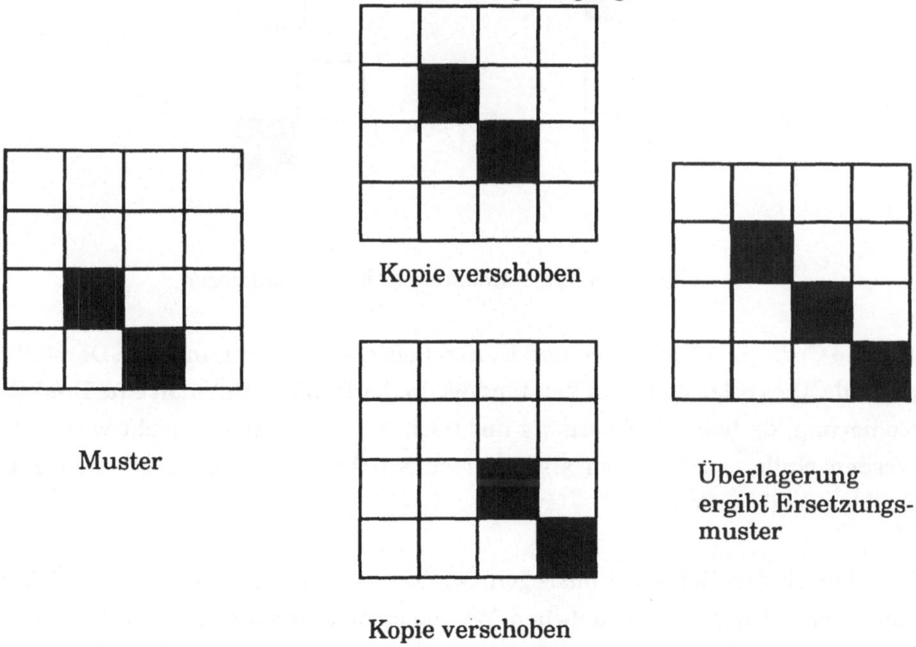

Kopie verschoben

Muster

Überlagerung
ergibt Ersetzungs-
muster

Kopie verschoben

Abb. 7.3 Ersetzung

Die parallele Anwendung von mehreren Substitutionsregeln ist durch den Einsatz von Strahlteilern möglich. Dabei wird die Datenebene vor dem Ersetzungsvorgang in mehrere parallele Strahlengänge kopiert.

Durch entsprechende Substitutionsregeln können wir zum Beispiel den Halbaddierer realisieren. Dabei wird die Null dunkel, die Eins hell dargestellt. Wir erhalten die in Bild 7.4 dargestellten Substitutionsregeln.

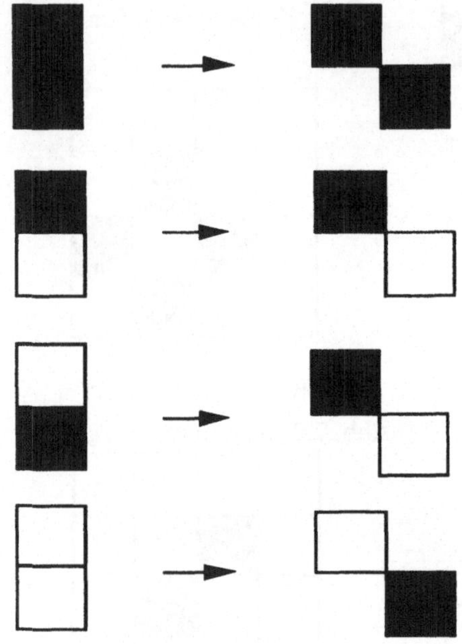

Abb. 7.4 Substitutionsregeln für Halbaddierer

Für die Codierung der Nullen und Einsen haben wir eine vereinfachte Darstellung gewählt. Dies erleichtert das Verständnis. In der Praxis wählt man eine Dual-Rail-Codierung, da beim Suchvorgang nur nach dunklen Pixels gesucht wird. Dabei werden Nullen und Einsen als unterschiedliche Kombination von hellen und dunklen Pixels codiert.

Mit den obigen Substitutionsregeln wollen wir am Beispiel aus Bild 7.5 den Additionsvorgang veranschaulichen. Wir haben dabei die Zahlen 9 und 5 mit Pixeln codiert. Auf dieses Muster wenden wir mehrstufig die Substitutionsregeln an bis alle entstehenden Überträge abgebaut sind. Die wird durch schwarze Pixels in der ersten Zeile angezeigt.

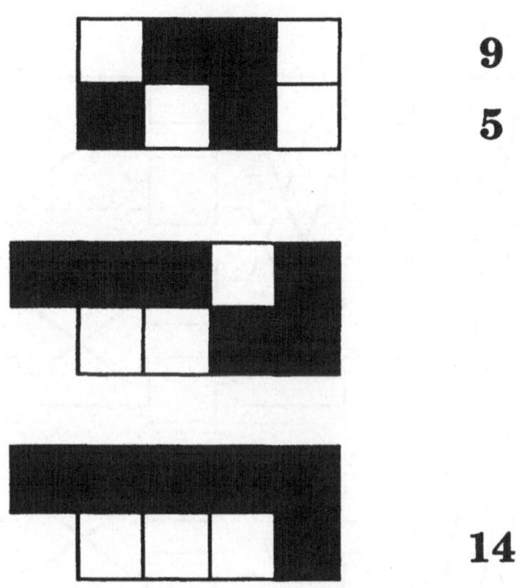

Abb. 7.5 Addition mit MSL

7.2 Programmierbare optische Logikfelder

In der Elektronik werden bereits seit längerer Zeit programmierbare Logikfelder (PAL, PLA, FPGA) eingesetzt. Sie bestehen aus einer UND-Matrix und einer ODER-Matrix und ermöglichen die Realisierung von Funktionen auf der Basis von disjunktiven Normalformen. Die Programmierung erfolgt durch das Durchschmelzen von Leitungen (einmalige Programmierung) oder durch zusätzliche Steuerleitungen (mehrmalige Programmierung).

Nach Murdocca [MuHu88] läßt sich dies auch mit optischen Gattern realisieren. Dabei werden optische UND- bzw. ODER-Gatter mit jeweils zwei Ein- und Ausgängen verwendet. Die einzelnen Stufen sind durch ein Butterfly-Netzwerk unterschiedlicher Breite verbunden. Bild 7.6 zeigt die UND-Matrix.

Die Programmierung erfolgt durch Lochmasken, die nur die bestimmte Strahlen durchlassen. In unserem Beispiel sind dies die durchgezogenen Linien. An den Ausgängen erhalten wir alle möglichen Kombinationen der Eingangsvariablen.

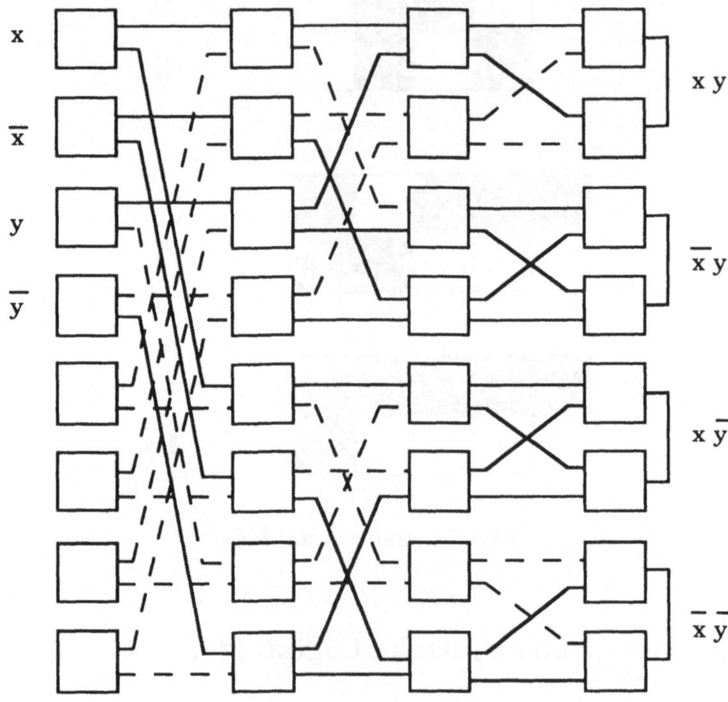

Abb. 7.6 UND-Matrix des optischen Logikfeldes

In der sich anschließenden ODER-Matrix werden die Lochmasken so gesetzt, daß die DKF der gesuchten Funktionen realisiert wird. Dies zeigt beispielhaft Bild 7.7. Die zur Realisierung notwendigen optischen Gatter stehen im Moment jedoch noch nicht oder nur als Labormuster zur Verfügung. Deshalb bittet es sich an, hybride Komponenten einzusetzen. Dabei wird die Kommunikation optisch ausgeführt, die Verarbeitung elektronisch. Dies führt zu den programmierbaren optoelektronischen Logikfeldern.

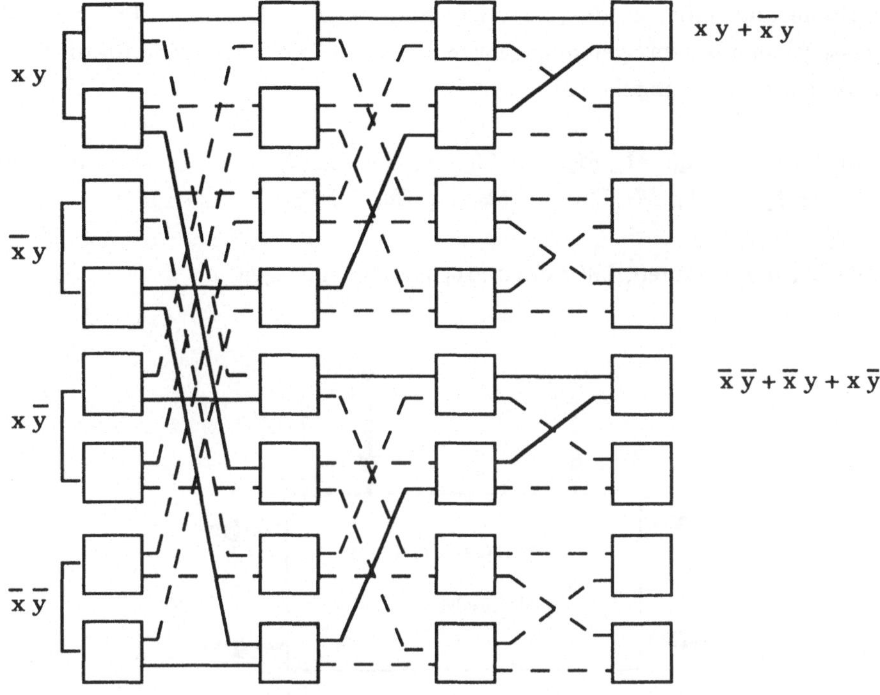

Abb. 7.7 ODER-Matrix des optischen Logikfeldes

7.3 Programmierbare optoelektronische Logikfelder

Das Konzept der programmierbaren optoelektronischen Logikfelder (POELA) sieht vor, mehrere solcher Felder auf einem integrierten Schaltkreis unterzubringen. Da sich damit einfach aufgebaute Zustandsautomaten programmieren lassen, wird im folgenden eine optoelektronische PLA als Prozessorelement bezeichnet.

7.3.1 Aufbau eines Prozessorelements

Der Aufbau eines Prozessorelements wird als endlicher, deterministischer Automat beschrieben. Es hat die optischen Eingänge I_1, I_2, ..., I_n und die optischen Ausgänge O_1, O_2, ..., O_n. Zustände im Innern des Schaltwerks werden durch elektronische Flipflops M_1, M_2, ..., M_m gespeichert.

Zur Steuerung gibt es die externen Signale E_1, E_2, ..., E_k, die allen Prozessorelementen im System zugeordnet werden. Die Funktionen für die O_i und M_i lassen sich damit angeben als

$$O_i = \lambda_i\ (I_1, I_2, ..., I_n,\ M_1, M_2, ..., M_m, E_1, E_2, ..., E_k\ ) \qquad 1 \le i \le n \qquad \text{und}$$
$$M_i = \delta_i\ (I_1, I_2, ..., I_n,\ M_1, M_2, ..., M_m, E_1, E_2, ..., E_k\ ) \qquad 1 \le i \le m.$$

Dabei wird angenommen, daß die λ_i und δ_i als DNF vorliegen.

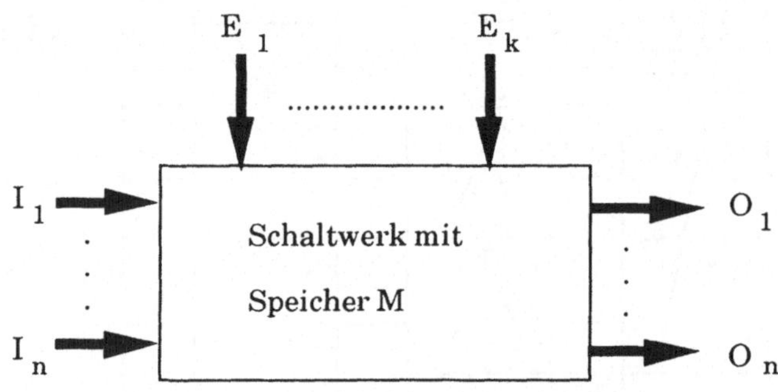

Abb. 7.8 Logischer Aufbau eines Prozessorelements

7.3.2 Programmierung eines Prozessorelements

Die Programmierung des Prozessorelements, d.h. die Realisierung der benötigten Funktionen, die jeweils als DNF vorliegen, erfolgt durch Register, die sich auf dem Chip befinden. Bild 7.9 zeigt den internen Aufbau eines Prozessorelements.

Neben den bereits erwähnten n optischen Ein-/Ausgängen und den m Speicherbits sind s UND-Blöcke und n+m ODER-Blöcke enthalten. Auf die Darstellung der externen Signal wurde aus Gründen der Übersichtlichkeit verzichtet.
Die UND-Blöcke haben 2(n+m) Eingänge I_1, ..., I_n, M_1, ... , M_m sowie deren Negierte. In den programmierbaren Selektionsregistern ist für jeden Eingang ein Bit vorgesehen. Durch Schreiben einer 1 in die Bitstelle S_i wird die zugehörige Variable für die Konjunktion ausgewählt, bei einer 0 unterbleibt dies.

Die n+m ODER-Blöcke haben die s Ausgänge der UND-Blöcke als Eingänge. Die Programmierung erfolgt analog zu den UND-Blöcken. Die Ausgänge der ODER-Blöcke sind mit den Speichern M_i ($1 \leq i \leq m$) und den optischen Ausgängen O_i ($1 \leq i \leq n$) verbunden. Die Kommunikation zwischen den Prozessorelementen erfolgt auf optischem Weg.

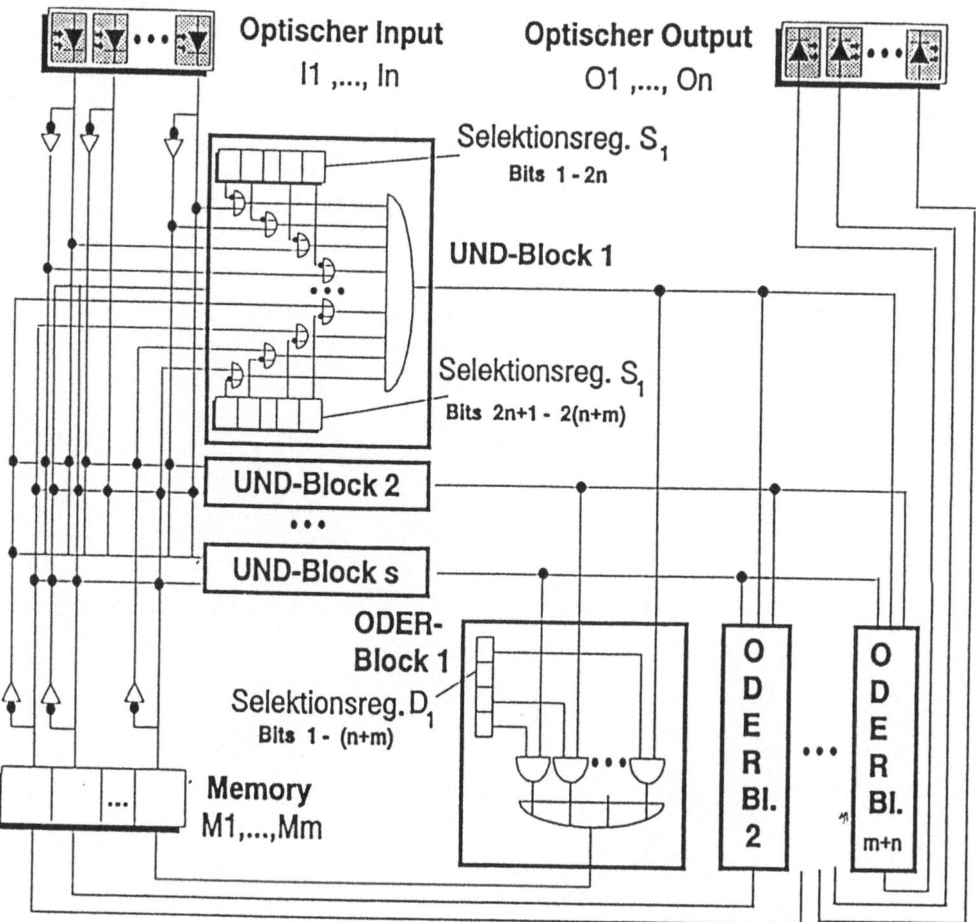

Abb. 7.9 Interner Aufbau eines Prozessorelements

Literaturverzeichnis

[Amda64]   Amdahl, G.M., Blaauw, G.A., Brooks, F.P.:
           Architecture of the IBM-System /360, IBM-Journal for
           Research and Development, Vol. 8, Nr. 2, pp. 87-101, 1964

[Amda67]   Amdahl, G.M.:
           Validity of the single processor approach to achieving large
           scale computing capabilities
           Proc. AFIPS Spring Joint Comp. Conf. 30, pp. 483-485, 1967

[Bähr91]   Bähring, Helmut:
           Mikrorechnersysteme
           Springer Verlag, Berlin, 1991

[Baum90]   Baumgarten, Bernd:
           Petri-Netze   Grundlagen und Anwendungen
           BI, Mannheim, 1990

[Bell73]   Bell, C.G.:
           Computer Architecture: Comments on the state-of-the-art
           Lecture Notes in Computer Science, Vol. 1, pp. 18-24,
           Springer Verlag, Berlin, 1973

[BoHä80]   Bode A., Händler W.:
           Rechnerarchitektur - Grundlagen und Verfahren
           Springer Verlag, Berlin, 1980

[BGN46]   Burks, A. W., Goldstine, H. H., Von Neumann, J.:
             Preliminary discussion of the logical design of an electronic computing
             instrument
             in Randell B.: The origins of digital computers, Springer Verlag
             Berlin, 1973

[BrHu86]   Brenner A.F., Huang A., Streibl N.:
             Digital Optical Computing with Symbolic Substitution
             Applied Optics 25, 3054, 1986

[Chen72]   Chen, T.C.:
             Automatic Computation of Exponentials, Logarithm, Ratios and
             Square Roots
             IBM Journal Res. Develo., Vol. 7, pp. 380 - 388, 1972

[Chu72]   Chu, Y.:
             SIGARCH - IEEE Computer Architecture Group News, 1972

[EGGP91]   Erhard, Grefe, Gutzmann, Pöschl:
             Vergleich von Leistungsbewertungsverfahren für unkonven-
             tionelle Rechner
             Arbeitsberichte des IMMD, Band 24, Nr. 5, Erlangen, 1991

[Erha90]   Erhard, W.:
             Parallelrechnerstrukturen
             Teubner Verlag, Stuttgart, 1990

[ErFe94]   Erhard W., Fey D.:
             Parallele digitale optische Recheneinheiten
             Teubner Verlag, Stuttgart, 1994

[Flyn66]   Flynn M.J.:
             Very high speed computer systems
             Proc. of the IEEE, Vol. 54, No. 12, pp. 1901-1909

[FoFu62]   Ford L.R., Fulkerson D.R.:
Flows in Networks
Princeton, 1962

[Fost70]   Foster, C.:
Computer Architecture, Van Nostrand, New York, 1970

[Gilo88]   Giloi, W.K.:
The SUPRENUM Architecture
Conpar88, Manchester, pp. 10 - 17
Cambridge University Press, Cambridge, 1989

[Gust88]   Gustafson J.L.:
Reevaluating Amdahl´s Law
Comm. ACM, Vol.31, Nr. 5, pp. 532-533, 1988

[HaSt66]   Hartmanis, Stearns:
Algebraic Theory of Sequential Machines, 1966

[Herz88]   Herzog U.:
Performance Evaluation Principles for Vector- and Multi-
processor Systems
Parallel Computing, No. 7, pp. 425-438, July 1988

[Herz89]   Herzog U.:
Leistungsbewertung und Modellbildung für Parallelrechner
Informationstechnik it, Nr. 1, pp. 31-38, Jan. 1989

[HKLM87]   Hofmann, Klar, Luttenberger, Mohr:
Zählmonitor 4: Ein Monitorsystem für das Hardware- und
Hybrid-Monitoring von Multiprozessor- und Multicomputer-
Systemen
4. GI/ITG Fachtagung Messung, Modellierung und Bewertung
von Rechensystemen, Erlangen, 1987

[Hoar85]   Hoare C.A.R.:
Communicating Sequential Processes
Prentice Hall, London, 1985

[HoJe88]   Hockney R.W., Jesshope C.R.:
Parallel Computers 2
Adam Hilger, Bristol,1988

[Hwan73]   Hwang Kai:
Periodic Realization of Synchronous Sequential Machines
IEEE Trans. on Computers, Vol. C22, Nr. 10, pp. 923-927, 1973

[Hwan79]   Hwang Kai:
Computer Arithmetic
John Wiley & Sons, New York, 1979

[Klar89]   Klar Rainer:
Digitale Rechenautomaten
Walter de Gruyter, Berlin, 1989

[Lutt89]   Luttenberger Norbert:
Monitoring von Multiprozessor- und Multicomputersystemen
Diss., Arbeitsberichte des IMMD, Band 22, Nr.7, Erlangen 89

[MaLa93]   Mazor Stanley, Langstraat Patricia:
A Guide to VHDL
Kluwer Academic Publishers, Norwell, Mass., 1993

[Megg62]   Meggit, J.E.:
Pseudo Division and Pseudo Multiplication Processes
IBM Journal Res. Develop., Vol. 6, pp. 210 - 226, 1962

[Miln80]   Milner R.:
A Calculus of Communicating Systems
Lecture Notes in Computer Science, Vol. 92
Springer Verlag, Berlin, 1980

[MuHu88]   Murdocca M. J., Huang A., Jahns J., Streibl N.:
Optical Design of Programmable Logic Arrays
Applied Optics 27, 9, 1988

[Petr62]   Petri C. A.:
Kommunikation mit Automaten
Dissertation, Bonn, 1962

[Reis82]   Reisig Wolfgang:
Petrinetze Eine Einführung
Springer Verlag, Berlin, 1982

[RoWi91]   Rosenstengel Bernd, Winand Udo:
Petri-Netze
Vieweg Verlag, Braunschweig, 1991

[Sark71]   Sarkar, B.P., Krishnamurthy, E.V.:
Economic Pseudodivision Processes for Obtaining Square Root,
Logarithm and Arctan
IEEE Trans. Computers, C20, pp. 1589 - 1593, 1971

[Schr78]   Schreiber H.:
Hardware-Messungen und Analyse des Ablaufgeschehens in
Rechnerkernen
Arbeitsberichte des IMMD, Vol. 11, No. 7, Erlangen, 1978

[Span93]   Spaniol Otto, Jakobs Kai:
Rechnerkommunikation
VDI Verlag, Düsseldorf, 1993

[Stuc89]   Stucke G.:
Digitaler optischer Computer
BI Wissenschaftsverlag, Reihe Informatik, Band 69
Mannheim, 1989

[Vold59]   Volder, J.:
The CORDIC trigonometric computing technique
IRE Trans. Electronic Comput., EC-8, No. 3, pp. 330 - 334, 1959

[Wett87]   Wettstein Horst:
Architektur von Betriebssystemen
Hanser, München, 1987

[Tane84]   Tanenbaum Andrew S.:
Computer Networks
Prentice Hall, 1984

Index

Erhard
Parallelrechner-strukturen

Synthese von Architektur, Kommunikation und Algorithmus

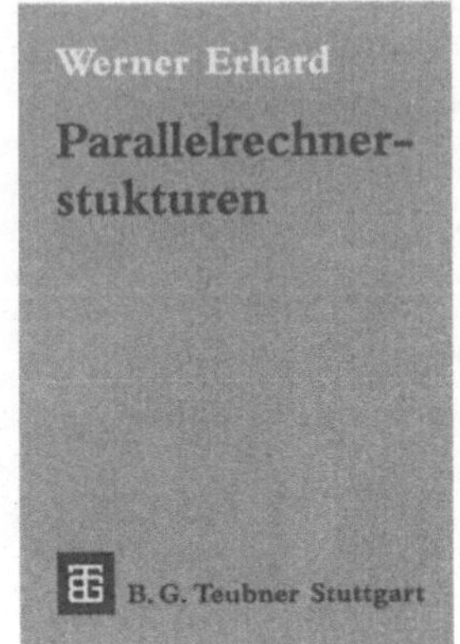

In den letzten Jahren sind unterschiedlichste Parallelrechnerstrukturen entworfen worden, die für rechenintensive Aufgaben in den Natur- und Ingenieurwissenschaften inzwischen unentbehrlich geworden sind. Erst durch diese neuen Strukturen können Probleme in Angriff genommen werden, deren Lösung vor einigen Jahren noch unmöglich erschien.

Das Buch soll sowohl Studenten als auch Praktikern eine Einführung in die Problematik paralleler Strukturen geben, wobei insbesonders die starke gegenseitige Beeinflussung von Architektur, Kommunikation und gewähltem Lösungsalgorithmus dargestellt wird.

Aus dem Inhalt:

Parallelrechnerstrukturen – Pipelinerechner – Feldrechner – Multiprozessoren – Bussysteme – Verbindungsnetzwerke – Effiziente Algorithmen – Parallele Algorithmen – Lösung von Gleichungssystemen – Leistungsbewertung – Bitalgorithmen zur schnellen Berechnung transzendenter Funktionen

Von Dr.
Werner Erhard,
Ulm

1990. X, 251 Seiten
mit 66 Bildern.
16,2 x 22,9 cm.
Kart. DM 39,80
ÖS 311,– / SFr 39,80
ISBN 3-519-02243-5

(Leitfäden und Monographien der Informatik)

Preisänderungen vorbehalten.

B. G. Teubner Stuttgart

Erhard/Gutzmann

ASL – Portable Programmierung massiv paralleler Rechner

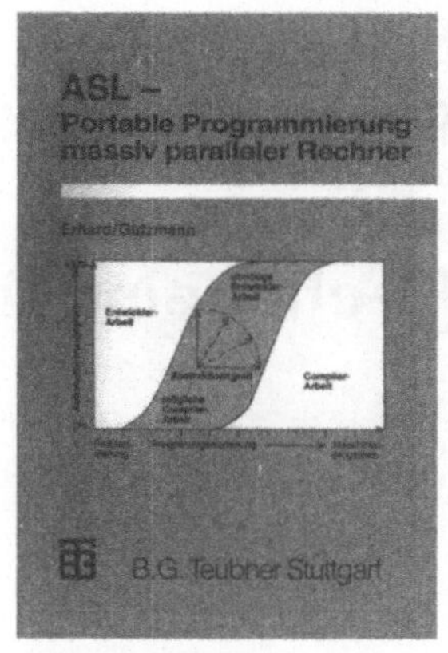

Dieses Buch vermittelt einen Eindruck moderner Programmiertechniken für massiv parallele Rechner. Im Vordergrund steht die rechner- und problemgrößenunabhängige, abstrakte Algorithmusspezifikation. Bewährte Programmiertechniken aus dem Bereich der systolischen Array Rechner und der Datenflußarchitekturen werden für die Konzeption von ASL (Algorithm Specification Language) herangezogen. Die Definition von ASL bildet den Hauptteil des Buches: ASL wurde primär für SIMD-artige Rechner entworfen, zeigt aber auch Vorteile bei der Programmierung anderer Parallelrechnertypen. Zahlreiche praxisnahe Beispiele runden das Buch nach der Konzeption und Definition von ASL ab.

Das Buch ist interessant für all diejenigen, die nicht länger für jeden Parallelrechner und jede Problemgröße ein neues effizientes Programm schreiben wollen. Dabei werden grundlegend andere Konzepte als bei neueren Fortran-Dialekten verfolgt.

Von Prof. Dr.-Ing.
Werner Erhard
und Dr.-Ing.
Michael M. Gutzmann
Universität Jena
unter der Mitwirkung von
Dipl.-Inf.
Uwe Heise
und Dipl.-Inf.
Uwe Henkelmann
Universität Erlangen-
Nürnberg

1995. XIV, 241 Seiten.
16,2 x 22,9 cm.
Kart. DM 42,–
ÖS 328,– / SFr 42,–
ISBN 3-519-02294-X

B. G. Teubner Stuttgart

Erhard/Fey
Parallele digitale optische Recheneinheiten

In den letzten Jahren wurden verstärkt Anstrengungen unternommen, Methoden der Optik für die Datenverarbeitung einzusetzen. Erste Anwendungen wurden insbesondere im Bereich der Kommunikation realisiert. Verstärkt wird aber auch versucht, die Verarbeitung von Daten optisch zu realisieren. Neben dem Nahziel, optische Datenübertragung und elektronische Datenverarbeiung in einem im weiteren als *hybrid* bezeichneten Rechensystem zu koppeln, wird in diesem Buch auch das Fernziel einer *rein optischen* Datenverarbeitung untersucht.
Die Schwerpunkte der Darstellung liegen in der Darstellung und Bewertung der unterschiedlichen Möglichkeiten optischer Datenverarbeitung. Dabei werden neben der reinen Hardware auch Bezüge zu darauf zu realisierenden Algorithmen hergestellt. Das Buch integriert neueste Forschungsergebnisse auf diesem Gebiet und ist im deutschen Sprachraum bisher in dieser Form und mit diesem Inhalt einmalig. Es ist aus der interdisziplinären Arbeit zwischen Informatikern und Physikern entstanden.

Von Prof. Dr.
Werner Erhard
und Dr.-Ing.
Dietmar Fey
Friedrich-Schiller-Universität Jena

1994. 293 Seiten.
16,2 x 22,9 cm.
Kart. DM 42,–
ÖS 328,– / SFr 42,–
ISBN 3-519-02293-1

Preisänderungen vorbehalten.

B. G. Teubner Stuttgart